JN154281

ロボットメカニクス

機構学・機械力学の基礎

松元明弘・横田和隆 共著

ROBOT MECHANICS

まえがき

本書の初版を発行して早くも9年が経ちました．著者の二人にとって初めての教科書の出版であり，発行に至るまで苦労の連続でした．発行してから授業で教科書として使用してみると，誤記や表現の不正確さがあることを発見し，増刷の際に少しずつ修正を重ねていきました．増刷により修正の機会が得られたわけですが，それが可能となったのも全国の大学や高専などで教科書や参考書としてご利用いただいているからです．他の教科書と比べると，本書は詳しい説明と図の多用が特徴です．そのため優秀な学生さんには時にはくどい説明になっているだろうと予想していましたが，賛同していただける読者の方々が全国におられるということを知って大いに勇気づけられました．

昨年，オーム社から改訂版のご提案を受け，ありがたく作業に取りかかりました．今回は，誤記や誤植を除くだけでなく，図や式を追加し，また章末問題の解答も示しました．これによって，読者の理解をさらに進めることができるようになるでしょう．特にロボット工学で多用する「行列」について，高校数学で除外されたため理解が不十分なままの読者がいることを想定して，説明と例題を補強しました．高校数学の内容に行列の知識を組み合わせるだけで，「ロボットメカニクス」の多くが理論的に理解できるということを体感できるはずです．

発行に至るまで，オーム社の矢野友規様・可香史織様ほか関係者には，遅筆の著者に対して辛抱強くサポートいただき，感謝申し上げます．前版の「はじめに」にも書きましたが，編集者と著者の意識の共有がニーズとシーズを結び付けるものであると再認識しました．本書がロボットを使ってシステムインテグレーションをする技術者の一助となり，ひいては日本の産業界の進歩に少しでも貢献できることを祈ります．

2018年11月

松元明弘
横田和隆

はじめに

（前版より再掲）

ロボットやメカトロニクスは実に興味深い存在です．基本はコンピュータで機械が動く点です．著者らはマイコン技術が普及し始めたころにこの世界に接し，その魅力のおかげでこの世界に入り，今に至ります．メカは極めて単純なものでも，自分が書いたプログラムでロボットが動いたときの感動は今でも忘れることができません．ロボット技術・メカトロニクス技術の学習の基本は，そこで使われている機械技術や電子技術を知ることですが，その組み合わせ方でシステムとしての機能は大きく変わります．すなわち，ロボット技術・メカトロニクス技術の根本は，要素技術と共にシステム統合技術です．そういった「ものの見方」ができるようになることが重要です．うまく動いているシステムとは，サブシステムの機能が有機的に結合するようにうまくシステム統合できているものです．

「図解ロボット技術入門シリーズ」の中で，本書はその機構部分（機械要素，機構，力学）の説明に中心を置いています．本書の読者は，電子・機械・ロボット系学科の大学や高専，専門学校の学生および教員，制御・メカトロニクス・電子関連の初級技術者，および，ロボットに興味を持っている一般の方，を想定しています．実際には大学２年生から３年生が主な対象となるでしょう．

多くの教科書は，理論や技術の積み上げを順番に説明するという構成がオーソドックスです．そのため，最後にならないと本当に興味深いところが説明されません．しかしながら講義の現場にいると，授業は必ずしも予定通りに進むわけではなく，関連知識の説明をしていると授業の進度が遅くなってしまって教科書の最後まで到達しないことが多々あります．途中の理論の学習に苦労して，ロボットに関する学習を途中であきらめてしまう学生が多いのも事実です．

そのため，本書では新たな方針で内容を構成してみました．すなわち，先にいろいろなロボット機構を示し，後でそれを支える技術群の紹介を入れることにしました．本書の1·2節においてこの本の読み方を説明していますが，本書は教科書でありながらそれぞれの章の内容はある程度独立させて全部を読まなくてもそれなりの理解ができるように工夫してみました．基礎的な部分を中心に説明し，できるだけ図を入れて，わかりやすさについて工夫しました．少し説明がくどすぎるくらいでしょう．この本に書いてある内容を理解すれば，7割の問題は解決できるでしょう．また，最初にこの本を読んでから他の本を読むと，きっとすっきりと理解できるようになるでしょう．読者が本書を学習した後に応用分野への興味を持ち，一方でそれに必要な基礎理論の存在を再認識してもらえれば幸いです．

本書は，松元・横田の二人の著者で執筆しており，松元は，1，2章，5章，7，8，9章を担当し，横田は3，4章と6章を担当しました．著者らはこれだけのまとまった教科書を執筆するのは初めてでしたので，いろいろと戸惑ったり迷ったりもしました．とは言え，かなり広範囲の内容をカバーしたつもりです．なお，機構系の特性についてはかなり説明できましたが，制御系の特性，および機構系と制御系の組み合わせの特性に関しては，必要性は理解しながらも紙面の制約から除外しました．

最後になりましたが，オーム社の矢野友規氏には，たいへん感謝申し上げます．原稿執筆が遅れがちな著者らに対して叱咤激励をいただき，当初の出版予定よりだいぶ遅れてしまったものの，この本が良書になるとの信念を著者と編集者が共有できたことで，やっと出版に至ることができました．本書が科学技術の進歩に少しでも貢献できることを祈ります．

2009年5月

松元明弘
横田和隆

目　　次

1章　ロボットメカニクスとは

2章　車輪型移動ロボットの構造と機構

3章　腕型ロボットの構造と機構

4章　脚型ロボットの構造と機構

5章　モータの特徴とその使い方

6章　ロボットの機械要素

7章　機構解析のための数学的基礎

8章　メカニズムの機構解析

9章　位置決め機構の構築

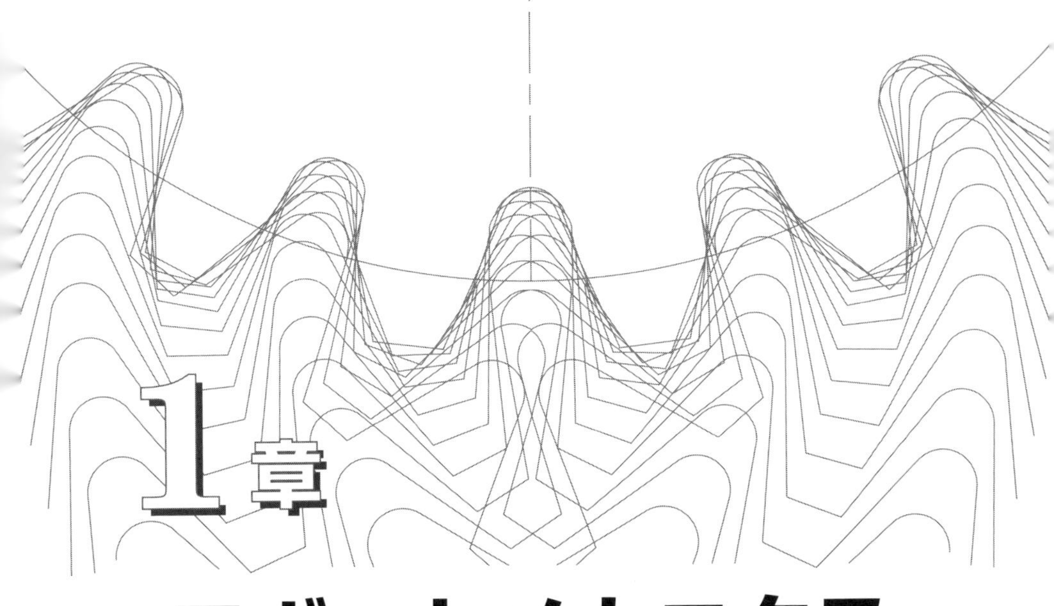

1章 ロボットメカニクスとは

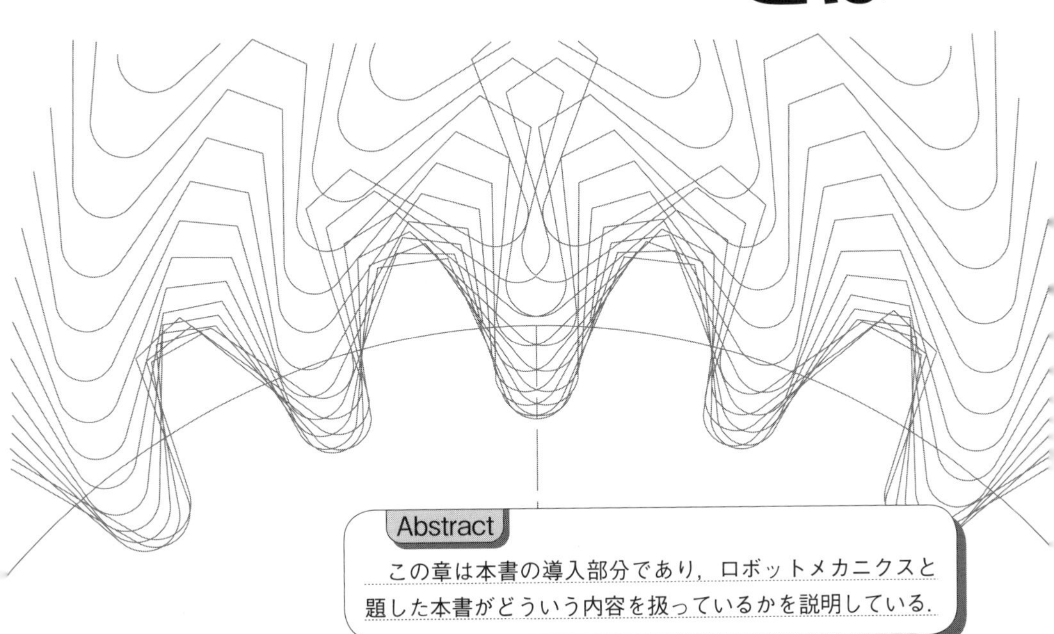

Abstract

この章は本書の導入部分であり，ロボットメカニクスと題した本書がどういう内容を扱っているかを説明している．

1·1 メカニズムとメカニクス

まず，身近にあるメカニズムに注目してみよう．例えば

・かさの開く機構
・扇風機の首振り機構
・バスのドアの開閉機構
・自動車のワイパーの動き
・おふろの観音開きのドア
・携帯電話のふたの開閉
・飛行機の脚をたたむ機構
・CD プレイヤーのトレイを出す機構
・ビデオデッキのテープを取り出す機構
・プリンタのヘッドを動かす機構
・自動改札機の紙送り機構

など，「動くもの」はたくさんある．どんな機械要素が使われているか，どこに使われているかを考えるだけでも十分興味深い．この際

・動きは並進運動か回転運動か
・回転運動の場合には回転軸はどこにあるか
・可動範囲はどのくらいか
・力はどの方向にどのくらいの大きさでかかっているか

という視点をもって観察してみるとよい．

この観点でロボットを見てみたい．ロボットは，もともと人間や動物の筋肉や骨の構造を観察し，また視覚機能と脳機能との連動を調べ，それらをまねることから研究開発が始まった．「ロボットメカニクス」という立場からは，読者もまず人間の関節や筋肉を観察してみてほしい．特に，手首，足首，肩，股関節は複雑な動きができる構造となっている．いかに人間の体がよくできているかを再認識することだろう．

改めてロボットのメカニズムを見てみる．ロボットと称されるものには，腕型，脚型，それらを組み合わせたヒューマノイド型（人間型）がある．車輪型は一般の人にはロボットとは見えないことが多いが，コンピュータによって知的に動き回る移動体はロボットといわれる．これでわかるように，ロボットには知的な判

断機能が必要である．つまり身体（ボディ）が頭脳と感覚機能とが有機的に結合してはじめてロボットといえる．メカニズムはこれを支える重要な要素である．

機械系の技術者は**メカニズム**（mechanism）という単語を「機構」と訳すことが多いが，一般的には「仕組み」である．例えば「人体のメカニズム」「市場のメカニズム」といった単語がある．つまり，必ずしも機械的な性質だけを含むわけではない．「仕組み」を「構造」「特性」あるいは「機能」と理解すれば，機械のメカニズムも人体のメカニズムも共通に考えられるのではなかろうか．

メカニクス（mechanics）とは，単語の最後が -ics で終わっていることから，学問を表す単語であることがわかる．同じ接尾辞で終わる単語としては，economics（経済学）とか mathematics（数学）といった単語がよく知られているし，ロボット学は robotics と呼ばれる．つまり mechanics とは，機械の学問であるといえる．

本書は「ロボットメカニクス」というタイトルであるので，ロボットを機械的な側面から見た学問であるとみなすことができる．「学問」といってしまえば堅いイメージがあるし，本書がそのすべてをカバーする自信はないが，ロボットのメカニズムを理解するための入門となるように十分考慮したつもりである．

1·2 この本の読み方

本書は以下のような構成になっている．

1章は，「ロボットメカニクスとは」と題し，全体の導入を示している．

2章では，「車輪型移動ロボットの構造と機構」と題し，車輪型移動ロボットの車輪配置の違いと動かし方の違いについて説明している．車輪型移動ロボットはまず，車輪の数はせいぜい四つなのでモータの数も高々四つまでで，構造的に理解しやすい．また平面移動を前提としているので力学的不安定さを扱う必要がなく，そのため力学としては理解しやすい．そこで本書では車輪型移動ロボットを最初に説明している．ロボット工学で使用する数学や力学に慣れてほしい．

3章では，「腕型ロボットの構造と機構」と題し，ロボット研究開発の原点であり産業用として多用されている腕型ロボットについて説明している．腕型ロボットは自由度の数が車輪型移動ロボットに比べて多くなり，関節の動きとロボット先端の位置との関係が複雑になる．当然，力学的にも複雑になる．3章の後半は式の展開が多くなるので理解は容易ではないので，最初は読み飛ばしてもかまわない．

4章では，「脚型ロボットの構造と機構」と題し，脚型ロボットについて，腕型ロボットと対比しながら説明している．腕型ロボットはそのベースが固定されているのに対し，脚型ロボットではベース（すなわち股関節部分）自体が動くこと，また足先（腕型ロボットでは先端に相当する）は支持脚のときには自重がかかり，遊脚のときには自重がかからない，といった力学的負担が大きいことが腕型と異なるところである．2脚，3脚と脚数が増えるとモータの数が増えるので，当然その制御も複雑になるが，基本的なところをまず押さえておきたい．

5章では，「モータの特徴と使い方」と題し，アクチュエータ全般の解説はやめて，最も多用されているDCモータに話題を絞って説明している．モータの原理を十分踏まえたうえで特性の説明をし，またカタログの読み方を通じてその特性の利用の仕方を説明し，またモータの動きをどう測定するかという点について実例を通して説明をしている．モータを使いこなすのはロボットやメカトロニクスの基本であるので，十分理解してほしい．

6章では，「ロボットの機械要素」と題し，歯車やベルトなど，モータの運動を伝達するための機械要素について，その特性や特徴を説明している．これらの機械要素はロボットに限らず，あらゆるメカトロニクス製品に使えるので，よく読み込んでほしい．実物を通してその特性を記述しているので，内容は理解しやすいはずであるが，メカトロニクスや制御の立場からは，それらの入出力特性を明らかにするという考え方を理解してほしい．

7章では，「機構解析のための数学的基礎」と題し，特にベクトルと行列を使って，ロボットの位置と姿勢を表現する数学的手法の基礎について説明している．高校の授業ではベクトルと行列にあまり時間を割いていないようだが，内積と外積の計算方法や座標変換行列の覚え方などいくつかの秘訣を書いたので，きっと理解できるはずである．力学を理解するには微分積分も含むべきなのだが，紙面の都合上，割愛した．

8章では，「メカニズムの機構解析」と題し，リンク機構の機構解析とロボットの機構解析について，それらの基本的な手法について説明している．例としては単純な機構を題材とすることで，その基本的な考え方が理解できるはずである．そこをしっかりと理解しておけば，その知識を組み合わせることで，複雑な機構も解析できるようになるはずである．数学的には，複素数を利用したベクトル解析の手法と，行列を使った手法を説明している．コンピュータで計算するには行列のほうが適しているが，式として理解するにはベクトルによる表現のほうがわかりやすい．その両方の解法と考え方を理解しよう．

9章では，「位置決め機構の構築」と題し，これまで扱った内容を統合した，総合演習的な内容としている．モータとほかの機械要素を組み合わせるときに考慮すべき事項や，モータを動かすときにどのような加減速にすべきなのかを説明し，後半では，開発事例を通じて，位置決め機構を構築する際のヒントを紹介している．筆者（松元）が学生とともに，あるいは企業とともに経験した事項を紹介することで，読者の参考になれば幸いである．

2章から4章は代表的なロボットメカニズムについて示している．この部分を読むだけでほとんどのロボット機構を理解できるようになる．5章と6章は，それらのメカニズムで使用されている機械要素とモータについて示しており，メカトロニクス技術の基礎となるものである．実際にロボット設計を行うためには，これらの章の内容から入り，その後で動かし方を学ぶため，あるいはコンピュータでプログラムを書く際に2章から4章までのいずれかを再度読むことになるだろう．7章は位置と姿勢を表すためのベクトルと行列の扱いについてであるので，内容としては2章から4章までで扱っている数学的手法のベースとなるものである．読者によってはまず，この章を読んでから2章～4章に進んだほうがよいかも知れない．8章と9章はロボットシステムを設計する前に読んでおくとよい内容である．一度読んで，開発に入ったらいったん忘れて，システムを統合する際にまた読むとよいだろう．

本書は，全体としては，図を多用し，また式の展開も詳しく示し，その解釈の仕方についても十分に紙面を割いている．厳密に説明しようとするとどうしても表現が難解になってしまうので，本書ではできるだけ容易に理解できるように，

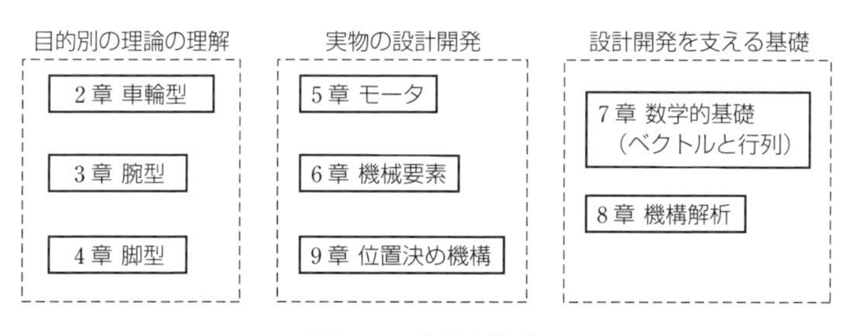

図1·1 本書の構成

まず単純なものの説明を重視している．とはいえ，内容としては広範囲となっているので，わかる部分から読んでもらってかまわない．一部の章だけ独立して読んでも，ある程度わかるように構成している．

システム全体の特性としては，機械系の特性と制御系の特性が組み合わされたものとなる．ほかにはA/DコンバータやD/Aコンバータなどのインタフェースの特性や，コンピュータによる計算の遅れなども含まれてくる．いろいろな要素を集めてシステムを構築することは「**システムインテグレーション**（system integration）」と呼ばれる．位置決め制御系という機械制御システムを構築することはシステムインテグレーションの一例であり，第一歩である．システムインテグレーションは単なる技術の寄せ集めではなく，全体を効率良く運用するための方法論である．本書は「図解ロボット技術入門シリーズ　ロボットメカニクス」の改題改訂版にあたる書籍だが，既刊の「図解ロボット技術入門シリーズ」のほかの書籍と併せて読むことで，ロボットシステム全体が理解できるようになるだろう．

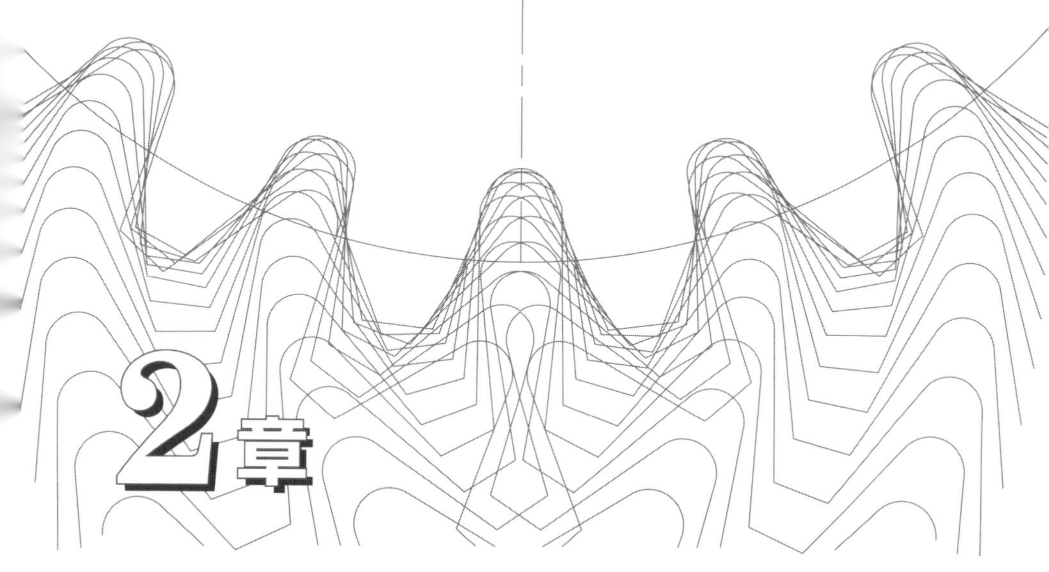

2章 車輪型移動ロボットの構造と機構

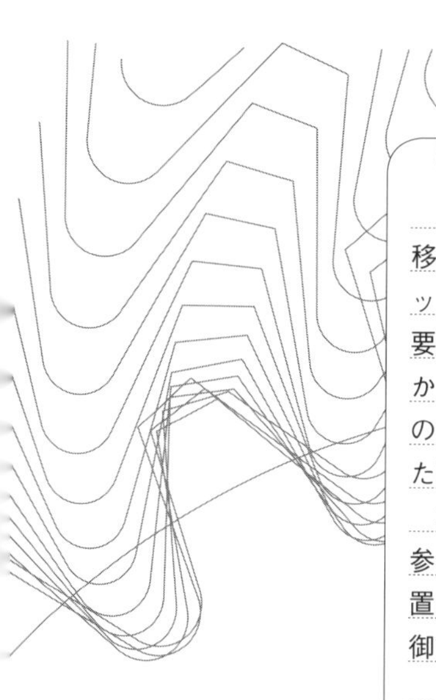

Abstract

車輪型移動ロボットはマイクロマウスに見られるように，移動ロボットの中では比較的手軽に実現できる．脚型ロボット（4章）の場合はバランスをとって制御することが必要なのでハードウェアを作っただけではすぐにうまくは動かせないが，車輪型の場合には安定性を考える必要がないのでモータを回転させれば簡単に動かすことができる．また移動効率が良いことも特徴の一つである．

車輪型移動ロボットを作るときには自動車の車輪配置が参考になる．走行と操舵を実現するために，車輪の数と配置に対してさまざまな工夫がされており，それによって制御方法が異なる．

この章では，車輪型移動ロボットを正確に動かすために必要な知識について説明する．

2・1 車輪の数と配置

自動車の車輪はほとんどが四輪である．しかしよく見てみると，FF型（前輪操舵，前輪駆動），FR型（前輪操舵，後輪駆動）があり，みな同じというわけではない．フォークリフトの車輪配置も同様であるが，自動車の動きとだいぶ違うように感じる．

なぜ，このような組合せがあるのだろうか．車体の大きさ（幅と長さ，重さ）によって異なるだろうし，エンジンの回転や駆動力をいかに伝達するか，また直進性能を優先するか，旋回性能を優先するかによっても異なるだろう．すなわち，その応用分野によって要求される性能が異なるので，それに見合った設計になっているはずである．

ロボットの車体の**並進速度**（一般的には走行速度と呼ばれる）をv，**回転速度**（車輪の回転速度と区別するために**旋回速度**と呼ばれることもある）をωとすると，いかなる車輪機構であろうとも，モータの回転速度からvとωを求めることができれば，ロボットの運動の軌道を決定することができる．すなわち，車輪機構を設計することは，上記の並進速度・回転速度と車輪の回転速度との関係を見出すことである．これはハードウェア依存の部分であり，いったん，並進速度・回転速度と車輪の回転速度との関係が決まれば，その先は車輪機構を考慮することなく，すなわちハードウェアから独立して，軌道制御の方法を検討することができる．

車輪型移動ロボットを設計するときには当然，これまでに開発されている自動車やフォークリフトなどの車輪付きの製品を参考にする．最初に考えるべきことは，車輪をいくつ使って，またどこに配置するかという問題である．車輪の数は

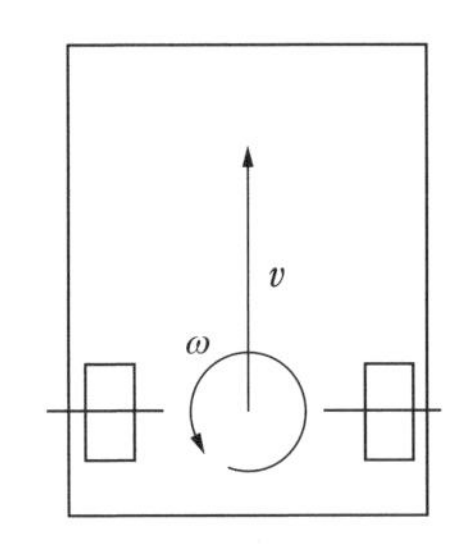

図2・1　並進速度と回転速度

そのままモータの数に反映し，すなわちコストや大きさ，重さに反映する．また車体の大きさの制約によってモータの配置や大きさ自体に制約を受ける．車体が小さいとモータを置ける体積が小さくなり，大きさが小さいモータを選択せざるをえないが，そうするとモータの発生トルクが小さくなり，結果として車体全体を軽くせざるをえない．逆も同様である．

そこで，車輪機構設計においてはどこかに妥協点を見出すこと（トレードオフ問題と呼ばれる）が必要である．

車輪の回転を制御できるかどうかによって，車輪は

・動輪（モータに接続されている）

・従輪（モータに接続されず，フリーで回転する）

に分類される．また操舵（舵取り，ステアリング）のためには，車輪の回転軸と垂直の回転軸を回す必要がある．車輪型移動ロボットでもたくさんの組合せがあるが，ここでは代表的な車輪機構として

(1) 左右独立駆動型（二輪独立駆動型）：左右の二輪を別々のモータで制御することで，駆動と操舵を実現する．

(2) 一駆動一操舵型（FR 型）：駆動と操舵が別々の車輪で実現される．

(3) 一駆動一操舵型（FF 型）：一つの車輪で駆動も操舵も行う．

(4) 全方向移動型：全方向に移動することができる．

に注目して説明することとする．

実際の設計では，この 4 種類を基本としているので，基本的な理解をするためにはこれで十分であろう．

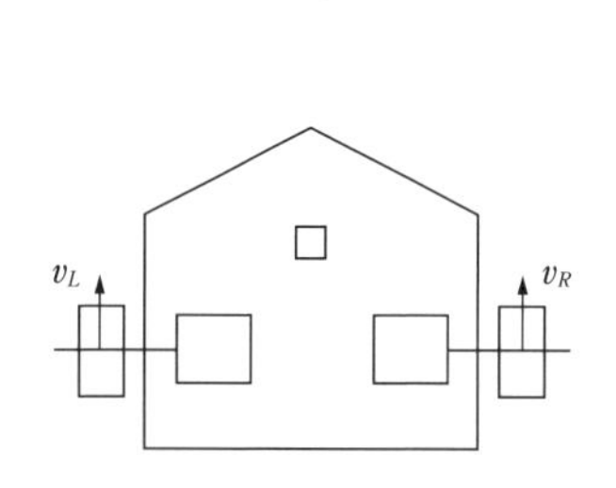

図 2・2　左右独立駆動型

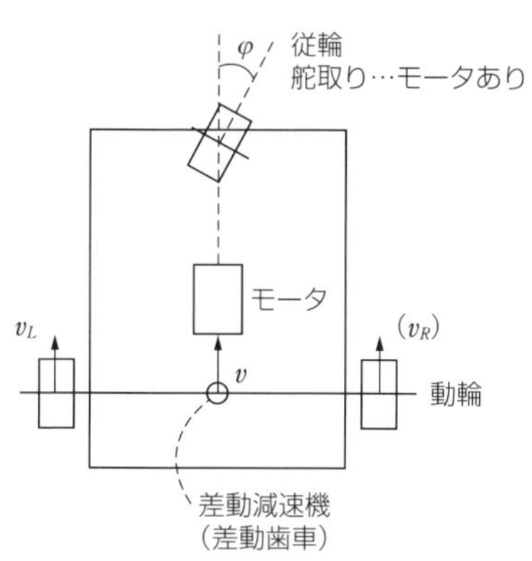

図 2・3　一駆動一操舵型
(前輪操舵・後輪駆動型（FR 型))

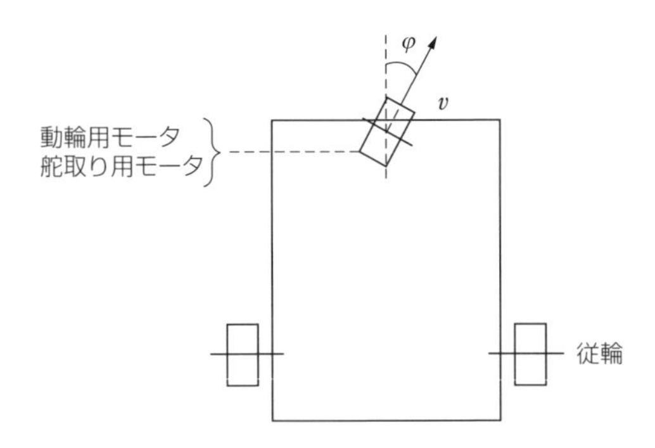

図2・4　一駆動一操舵型（前輪操舵・前輪駆動型（FF型））

なお，車輪型移動ロボットは通常は平面走行をすることを想定している．段差のある場所を動き回るためには，さらに別の機構設計が必要であり，その詳細説明は別の書籍に譲る．

［Column］旋回中心の位置

いま，ロボットの代表点として操舵輪でないほうの車軸の中心をとっている．数学的にはこの代表点をどこにとってもよいが，式が簡便となるので，車軸の中心の点を代表点として使うのが一般的である．物理的には重心を使うことが多いが，いま使っている代表点は必ずしも重心でないことに気をつけよう．ロボットの形状や搭載物によって重心の位置は変わるので，特に動作速度が速くなると動きが変わる．そこでめんどうを嫌って，重心が車体の真ん中にくるように設計する人もいる．

また，マイクロマウスなどで使用されている赤外線センサを取り付ける位置には気をつけよう．例えば，いま使っている代表点の真下に取り付けると，旋回しても位置は変わらないのでセンサの反応は変わらない．逆にロボットの端のほうにつけると，旋回に対して敏感に反応する．特にロボットの長さ（ホイールベース）が長い場合は顕著なので，これを十分意識しよう．すなわち，敏感さを求めるか，求めないかで，センサの配置が異なるということである．

2·2 左右独立駆動型の車輪機構

左右独立駆動型は，車体の左右に置いた二つの車輪それぞれにモータを取り付け，別々に速度を制御できるようにしたものである．これによって走行速度と旋回速度を決定することができる．二つの車輪の軸が同一直線状になるように配置する必要があるが，それ以外には複雑な機械部品を使う必要がなく，製作は比較的容易であるので，この機構を採用する例は多い．呼び方は，ほかに**二輪独立駆動型**とか**ディファレンシャルドライブ**（differential drive），**PWS**（powered wheel steering）と呼ばれることもある．なお，二輪だけでは車体の安定が悪いので，従輪（キャスター）を少なくとも一つ，または前後に一つずつ合計二つ取り付けるのが普通である．

図2·5に示すように，二つの車輪を同じ速度で同じ方向に回すと直進し，反対方向に回すと，その場回転する．また左右の車輪に速度差をつけると旋回する．すなわち操舵は車輪の回転速度の制御によって作り出す．**図2·6**は，その実現例である．見てのとおり，車輪機構の構造としてはきわめて単純である．

これから車体の進行速度 v と回転速度 ω を求める．まず，左右の車輪の角速度をそれぞれ ω_L，ω_R とする（左右の意味で，添え字に L，R を使う）．この二つがユーザが直接操作できる変数，すなわち入力変数である．また車輪の半径を r（定数）とする．なお，ここでは式を見やすくするために，車輪の減速比やモータの角速度については言及せず，減速後の角速度であるとみなすこととする．

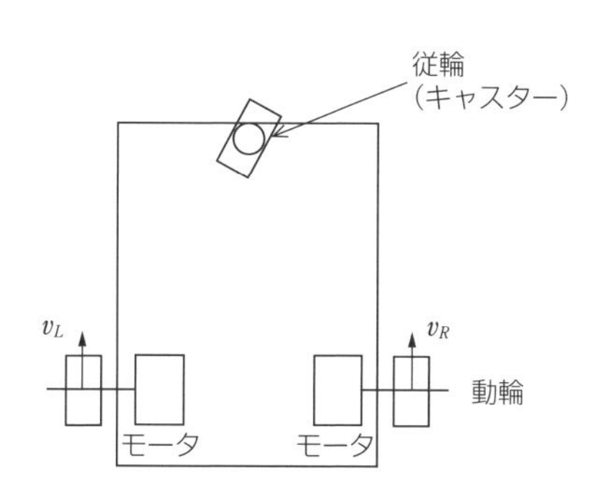

図2·5　左右独立駆動型の車輪機構（従輪が一つの場合）

図2·6　左右独立駆動型の車輪機構の実現例（従輪が二つの場合）

また角度の単位は〔°〕ではなくて〔rad（ラジアン）〕，角速度は〔rad/s〕の単位であることに注意しよう．

まず，車輪の進行速度は角速度に半径を掛けたものであることを利用すると，トレッド（車輪の間隔）T（定数），旋回時の旋回半径 R（変数）とすると

$$\frac{r\omega_L}{R-\frac{1}{2}T}=\frac{v}{R}=\frac{r\omega_R}{R+\frac{1}{2}T} \tag{2·1}$$

という関係式が得られる．

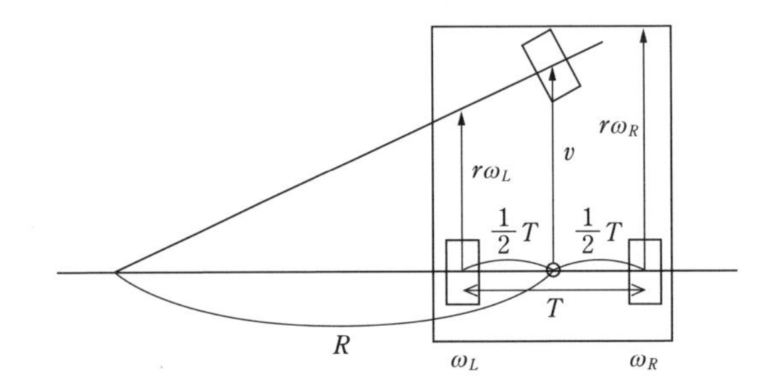

図2·7　速度ベクトルどうしの関係

これを解くことで，旋回半径 R は

$$R=\frac{1}{2}T\times\frac{\omega_R+\omega_L}{\omega_R-\omega_L} \tag{2·2}$$

と求められる．また車体の進行速度 v は，左右の車輪の速度の平均であり，また比例関係式（2·1）からも

$$v=\frac{1}{2}r(\omega_R+\omega_L) \tag{2·3}$$

と求められる．また車体の旋回の速度については，**図2·8**から，旋回角の微分

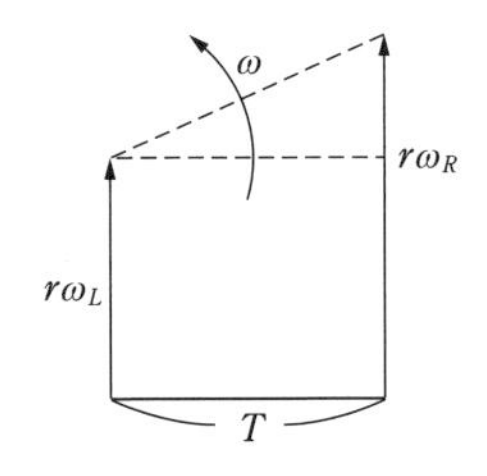

図2·8　旋回の角速度と車輪による速度との関係

が旋回の角速度 ω であることを考慮すれば

$$\omega = \frac{r(\omega_R - \omega_L)}{T} \tag{2·4}$$

であることが理解できる．なお，ここでは，角度は反時計回りを正としている．旋回半径 R と角速度 ω を掛けると

$$v = R\omega \tag{2·5}$$

であることが確認できる．これは，車輪の角速度と車輪の半径から車輪の進行速度がわかることと同様なので，理解しやすいだろう．

以上から，車体の進行速度 v と回転速度 ω と車輪の角速度 ω_L，ω_R との関係は，行列を用いて

$$\begin{pmatrix} v \\ \omega \end{pmatrix} = \begin{pmatrix} \dfrac{1}{2}r & \dfrac{1}{2}r \\ \dfrac{1}{T}r & -\dfrac{1}{T}r \end{pmatrix} \begin{pmatrix} \omega_R \\ \omega_L \end{pmatrix} \tag{2·6}$$

と表現でき，車輪の角速度 ω_L，ω_R が与えられれば車体の進行速度 v と回転の角速度 ω が求められる．この行列を見ても，駆動も操舵も二つのモータで担当しているので，モータへの負荷が小さいことからモータの小型化が可能であることが理解できるだろう．

また右辺の行列の逆行列は必ず存在することから，逆変換をすることで

$$\begin{pmatrix} \omega_R \\ \omega_L \end{pmatrix} = \begin{pmatrix} \dfrac{1}{r} & \dfrac{1}{2r}T \\ \dfrac{1}{r} & -\dfrac{1}{2r}T \end{pmatrix} \begin{pmatrix} v \\ \omega \end{pmatrix} \tag{2·7}$$

となる．これはつまり，動かしたい軌道における車体の進行速度 v と回転の角速度 ω を与えれば車輪の角速度 ω_L，ω_R が求められるので，この角速度をモータに指令すれば望みの軌道を動くことを意味する．実際にロボットを動かすときには，この関係を用いる．なお，車体の進行速度 v と回転速度 ω を与えれば車輪の角速度 ω_L，ω_R は時間の関数なので変数であり，半径車輪の半径 r とトレッド T は定数であることを，お忘れなく．また，行列計算の基礎については 7 章を参照して欲しい．

車輪の角速度を制御する方法のまとめ

① 望みの軌道における，車体の進行速度 v と回転速度 ω を決める．
② それぞれの機構によって関係づけられている変換式によって車輪の角速度 ω_L，ω_R を決める．
③ その角速度をモータに指令する．
④ ある時間刻みごとにこの処理を繰り返す．

ここまで読んできて，旋回半径 R の式（2・2）で，分母が0になったらどうするか気になるだろう．また旋回半径 R が負になる可能性もあるので，それも気になるはずである．そこで，もう少しこれらの式について考えてみよう．なお，この旋回半径の説明は，左右独立駆動型のみならず，これ以降に説明する，ほかの車輪機構でも同様に適用される．

そもそも旋回半径の式において分母が0ということは，左右の車輪の速度が同じという意味であるから，ロボットは直進する．直進時は旋回半径が無限大であるので，数学的には矛盾はない．また旋回半径が正なら左旋回，旋回半径が負なら右旋回と決めておけば，それは理解できる．ところが，ロボットはコンピュータで制御するので，直進のときに旋回半径の分数式の分母が0になるような計算を使うと，例外処理が発生してCPUが停止してしまう．また旋回角が正から負に変化するときに旋回半径は不連続となるのも，都合が悪い．

そこで旋回半径の逆数を用いる．これは数学では**曲率**と呼ばれており，記号としては κ（カッパ）とか χ（カイ，キー）というギリシャ文字が使われることが多い．ここではカッパ κ を用いる．なお曲率の英語はcurvatureである．また

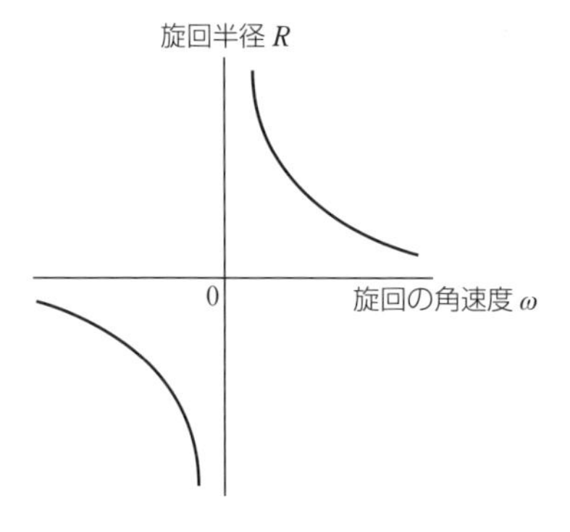

図2・9　旋回の角速度と旋回半径との関係（v＝一定と仮定）

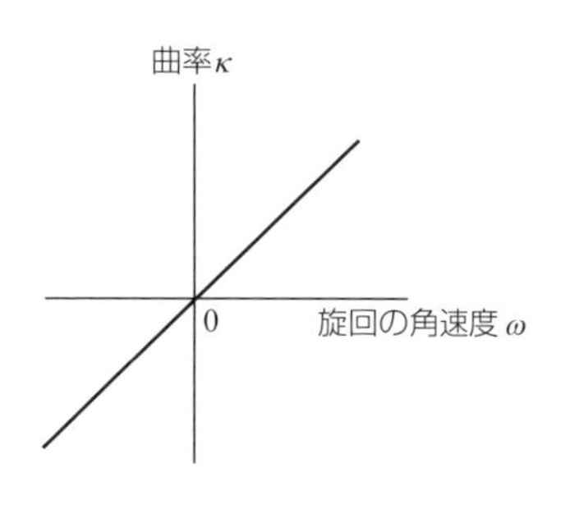

図2・10　旋回の角速度と曲率との関係

旋回半径は数学的には**曲率半径**と呼ばれる．

曲率 κ は旋回半径 R を用いて次式で定義される．

$$\kappa = \frac{1}{R} \tag{2·8}$$

これにより，**図 2·10** に示すように，曲率は旋回角に対して連続となり，その場旋回の場合を除いて曲率が無限大になることは事実上ありえない．このほうが数学的には扱いやすいし，プログラム上でもゼロ割り算による例外処理が発生しないので安全である．

左右独立駆動型における旋回半径についてまとめると，以下のようになる．

$$\omega_L < \omega_R \text{ のとき} \begin{cases} \omega > 0 \\ R > 0 \end{cases} \text{（反時計回り）}$$

$$\omega_L > \omega_R \text{ のとき} \begin{cases} \omega < 0 \\ R < 0 \end{cases} \text{（時計回り）}$$

$$\omega_L = \omega_R \text{ のとき} \begin{cases} \omega = 0 \\ R = \infty \end{cases} \text{（直進）}$$

［Column］曲　率

曲率とは曲がり具合いを示す指標である．だから，直線の曲率が 0 といわれれば確かにそうである．しかしながら曲率は実感に合わないのも事実である．一方，曲率半径（旋回半径）は理解しやすい．高速道路では，$R = 500$ というように曲率半径が白い標識に表示してある．カーブがきつくなるとその数字がだんだん小さくなる．高速道路でカーブに入ったら，その標識を探してみるとよい．

また，実際にはロボットの動作プログラムで旋回半径や曲率を直接扱うことはあまりないので，心配しすぎなくてもよい．旋回半径を表示したいときには，左右の角速度が同じでないときだけ旋回半径を計算するという方法をとれば，旋回半径が無限大となる問題を避けることができ，これで実用上は問題ない．

2·3　一駆動一操舵型（FR 型）の車輪機構

2·3 節と 2·4 節では，自動車の機構の呼び方を流用して FR 型，FF 型と呼ぶことにする．ただし，ロボットではどちらが前でもよい．

一駆動一操舵型（FR型：Front Steering, Rear Drive型）では，**図2·11**(a)に示すように，自動車のように操舵輪が2輪の場合，操舵のときにはすべての車輪の垂線（すなわち車軸方向）は1点（旋回中心）で交わる必要があり，さもなければいずれかの車輪（多くは前輪）が横滑りすることになる．ということは，自動車の操舵輪の角度は左右で異なることになる．その動きを実現する機構として，自動車には**アッカーマン機構**（もしくはアッカーマン・ジャントー機構）というリンク機構が採用されている（詳細は別文献を参照してほしい）．ロボットの場合には，こういう複雑な機構を導入する例は少なく，簡易版として図2·11(b)に示すように，操舵輪を一つにするという方法が採用されることが多い．

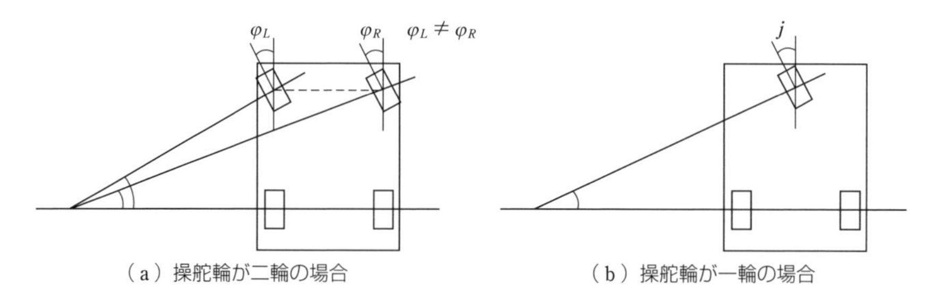

図2·11　旋回中心と車輪の車軸方向

この節では**図2·12**に示すような，前輪操舵・後輪駆動というFR型の車輪機構について説明する．この機構では，ユーザ側が操作できる変数は，操舵角φと進行速度vであり，ここから旋回半径Rや車体の旋回の角速度ωを求める．

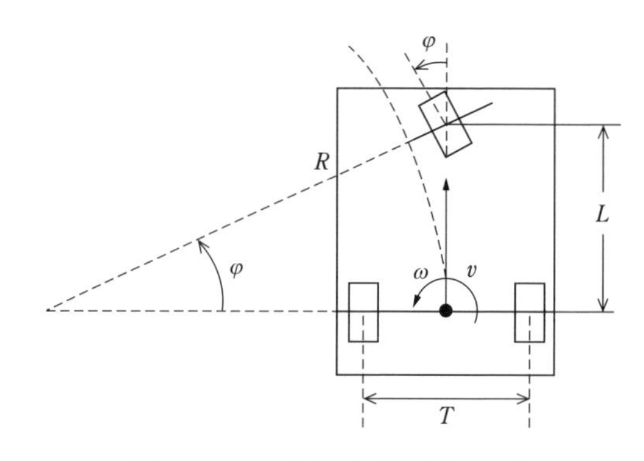

図2·12　一駆動一操舵型（FR型）

前輪と後輪の距離 L を自動車ではホイールベースと呼ぶので，車輪型移動ロボットでもこれにならう．図から，旋回半径 R とホイールベース L は，操舵角 φ を使って

$$\tan\varphi = \frac{L}{R} \tag{2·9}$$

から旋回半径 R は

$$R = \frac{L}{\tan\varphi} \tag{2·10}$$

と求められる．

また左右独立駆動型の説明で求めたように，$v = R\omega$ であるので

$$\omega = \frac{v}{R} = \frac{\tan\varphi}{L}v \tag{2·11}$$

と求められる．操舵角 φ が小さければ $\tan\varphi = \varphi$ と近似できるので

$$\omega = \frac{\varphi}{L}v \tag{2·12}$$

と近似してもよい．

なお，操舵角を使う機構の場合には，入力変数である操舵角 φ と進行速度 v，出力変数である進行速度 v と旋回の角速度 ω の関係は，v と $\tan\varphi$ または φ の積の項があるため，左右独立駆動型と違って行列の形で表せない（つまり非線形関係となる）ことに注意しよう．

なお，この機構では，駆動用のモータから**ディファレンシャルギヤ**（差動歯車）によって後輪である左右の動輪に回転が伝達される．したがって，車体の並進速度を決めれば動輪の角速度は旋回半径によって自動的に決定されるので，ユーザ側で制御する必要がない．

2·4　一駆動一操舵型（FF 型）の車輪機構

一駆動一操舵型（FF 型：Front Steering, Front Drive 型）車輪機構では，前輪が舵取りだけでなく動輪にもなり，後輪は自由に回転する従輪となっている．動輪としての前輪の角速度を ω_F（前輪の意味で添え字 F を用いる），前輪の半径を r とし，また舵取りとしての操舵角を φ とおく．ユーザが操作できる変数は，前輪の角速度 ω_F と操舵角 φ であることに注意しよう．

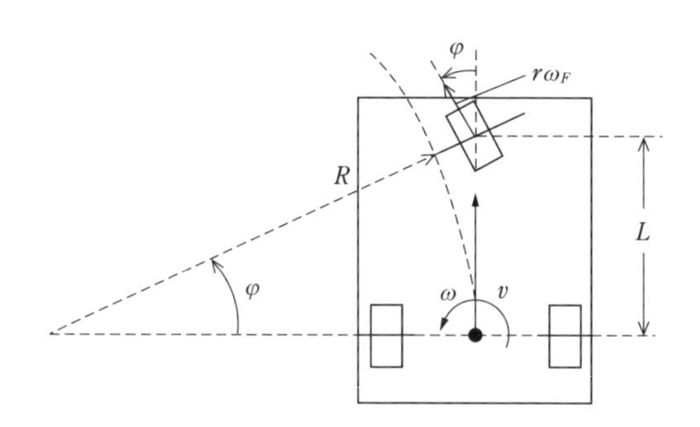

図2・13　一駆動一操舵型（FF型）

前輪の並進速度は $r\omega_F$ であり，車体方向成分を考えると

$$v = r\omega_F \cos\varphi \tag{2・13}$$

となる．旋回半径はFR型と同じであることを利用すると，車体の回転速度（角速度）ω は

$$\omega = \frac{v}{R} = \frac{\tan\varphi}{L} v = \frac{\tan\varphi}{L} r\omega_F \cos\varphi = \frac{r\omega_F \sin\varphi}{L} \tag{2・14}$$

と求められる．この場合でも前輪の回転数 ω_F と $\cos\varphi$ や $\sin\varphi$ との積を使うので，入力変数と出力変数の関係が行列で表せない（つまり非線形関係である）ことに注意しよう．

なお，この機構は，前輪に駆動用のモータと操舵用のモータを取り付ける必要があり，その配置に工夫を要することと，モータには大きなトルクが必要となるので結果としてモータが大きくなり重くなることを考慮しよう．

2・5 全方向移動型の車輪機構

これまでに説明した機構では，車体が横方向に動くことはできない．例えば操舵型の機構で，操舵角を90°（$=(1/2)\pi$〔rad〕）にすると，$v=0$ となってしまいFR型だと ω も0となるので全く動けず，FF型ならその場回転するだけである．それを解決したのが全方向移動型である．すなわち，前後にも左右にも動け，しかも同じ方向を向いたまま位置を変えることができるような車輪機構である．

全方向移動型の車輪移動機構は一般的ではないが，著者（松元）のグループで過去に開発したので簡単に紹介する．詳細は他文献を参照してほしい．ともに，独自に開発した特殊車輪を採用することで実現できた機構である．

3自由度独立駆動型

四つの特殊車輪を車体の四方に配置し，平面移動における自由度（x, y, θ）の三つの自由度を三つのモータで別々に（独立して）駆動できるようにした機構である．三つのモータの角速度を ω_1，ω_2，ω_3 とおくと，それぞれが x 方向の速度，y 方向の速度，車体の旋回の角速度となっていて，ユーザ側からはとても使いやすい機構である．モータから車輪への運動の伝達においては，かさ歯車とディファレンシャルギヤを用いていて，メカ設計で使いやすさを実現している．ただし，一つの自由度を駆動するのは一つのモータであるから，それぞれのモータが十分大きなトルクをもつことが必要になる．

$$\begin{pmatrix} \dot{x} \\ \dot{y} \\ \dot{\theta} \end{pmatrix} = \begin{pmatrix} a & 0 & 0 \\ 0 & a & 0 \\ 0 & 0 & b \end{pmatrix} \begin{pmatrix} \omega_1 \\ \omega_2 \\ \omega_3 \end{pmatrix} \quad \text{（ただし，}a, b\text{ は定数）} \tag{2·15}$$

図 2・14　三自由度独立駆動型

② 四輪独立駆動型，三輪独立駆動型

四つまたは三つの車輪をそれぞれのモータで駆動するシンプルな機構である．その結果，車体の小型・軽量化が図れる．簡単にいうと，上記の3自由度独立駆動型ではメカでやっていることを，この機構では計算，すなわちソフトウェアで実現している．三輪型は常に滑り駆動になるため，三輪型は四輪型より直進性能において劣るが，理論的には三輪で十分なので，軽量化のために三輪型を採用する例は多い．

なお，この機構では，車体の下の部分の体積をあまり占有しないので，そこに別の物体を置くことができる．例えば**図2·15**左の写真では，空気圧制御用のタンクを配置している．

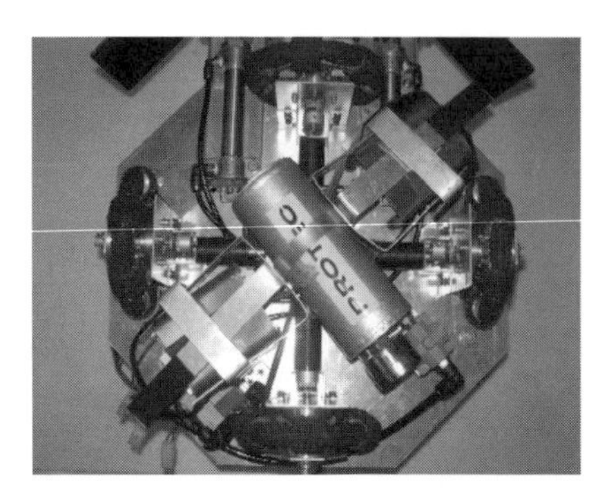
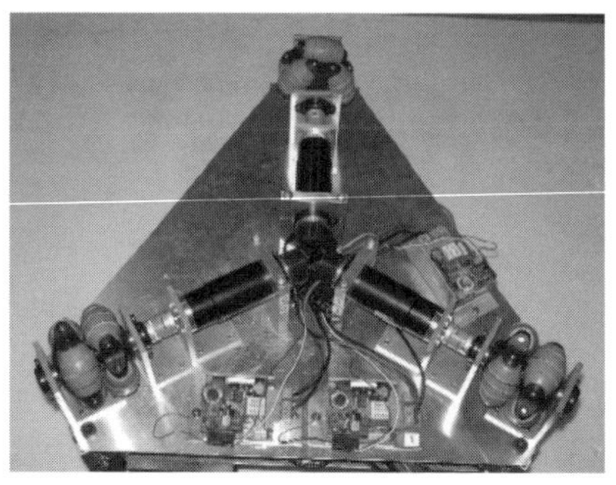

図2·15　各車輪を独立に駆動する機構（左：四輪型，右：三輪型）

2·6 軌道の決め方

車輪型移動ロボットは平面移動を仮定する．平面における自由度は，位置の2自由度（x成分，y成分）と姿勢角（車体の向き）の1自由度，計3自由度である．

ロボットが最初にいた位置を原点として，ロボットの向いている方向をx軸として座標系を定めると仮定する．そこから別の位置に移動するとき，その移動経路は無限に存在する．例えば，図2·16から図2·19に示すように，たくさんの可能性がある．ここでは三角のついているほうがロボットの車体の前方を示している．

図2·16は，2点間を直線で結び，最初と最後にその場回転をしている．これは図に書くと簡単であるが，実際には，自動車はその場回転できないことを想像するとわかるように，これは舵取り機構をもつロボットでは実現できない．左右独立駆動型，または全方向移動機構であれば実現できる．

図2·17は直進＋円弧＋直進の組合せであり，旋回半径Rの値が与えられればその旋回中心を幾何学的に求めることができる．並進速度を保ったまま動くこともできる（円弧上では接線速度となる）．**図2·18**は，この特殊形であり，直線と直線の交点でその場回転するが，これは図2·17において旋回半径0で回るこ

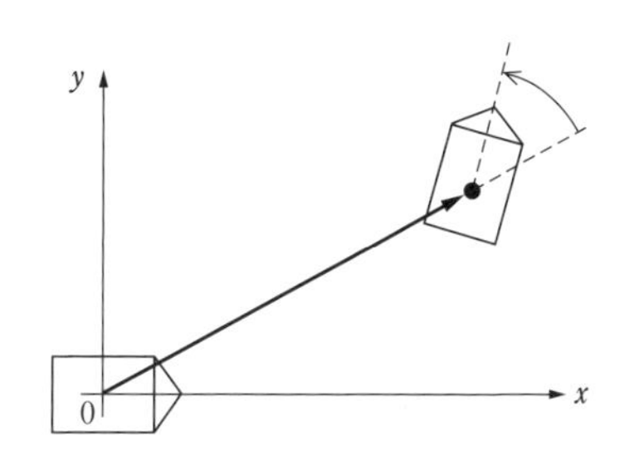

図 2・16　その場回転＋直進＋その場回転の組合せによる経路

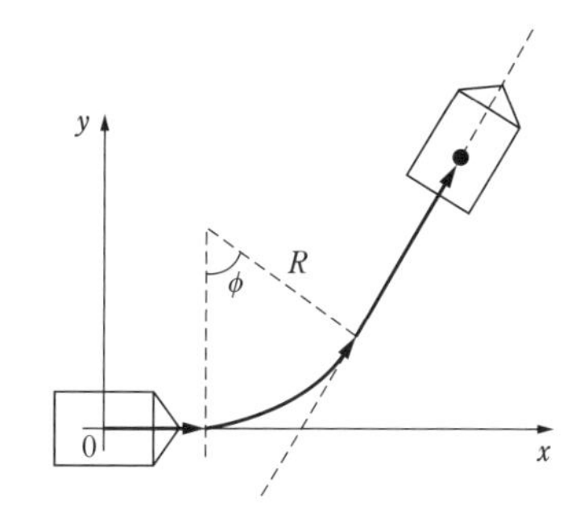

図 2・17　直進＋円弧による旋回＋直進の組合せによる経路

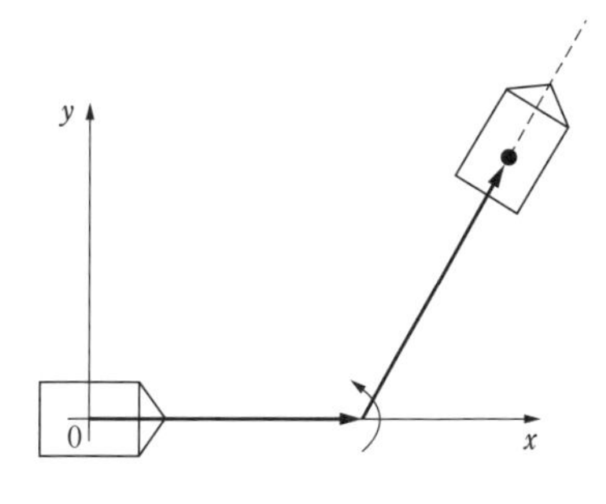

図 2・18　直進＋その場回転＋直進の組合せによる経路

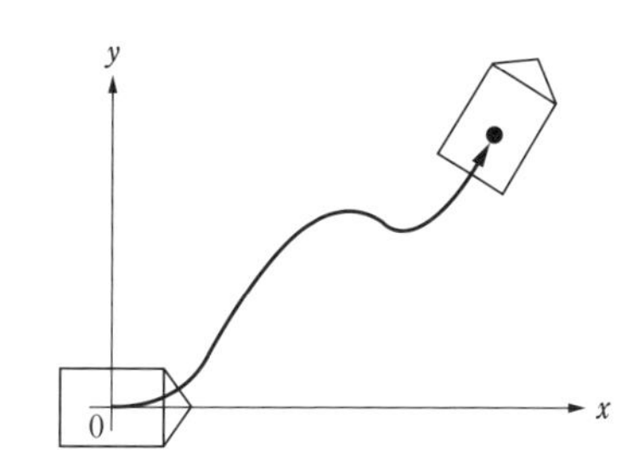

図 2・19　任意の曲線による経路

とになる．**図 2·19** は自由曲線である．

図 2·17 に示す直線と円弧の組合せは，なめらかな移動のように見える．ただし，旋回半径は，直線では無限大，円弧上では有限値であるので，その組合せでは旋回半径が不連続に変化する．つまり，車の運転をしているときに，ある角度に急にハンドルを切ったような状態となる．このときの状態は想像できるだろう．円弧の外側方向に急激に遠心力を受ける．このとき，曲率の変化のようすを時間軸で描いてみると，**図 2·20** に示すように不連続となる．この不連続性が急激な遠心力を導くのである．

これを改善して，曲率が連続的に変化するように作ると遠心力もなめらかに変化すると期待できるだろう．例えば，**図 2·21** 左に示すような曲率を設計すると，実際の経路は右図のようになる．実際の経路は円弧と似てはいるが若干外側にふくらむ．すなわち旋回半径（数学的には曲率半径）は，最初は無限大という状態

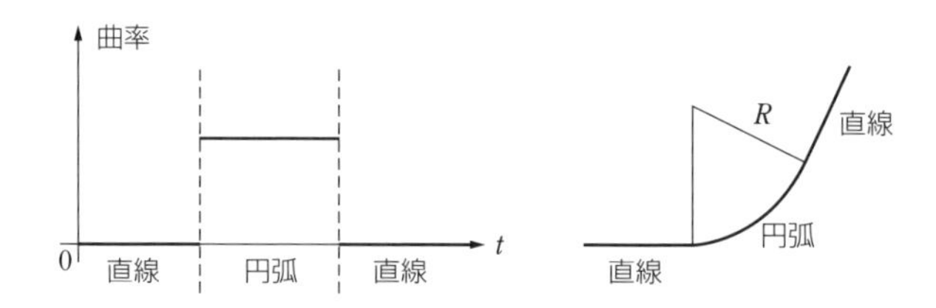

図2・20　直線と円弧の組合せのときの曲率の時間変化と実際の経路

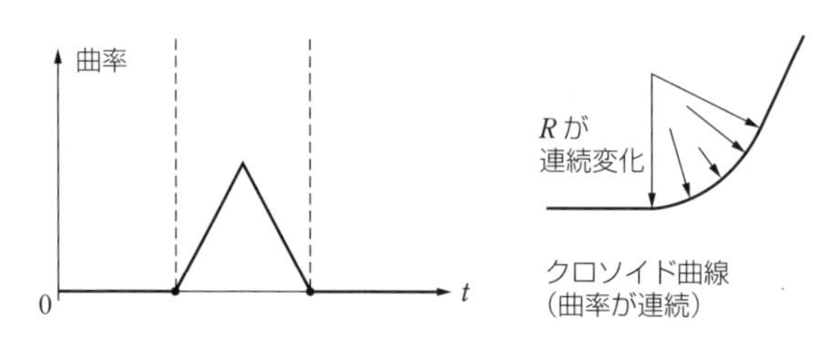

図2・21　曲率が連続に変化する経路の例（クロソイド曲線）

から，しだいに小さな値となり，また増えていって最後に無限大になるという経路となる．実は高速道路のカーブは円弧曲線ではなく，このクロソイド曲線を使っている．これであればハンドルをゆるやかに動かせばよいので，都合がよい．さらに，自動車のドライバーは，旋回半径が小さくなると角速度が増えてしまうので（$v = R\omega$ だから），速度を落として遠心力を小さくすることを体で覚えていて自然にそれを実行する．クロソイド曲線を数式で表現すると複雑なのでここでは省略するが，実は身近で実用的な曲線であることだけは理解しておこう．

2・7　自己位置の測り方

腕型ロボットはベースが固定されているので，手先の位置と姿勢は数学的に求めることができる．しかし移動ロボットでは，そういうわけにいかない．前節で述べたようなさまざまな経路が考えられるので，同じ移動量（通った経路の長さ）に対してもロボットの位置を特定することはできない．そこで移動ロボットの場合には，自分自身が平面上のどこに位置しているかを何らかのセンサを用いて調べる必要がある．

そのためにはロボットの外部から測定する方法と，ロボットの内部の情報を用いて計算する方法とがある．前者の例としては，最近ではGPS（global posi-

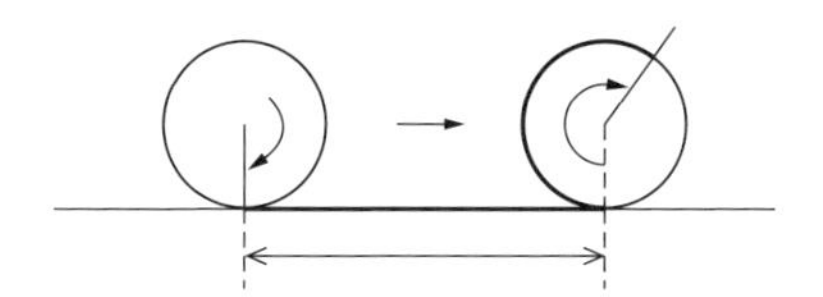

図 2・22 オドメトリの基本原理

tioning system）が有名であるが，ほかにも超音波やレーザ，カメラなどを利用して観測して，三角測量の原理で位置を求める方法が考案されている．後者は，**オドメトリ**（odometry），または**デッドレコニング**（dead-reckoning）と呼ばれ，車輪の回転角を測定することで，移動量を計算し，結果としてロボット自身の位置を計算する方法が考案されている．車輪のスリップがない限り，いかなる経路を通ったとしてもロボットの位置を求めることができる．自動車の走行距離計（オドメータと呼ばれる）を想像するとよい．ここでは後者の方法を説明する．

図 2·20 に示したように，車輪の移動量はその際の回転角で決められる円弧の長さである．これがオドメトリの基本である．すなわち，半径 r の車輪は 1 周の長さが $2\pi r$ であり，車輪が N 回転したときには移動量は $2\pi rN$ となることを利用する．例えば 240° は 2/3 回転であるので，このときの移動量は $2\pi r \times 2/3$ である．

回転の検出には普通はロータリエンコーダ（以下，エンコーダと略記）を用いる．エンコーダの詳細は 5 章で説明するが，ここでは使い方だけ簡単に述べる．

エンコーダは 1 回転に対して定められたパルスを発生する．例えば 1 回転に対して 300 パルス発生するエンコーダを用いて 1200 パルス発生した場合には，車輪の移動量は $2\pi r \times \dfrac{1\,200}{300}$ となる．ここでは角度のラジアン表記は陽には使われていないが，あえて角度をラジアン表記すると $2\pi \times \dfrac{1\,200}{300}$〔rad〕となるので，これに半径 r を掛けることで同じ結果となることを理解しよう．

ロボット車体の並進速度 v，回転速度（角速度）ω と，平面における位置 (x, y) および姿勢角 θ との関係を示すと**図 2·23** のようになる．

これを式で表現すると

$$\left.\begin{aligned}\dot{x} &= v\cos\theta \\ \dot{y} &= v\sin\theta \\ \dot{\theta} &= \omega\end{aligned}\right\} \qquad (2\cdot16)$$

となる．オドメトリの問題は，並進速度 v と角速度 ω（時間の関数であり，刻々

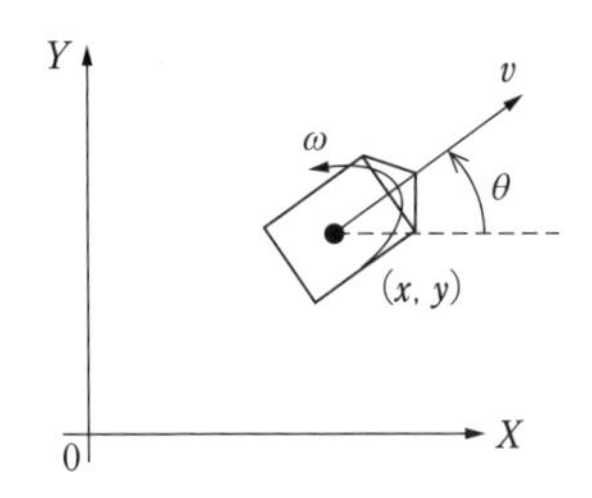

図2·23　平面移動の自由度と，車体の並進速度・回転速度との関係

と変化する）を与えて，ロボットが現在いる位置（x, y）および姿勢角 θ を求めることである．

この式では未知数である θ が左辺のみならず右辺にもきているので，これは単純な微分方程式ではないことに注意が必要である．そこでまず ω を積分して姿勢角 θ が決まり，その結果，並進速度（$\dot{x}$, $\dot{y}$）が決まる．それを積分して位置（x, y）が決まる，という手順をとる．

ただし，数学の場合と異なり，測定データは離散的に得られるので，積分は数値積分で行う．すなわち測定データの累積を計算する．その方法を以下に説明する．

ある時間間隔 Δt ごと（機械制御ではだいたい 5 ms から 20 ms の間にとることが多い）にエンコーダの値を読み込み，そのパルス数から車輪の角度の変化（すなわち角速度）を計算する．2·2 節から 2·4 節で説明したように，どんな機構であっても，車輪の角速度や操舵角から車体の進行速度 v，回転速度（角速度）ω は求められるので，まずその計算を行う．

次に $\dot{\theta}=\omega$ の数値積分を行う．$\dot{\theta}=d\theta/dt$ を $\dot{\theta}=\Delta\theta/\Delta t$ と置き換え，直前の（Δt 前の）角度の値を θ_{old}，最新の角度を θ_{new} とおくと

$$\Delta\theta=\theta_{\mathrm{new}}-\theta_{\mathrm{old}} \tag{2·17}$$

となる．Δt の間に ω が一定とみなすと，いま積分の対象となっている $\Delta\theta/\Delta t=\omega$ という式は

$$\theta_{\mathrm{new}}=\theta_{\mathrm{old}}+\omega\cdot\Delta t \tag{2·18}$$

となる．Δt 後には，θ_{new} を θ_{old} に置き換えたうえで，そのときの ω の値を使って，同じ式で新たな θ_{new} の値を計算する．これを繰り返すことで，角度 θ の初期値さえ与えられれば，次々と ω を積分できることがわかる．**図2·24**に，このときの数値積分の考え方を示す．$\omega\cdot\Delta t$ が長方形の面積であるので，これを足し

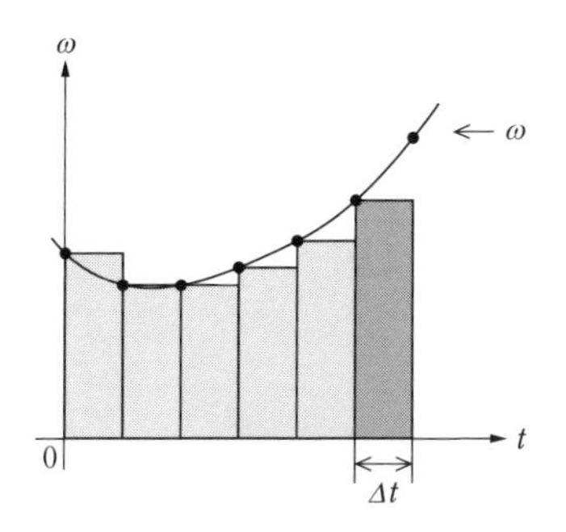

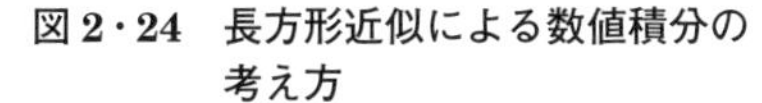
図 2・24　長方形近似による数値積分の考え方

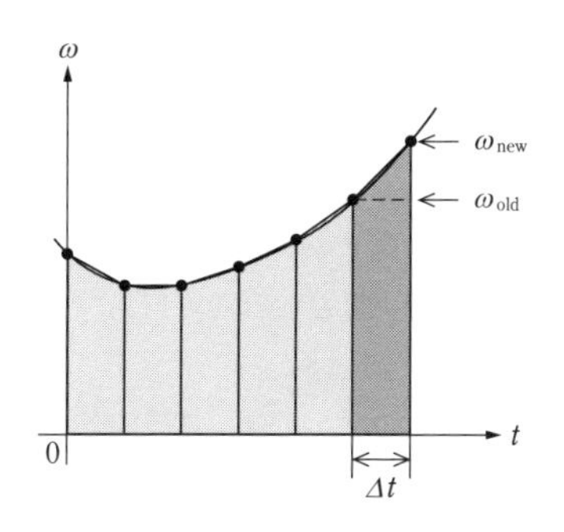

図 2・25　台形近似による数値積分の考え方

ていくことは，長方形近似によって積分計算することになる．

Δt が十分小さく，その間の ω の値の変化が少なければ，このような単純な積分でも問題はない．なお，さらに精度を上げるには，最新の角速度の値 ω_{new} と直前の角速度の値 ω_{old} を使って台形近似を使うことで

$$\theta_{\text{new}} = \theta_{\text{old}} + \frac{\omega_{\text{new}} + \omega_{\text{old}}}{2} \Delta t \tag{2·19}$$

とするとよい．**図 2·25** を見ると，台形近似を使ったほうが本来の積分に近くなることが理解できるだろう．なお，添え字の付け方のルールは前と同様とした．

次に位置（x, y）を求めるには，すでに進行速度 v と姿勢角 θ が求められているので

$$\left.\begin{aligned} \Delta x &= v \cos\theta \cdot \Delta t \\ \Delta y &= v \sin\theta \cdot \Delta t \end{aligned}\right\} \tag{2·20}$$

から

$$\left.\begin{aligned} x_{\text{new}} &= x_{\text{old}} + v \cos\theta \cdot \Delta t \\ y_{\text{new}} &= y_{\text{old}} + v \sin\theta \cdot \Delta t \end{aligned}\right\} \tag{2·21}$$

を計算する．前と同様に台形近似を使えばさらに積分の精度が良くなり

$$\left.\begin{aligned} x_{\text{new}} &= x_{\text{old}} + \frac{v_{\text{new}} \cos\theta_{\text{new}} + v_{\text{old}} \cos\theta_{\text{old}}}{2} \Delta t \\ y_{\text{new}} &= y_{\text{old}} + \frac{v_{\text{new}} \sin\theta_{\text{new}} + v_{\text{old}} \sin\theta_{\text{old}}}{2} \Delta t \end{aligned}\right\} \tag{2·22}$$

を用いればよい．

なお，数値積分の説明においては，通常は漸化式を使って，例えば

$$\theta_i = \theta_{i-1} + \omega \cdot \Delta t \quad (2\cdot23)$$

のように表現するが，プログラムを作るときには変数の数の節約（すなわちメモリの節約）のために最新のデータと直前のデータのみを変数にとることが多いので，ここではそれを意識してあえて添え字を new と old としている．意図することは同じである．

2·8 ロボットアームとの類似性

この節では，車輪型移動ロボットと腕型ロボット（ロボットアーム）との類似性について述べる．つまり，車輪型移動ロボットと腕型ロボットが数学的に似ているところがあるので同様に扱うことができる，という説明である．話題が抽象的になるので読み飛ばしてもかまわないが，類似性という見方ができるようになると，新しいものに対しても既存の知識を使って類推することができるようになるので，仮に数式が理解できない場合でも，意味だけでも理解するとよい．

すでに示したように，左右独立駆動型機構のロボットであれば，その場回転できる†ので，平面の位置決めの自由度のうち，位置の成分の $(x,\ y)$ と姿勢角 θ は独立に指定できる．とすると，**図 2·26** に示すように，ロボットと原点を結ぶロボットアーム（腕型ロボット）があり，ロボットアームの長さは可変で，原点周りに回転し，アームの先端に回転の自由度があるとみなすことができる．すな

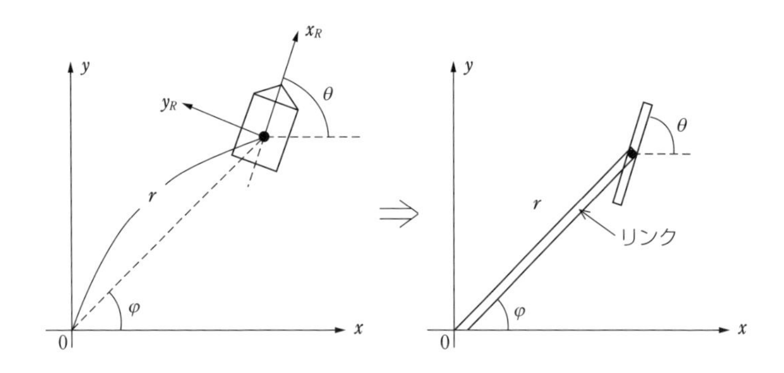

図 2·26　移動ロボットを極座標型のロボットアームとみなす

† 操舵型の機構ではその場回転ができないので，この節の説明をそのまま適用することはできないことに気をつけよう．

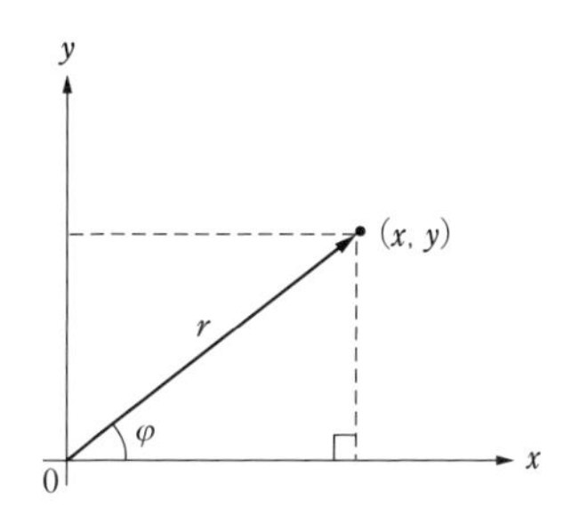

図 2・27　極座標

わち，これは極座標型のロボットアームである．それでは，車輪型移動ロボットを極座標型ロボットアームだとみなして，その位置や速度を調べてみよう．

いま扱っている問題は，(x, y, θ) で表現していた座標を (r, φ, θ) の座標で表現しようとするものである．姿勢角 θ は共通であるので別途扱うとすると，**図 2・27** のように単に直角座標を極座標で表す問題となるので，位置 x, y を r, φ で表すと

$$\left.\begin{aligned} x &= r\cos\varphi \\ y &= r\sin\varphi \end{aligned}\right\} \tag{2·24}$$

となることはすぐに理解できるだろう．ただし，x, y ともに r, φ に関する 2 変数関数（非線形）となる．ここで，変数 x, y, r, φ はすべて時間の関数であるので，時間で微分すると，偏微分によって

$$\left.\begin{aligned} \frac{dx}{dt} &= \frac{\partial x}{\partial r}\frac{dr}{dt} + \frac{\partial x}{\partial \varphi}\frac{d\varphi}{dt} \\ \frac{dy}{dt} &= \frac{\partial y}{\partial r}\frac{dr}{dt} + \frac{\partial y}{\partial \varphi}\frac{d\varphi}{dt} \end{aligned}\right\} \tag{2·25}$$

となることを利用すると

$$\begin{aligned} \dot{x} &= \cos\varphi\cdot\dot{r} + r(-\sin\varphi)\cdot\dot{\varphi} \\ \dot{y} &= \sin\varphi\cdot\dot{r} + r\cos\varphi\cdot\dot{\varphi} \end{aligned} \tag{2·26}$$

となる．これを行列の形式で表現すると

$$\begin{pmatrix} \dot{x} \\ \dot{y} \end{pmatrix} = \begin{pmatrix} \cos\varphi & -r\sin\varphi \\ \sin\varphi & r\cos\varphi \end{pmatrix}\begin{pmatrix} \dot{r} \\ \dot{\varphi} \end{pmatrix} \tag{2·27}$$

となり，速度の表現を使うと線形化できることがわかる．この式の値はロボット車体の進行速度ベクトルの x 成分と y 成分である．さらに，これを

$$\begin{pmatrix}\dot{x}\\ \dot{y}\end{pmatrix}=\begin{pmatrix}\cos\varphi & -\sin\varphi\\ \sin\varphi & \cos\varphi\end{pmatrix}\begin{pmatrix}\dot{r}\\ r\dot{\varphi}\end{pmatrix} \tag{2·28}$$

と変形すると，行列の部分が，角度φだけ回転する回転変換行列となっていることがわかる．すると，この逆行列はすぐに求められ

$$\begin{pmatrix}\dot{r}\\ r\dot{\varphi}\end{pmatrix}=\begin{pmatrix}\cos\varphi & \sin\varphi\\ -\sin\varphi & \cos\varphi\end{pmatrix}\begin{pmatrix}\dot{x}\\ \dot{y}\end{pmatrix} \tag{2·29}$$

となる．この式は進行速度のx成分とy成分を与えれば，極座標における速度を求めることができることを意味している．**図2·28**のように任意の軌道上において，接線速度がロボット車体の進行速度になるので，そこから原点からの距離の変化や角度の変化が計算できることになる．なお，車体の角速度は姿勢角θの時間微分であるので，いまの議論とは独立に指定する．

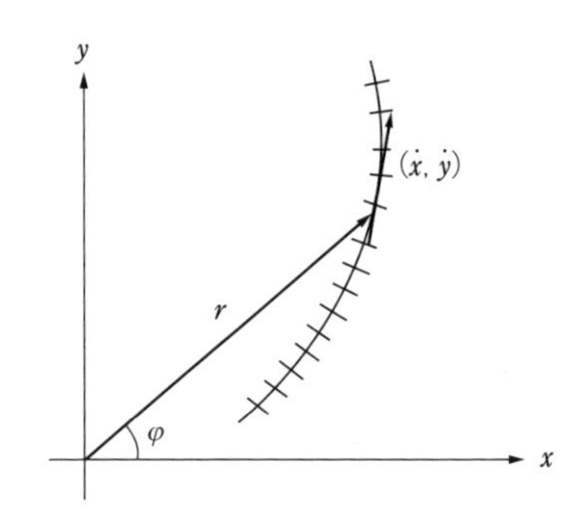

図2·28　任意の軌道上における接線速度の極座標表現

以上は，車輪型移動ロボットの運動を，原点から伸びている仮想的なロボットアームの運動としてとらえる考え方の説明である．

演習問題

【2.1】 自動車がカーブ走行する場合，左右の操舵輪の操舵角は同一となっておらず，必ずカーブの内側の車輪の方の操舵角が大きくなる．これは操舵輪の車軸方向の延長線が旋回中心を通るからである．

さて，もし，左右の操舵輪の操舵角が同じになっていると仮定すると，カーブ走行の際にどのような現象が起こるか，簡潔に説明せよ．

【2.2】 図2·20のように「直線→円弧（旋回半径R）→直線」という軌道を動くとき，直線の円弧の中心の座標および直線の式を求めよ．座標系は適当に設定

してよい．

【2.3】 移動ロボットが，直線→クロソイド曲線→直線の軌道を走行し，かつ並進速度が変わらないと仮定すると，曲率はどんな変化をするかのグラフを描け．ただし，横軸を時間とせよ．

【2.4】 半径 r〔m〕の車輪が回転数 N〔rpm〕（毎分 N 回転の速さ）で回転するとき，車輪の並進速度はいくつになるか．

【2.5】 車輪型移動ロボットが仮に直線軌道を走ったとする．車輪の半径が 10 cm と仮定し，車軸に 1 回転 600 パルスのエンコーダがついているとすると，車輪が 10 回転したらエンコーダのパルス発生量はいくつになるか．また移動距離は何 m か．ただし円周率の値は 3.14 とし，答は有効数字 3 桁で求めよ．（補足：エンコーダについては 5·4 節を参照せよ）

【2.6】 前問と同じ車輪を用いて，今度は減速比が 50 の減速機を用い，モータに直結したエンコーダを用いて車輪の回転量を測定する．すなわち，車輪が 1 回転するとモータが 50 回転し，エンコーダも 50 回転する．では前問と同じく車輪が 10 回転したとき，エンコーダの総パルス数と車輪の総移動距離を求めよ．（補足：減速機とエンコーダの組合せに関しては，9·1 節を参照せよ）

【2.7】 左右独立駆動型移動ロボットを用いて，並進速度 $v = 0.500$ m/s，角速度 $\omega = 0.200$ rad/s で左旋回させたい．このとき，左右の車輪の角速度 ω_L，ω_R を求めよ．ただし車体のトレッド $T = 50.0$ cm，車輪の半径 $r = 10.0$ cm とせよ．解答にあたっては，式 (2·2)～(2·7) を参照せよ．

【2.8】 車輪型の移動ロボットにおけるオドメトリ odometry とはどのようなことか，具体的にはどんな情報（センサデータ）を元に何をするのか，簡潔に説明せよ．

MEMO

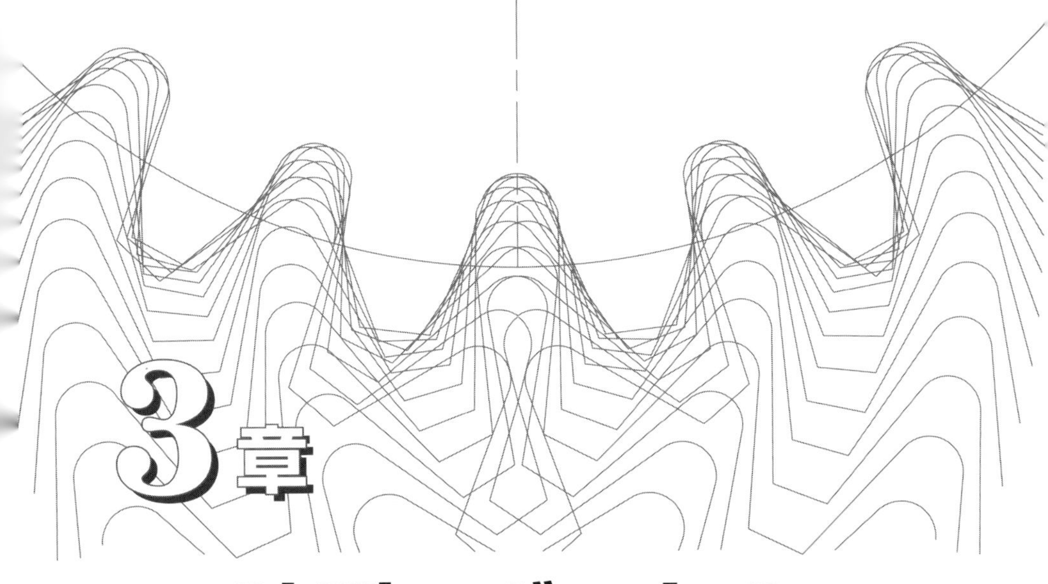

3章 腕型ロボットの構造と機構

Abstract

歴史上，ロボットとして最初に実用化されたものは腕型のロボットである．その多くは産業用ロボットと呼ばれ，工場などの設備内に固定されて用いられており，われわれの日常生活の中で見かけることはほとんどない．しかし，今日一番広く用いられ，かつ実用性の高いロボットとして，腕型ロボットは重要である．

この章では腕型ロボットの構造と機構について見ていく．まず3·1節～3·3節で，基本的な構造と形態について概観し，3·4節～3·5節で腕型ロボットを動かすための数学および力学について説明する．なお，腕型ロボットの概要についてとりあえず学びたい読者は，3·4節の後半と3·5節は飛ばして先に次章以降を読み，後で読み返すことにしてもよいだろう．

3·1 自由度と関節

ロボットの腕を**マニピュレータ**と呼ぶ．人間でいえば，肩から手首までの部分である．人間の手首から先の「手」に相当する部分を**エンドエフェクタ**と呼び，動物のように指があるエンドエフェクタを特に**ハンド**という．工場で用いられている産業用ロボットのほとんどはマニピュレータであり，また，そのエンドエフェクタは，行う作業に特化した設計となっていて指をもたない場合も多い．例えば塗装作業を行うロボットにはスプレーガンが，溶接作業用ロボットでは溶接トーチがエンドエフェクタとして取り付けられている．

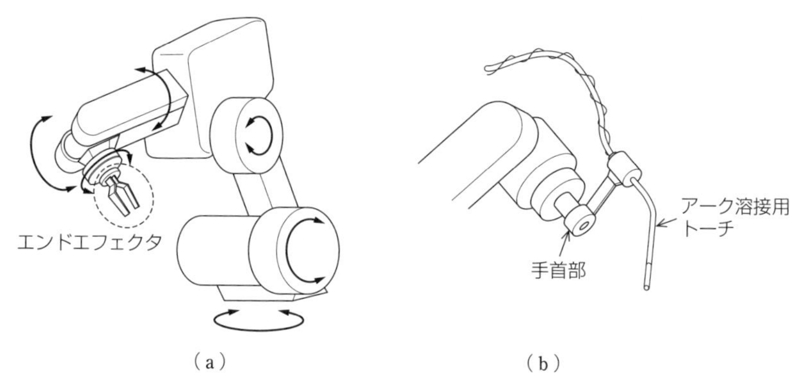

図3·1　エンドエフェクタ

機械の中にあって，運動を伝達したり変換したりする仕組みを**機構**と呼ぶ．一般に機械に使われている部品は**機械要素**というが，機構を構成している機械要素は特に**節**（**リンク**）と呼ぶ．剛体の二つの節が特定の相対的な運動をするように連結されているようすを**対偶**という（**図3·2**）．対偶が実現する運動は，図3·2 (a) 回り対偶，(b) 滑り対偶などのように1種類の回転運動や直進運動である場合（低次対偶）や，(d) 回り滑り対偶，(e) 球面対偶などのように複数の運動である場合（高次対偶）がある．対偶が実現する運動の度合いを**自由度**と呼ぶ．より厳密には，自由度とは節どうしの相対的な位置関係を特定する変数の数である．

機構は複数の節からなっているので，内部に複数の対偶が存在し，対偶の種類と連鎖の仕方によって機構全体の運動の自由度が決まる．ただし，機構の自由度は用いられている対偶の自由度の単純な和とはならないことに注意する．

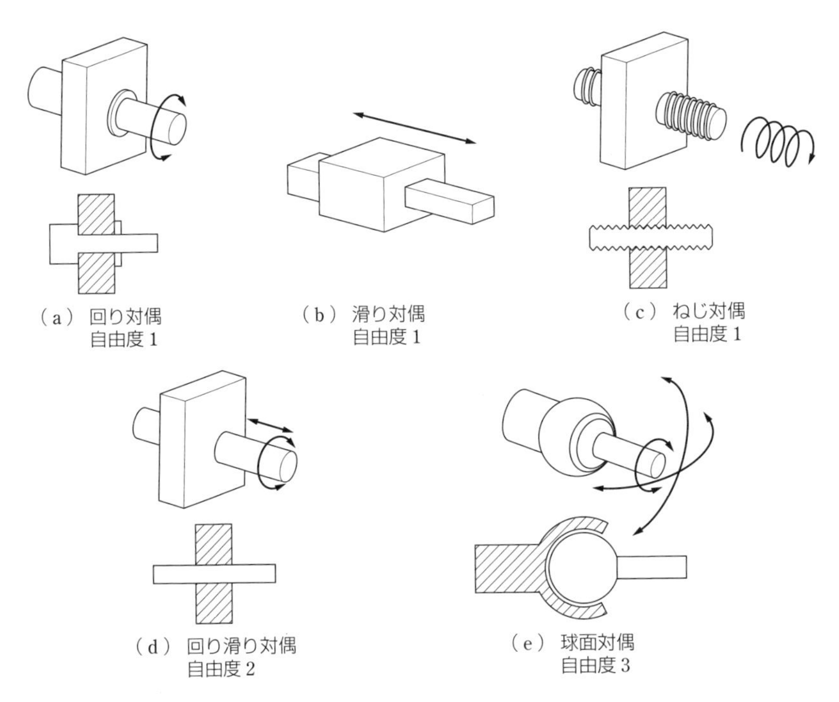

図 3・2　対偶と自由度

マニピュレータにおいては，動く部分を動物にならって**関節（ジョイント）**と呼ぶが，関節は 1 またはそれ以上の自由度をもつ対偶にほかならず，用いられている関節の数と種類によってマニピュレータ全体の自由度も決まってくる．一般の機械では機構の自由度が 1 である場合が多いが，マニピュレータの場合，全体

表 3・1　関節の分類と記号

名　称	運　動	形状例	記　号	文字記号
回転関節	旋回（ピボット）			P
	回転（ローテーション）			R
直動関節	並進（スライド）			S

［Column］人間の腕の関節と自由度

人間の腕にはいくつ自由度があるだろうか．腕の関節は，肩，肘，手首の3か所であることは自明であろう．自分の腕を動かしてみたり，骨の構造を考えてみると，肩には3自由度，肘には1自由度，手首には3自由度があることがわかるだろう．肩の関節はまさに図3·2（e）の球面対偶になっている．手首の3自由度のうち「ひねる」動きは，肘と手首を結ぶ2本の骨，橈骨（とうこつ）と尺骨（しゃっこつ）が互いにねじれることによって実現されている．

人間の腕は，全体としては3＋1＋3＝7で7自由度をもっている．3次元空間内で，任意の位置・姿勢（向き）を実現するには，位置：3自由度＋姿勢：3自由度＝6自由度があればよいので，人間の腕には自由度が余分にあることになる．このことは次のようにして確かめることができる．

手のひらを机にぺったりと乗せてみよう．もし人間の腕には6自由度しかないのであれば，この状態で肩と手のひらの相対的な位置関係は完全に固定されており，腕を動かすことはできないはずである．しかし，実際の人間の腕ではここから，肩から見たときの手のひらの位置と姿勢を変えずに，肘をある程度の範囲で動かすことができる．脇を締めたり開いたりする動作が可能なのである．このように肘の位置を動かせるということは，自由度が一つ余分にあることにほかならない．

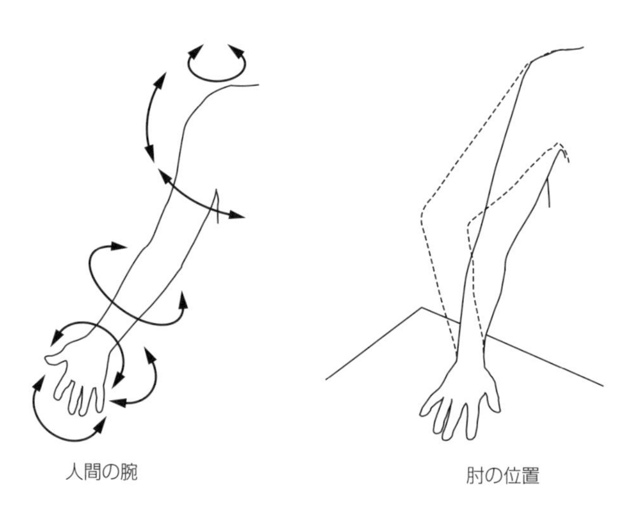

の自由度は4以上であることがほとんどで，各関節の自由度も1より大きい場合もある．**表3·1**に，ロボットでよく用いられる関節の分類と記号を示す．ロボットの構造を図示する際には，これらの記号が用いられることが多い．

次節では典型的なマニピュレータの構造について見てみる．

3·2 マニピュレータの構造と種類

図3·3に産業用ロボットによく見られるマニピュレータの形態を示す．

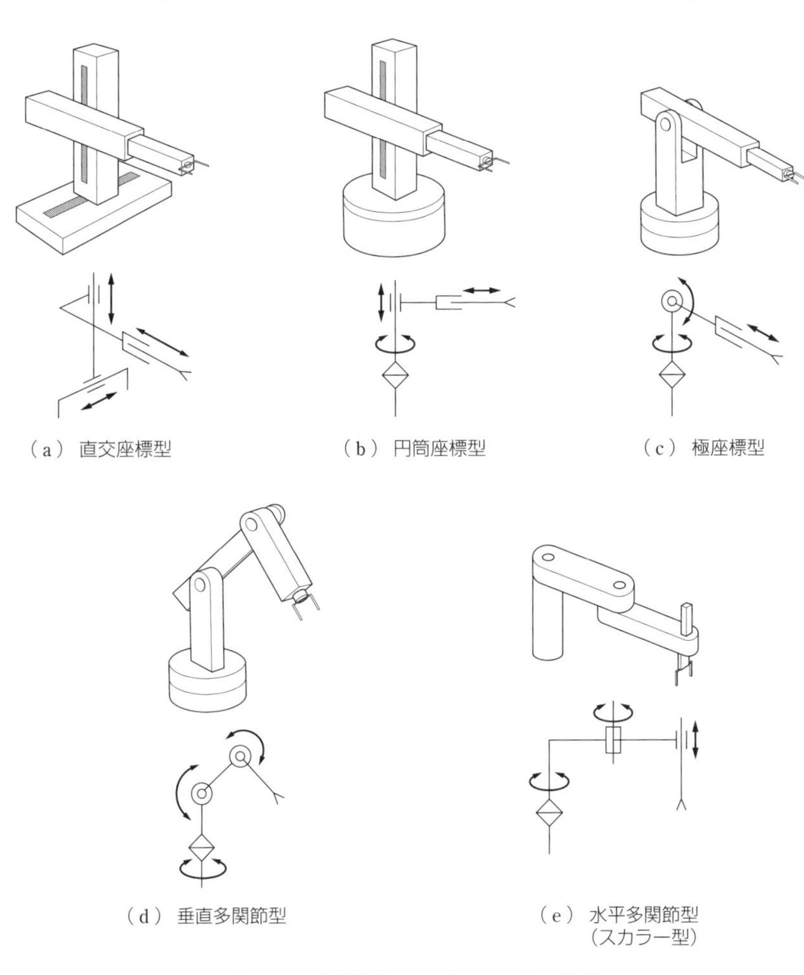

図3·3　典型的なマニピュレータの構成

3·3 作業領域と特異点

マニピュレータの基部から見て，エンドエフェクタが到達できる範囲を**作業領域**（ワーキングエンベロープ）または**動作範囲**と呼ぶ（**図3·4**）．作業領域は用いられている関節の種類と可動範囲（回転関節，旋回関節なら動作可能な角度の範囲，直動関節なら並進可能距離）と関節の連鎖の順番によって異なり，単純な直方体や円筒であったり，球殻であったりする．ただし，作業領域内の各点においてエンドエフェクタがとりうる姿勢（向き）は必ずしもどこでも同じであるとは限らず，関節の可動範囲によって制約を受ける．例えば図3·4のような2関節2自由度のロボットの作業領域では，A～Dのような各地点ではエンドエフェクタはそれぞれ決まった方向にしか向けないが，Eのような地点では2種類の姿勢をとることが可能である．

さらに，このマニピュレータでは，A点においては二つの関節のどちらを回転させたとしても瞬間的にはエンドエフェクタは左右方向にしか動かすことができない（**図3·5**）．すなわち，本来2自由度をもつマニピュレータがA点においては1自由度の運動しか実現できていない．このような現象を**自由度の縮退**と呼び，このような点を**特異点**と呼ぶ．特異点の近傍を通るようにマニピュレータを動かそうとすると，関節を急激に大きく動作させなければならないという問題がある．図3·4のようなマニピュレータでは，特異点は作業領域の境界にあるので実用

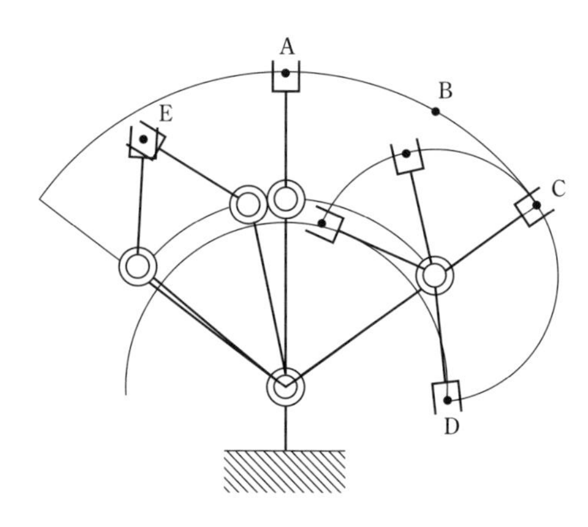

図3·4　作業領域と手先の姿勢

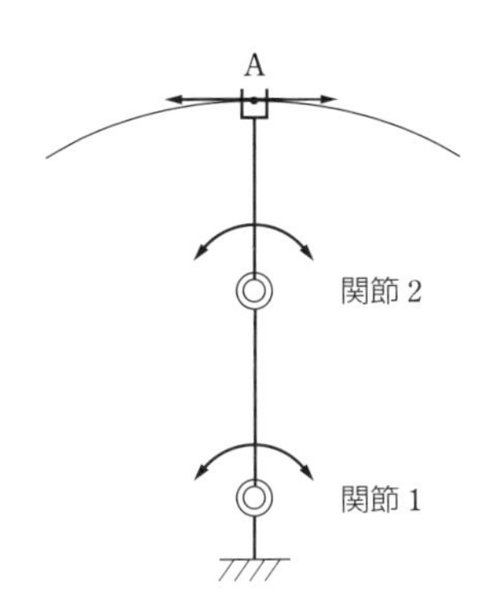

図 3・5　自由度の縮退

上これを避けて用いることは容易であるが，一般に多自由度のマニピュレータの作業領域の内部には特異点が複数存在するため，どこに特異点が存在するのか（各関節の角度がどのような条件の場合に自由度が縮退するのか）を理解しておくことは重要である．

3·4　マニピュレータの機構学

① 関節変位と位置・姿勢

マニピュレータに特定の作業を行わせるには，エンドエフェクタをどのようにして所望の位置で所望の姿勢にもっていくかを計画できなければならない．そのためにまず，各関節の変位からエンドエフェクタの位置と姿勢を求める問題を考える．これを**順運動学**という．順運動学の解は，関節の数が少ない場合には幾何的に容易に求めることができる．

図 3·6 のような 3 関節平面リンクマニピュレータを考えてみよう．関節 1，2，3 はすべて旋回関節であり，関節 1 の位置を座標原点とする．各関節の変位（回転角）をそれぞれ θ_1，θ_2，θ_3 とすれば，エンドエフェクタの位置 $\boldsymbol{p}(x, y)$ は

$$\left.\begin{aligned} x &= l_1 \cos\theta_1 + l_2 \cos(\theta_1+\theta_2) + l_3 \cos(\theta_1+\theta_2+\theta_3) \\ y &= l_1 \sin\theta_1 + l_2 \sin(\theta_1+\theta_2) + l_3 \sin(\theta_1+\theta_2+\theta_3) \end{aligned}\right\} \quad (3\cdot1)$$

となることが容易に求められる．また，このときエンドエフェクタの姿勢（向き）θ は

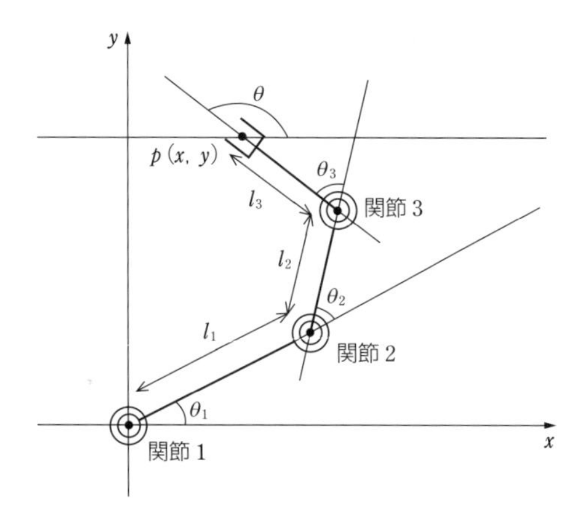

図 3・6　3関節平面リンクマニピュレータ

$$\theta = \theta_1 + \theta_2 + \theta_3 \tag{3・2}$$

となっている．これが順運動学の解である．関節変位を列ベクトル $\boldsymbol{q} = (\theta_1, \theta_2, \theta_3)^T$，エンドエフェクタの位置と姿勢，$x$，$y$，$\theta$ を列ベクトル $\boldsymbol{r} = (x, y, \theta)^T$ とおけば

$$\boldsymbol{r} = \begin{pmatrix} x \\ y \\ \theta \end{pmatrix} = f(\boldsymbol{q}) = \begin{pmatrix} l_1 \cos\theta_1 + l_2 \cos(\theta_1 + \theta_2) + l_3 \cos(\theta_1 + \theta_2 + \theta_3) \\ l_1 \sin\theta_1 + l_2 \sin(\theta_1 + \theta_2) + l_3 \sin(\theta_1 + \theta_2 + \theta_3) \\ \theta_1 + \theta_2 + \theta_3 \end{pmatrix} \tag{3・3}$$

と書き表すこともできる．

順運動学の解が得られたことにより，各関節をどれだけ動かせば，エンドエフェクタがどこに移動するのか，すなわち $\boldsymbol{q}$ が与えられたときに $\boldsymbol{r}$ がどうなるかがわかる．

今度は逆に，エンドエフェクタを平面内の特定の位置で特定の姿勢にしたい場合に，各関節の変位はどのような値をとればよいかを考える．この問題は**逆運動学**と呼ばれ，$\boldsymbol{r} = (x, y, \theta)^T$ が与えられたときに $\boldsymbol{q} = (\theta_1, \theta_2, \theta_3)^T$ を求める問題である．逆運動学の解法には一定の方法は存在しないため，具体的なマニピュレータの構成ごとに解を求めるしかない．

再び図 3・6 のマニピュレータを例にして解説する．

式 (3・1) より

$$\left.\begin{aligned} x - l_3 \cos(\theta_1 + \theta_2 + \theta_3) &= l_1 \cos\theta_1 + l_2 \cos(\theta_1 + \theta_2) \\ y - l_3 \sin(\theta_1 + \theta_2 + \theta_3) &= l_1 \sin\theta_1 + l_2 \sin(\theta_1 + \theta_2) \end{aligned}\right\} \tag{3・4}$$

両辺の2乗和をとると

$$
\begin{aligned}
&(x-l_3\cos\theta)^2+(y-l_3\sin\theta)^2\\
&\quad=l_1^2+l_2^2+2l_1l_2\cos\theta_1\cos(\theta_1+\theta_2)+2l_1l_2\sin\theta_1\sin(\theta_1+\theta_2)\\
&\quad=l_1^2+l_2^2+2l_1l_2\cos\theta_2 \qquad (3\cdot5)
\end{aligned}
$$

x, y, θ は既知であるから，式 (3・5) の左辺の値は具体的に計算できる．そこで左辺$=k$ とおけば

$$
\left.
\begin{aligned}
\cos\theta_2&=\frac{k-l_1^2-l_2^2}{2l_1l_2}\\
\sin\theta_2&=\pm\sqrt{1-\left(\frac{k-l_1^2-l_2^2}{2l_1l_2}\right)^2}
\end{aligned}
\right\} \qquad (3\cdot6)
$$

を得る．ここで，$\sin\theta_2$, $\cos\theta_2$ の値をそれぞれ $\sin\theta_2=S_2$, $\cos\theta_2=C_2$ とおくと，$\tan\theta_2=S_2/C_2$ より

$$
\theta_2=\tan^{-1}\frac{S_2}{C_2}
$$

と θ_2 が求められる．S_2 が正負の2通りの値をとるので，θ_2 には2通りの解がある．次に $\theta=\theta_1+\theta_2+\theta_3$ と式 (3・6) を使えば式 (3・4) は

$$
\left.
\begin{aligned}
x-l_3\cos\theta&=(l_1+l_2C_2)\cos\theta_1-l_2S_2\sin\theta_1\\
y-l_3\sin\theta&=(l_1+l_2C_2)\sin\theta_1+l_2S_2\cos\theta_1
\end{aligned}
\right\} \qquad (3\cdot7)
$$

と変形でき，この2式より

$$
\left.
\begin{aligned}
(l_1+l_2C_2)(x-l_3\cos\theta)+l_2S_2(y-l_3\sin\theta)&=\{(l_1+l_2C_2)^2+(l_2S_2)^2\}\cos\theta_1\\
-l_2S_2(x-l_3\cos\theta)+(l_1+l_2C_2)(y-l_3\sin\theta)&=\{(l_1+l_2C_2)^2+(l_2S_2)^2\}\sin\theta_1
\end{aligned}
\right\} \qquad (3\cdot8)
$$

を得る．よって

$$
\left.
\begin{aligned}
\cos\theta_1&=\frac{(l_1+l_2C_2)(x-l_3\cos\theta)+l_2S_2(y-l_3\sin\theta)}{(l_1+l_2C_2)^2+(l_2S_2)^2}\\
\sin\theta_1&=\frac{-l_2S_2(x-l_3\cos\theta)+(l_1+l_2C_2)(y-l_3\sin\theta)}{(l_1+l_2C_2)^2+(l_2S_2)^2}
\end{aligned}
\right\} \qquad (3\cdot9)
$$

となる．ここで，式 (3・9) の分母は k であることに注意しよう．

$\sin\theta_1=S_1$, $\cos\theta_1=C_1$ とおくと，式 (3・9) より θ_1 は

$$
\theta_1=\tan^{-1}\frac{S_1}{C_1}
$$

と求められる．最後に θ_3 は

$$\theta_3 = \theta - \theta_1 - \theta_2$$

と得られる．

θ_2 には2通りの解があるということは，このマニピュレータの場合，特定の位置・姿勢を実現する $\boldsymbol{q} = (\theta_1,\ \theta_2,\ \theta_3)^T$ には2通りの組合せが存在することを意味している．これは図3·4におけるE点のような場合である．

② 一般的な解法

関節数が多い一般的なマニピュレータにおいて順運動学，逆運動学を解く場合には，7章で述べる4×4同次変換行列を用いる．すなわち，マニピュレータの各関節に座標系を定義し，隣り合う関節の間の座標変換を同次変換行列で表現することによって，基準となる座標系とエンドエフェクタの座標系の座標変換を求めるという手順を考える．

まず座標系を定義しよう．

マニピュレータに座標系を定義する手法としては，Denavit Hartenbergの手法をはじめとしていくつか提案されているが，ここでは広瀬の方法に準拠することにする．

n 自由度のマニピュレータにおいて，各関節の変位が0である状態を基準姿勢とする．

(1) 関節 $1 \sim n$ の回転軸上に関節位置として $\mathrm{P}_1 \sim \mathrm{P}_n$ を，エンドエフェクタの位置として P_{n+1} を定義する．

(2) 関節 i と $i+1$ の間のリンクをリンク i とし，P_i から P_{i+1} へのベクトルを

$$\boldsymbol{l}_i = \begin{pmatrix} l_{xi} \\ l_{yi} \\ l_{zi} \end{pmatrix}$$ とする．

(3) マニピュレータの基部に基準座標系 Σ_0 をとり，その原点 O_0 から P_1 へのベクトルを $\boldsymbol{l}_0$ とする．

(4) P_i を原点とし，x, y, z の各軸が Σ_0 の各軸となるべく平行になるように座標系 Σ_i を定める．このとき3軸のうちの一つがその関節の回転軸と一致するようにする．

(5) エンドエフェクタには座標系 Σ_{n+1} を Σ_n と各軸が平行になるように定める．

図3·7に5自由度のマニピュレータに対して座標系を定義した例を示す．

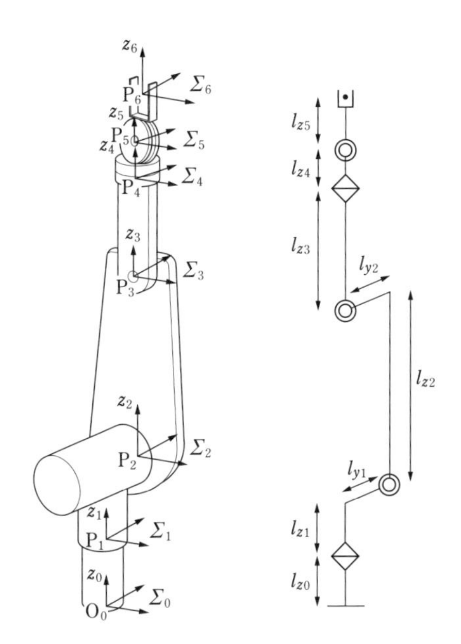

図 3・7　5 自由度垂直多関節型マニピュレータの関節と座標系

続いて座標系 Σ_i から Σ_{i+1} への同次変換行列 ${}^i\boldsymbol{T}_{i+1}$ を求める．Σ_i を Σ_{i+1} に一致させるためには，リンクベクトル $\boldsymbol{l}_i$ だけ並進移動をした後，関節 $i+1$ の動作変位角分の回転をすればよいから

$$ {}^i\boldsymbol{T}_{i+1} = \mathrm{Trans}(\boldsymbol{l}_i)\cdot\mathrm{Rot}(a,\ \theta_{i+1}) \tag{3·10} $$

となる．ただし，ここで a は関節 $i+1$ の回転軸，θ_{i+1} は関節 $i+1$ の変位角である．並進変換行列と回転変換行列の定義は，7·3 節で詳しく解説するので，そちらを参照されたい．

図 3·7 のマニピュレータにおける同次変換行列は下記のようになる．

$$ {}^0\boldsymbol{T}_1 = \mathrm{Trans}(\boldsymbol{l}_0)\cdot\mathrm{Rot}(z,\ \theta_1) = \begin{pmatrix} 1 & 0 & 0 & 0 \\ 0 & 1 & 0 & 0 \\ 0 & 0 & 1 & l_{z0} \\ 0 & 0 & 0 & 1 \end{pmatrix} \begin{pmatrix} \cos\theta_1 & -\sin\theta_1 & 0 & 0 \\ \sin\theta_1 & \cos\theta_1 & 0 & 0 \\ 0 & 0 & 1 & 0 \\ 0 & 0 & 0 & 1 \end{pmatrix} $$

$$ = \begin{pmatrix} \cos\theta_1 & -\sin\theta_1 & 0 & 0 \\ \sin\theta_1 & \cos\theta_1 & 0 & 0 \\ 0 & 0 & 1 & l_{z0} \\ 0 & 0 & 0 & 1 \end{pmatrix} $$

$$
{}^1\boldsymbol{T}_2 = \mathrm{Trans}(\boldsymbol{l}_1)\cdot\mathrm{Rot}(y,\ \theta_2) = \begin{pmatrix} \cos\theta_2 & 0 & \sin\theta_2 & 0 \\ 0 & 1 & 0 & l_{y1} \\ -\sin\theta_2 & 0 & \cos\theta_2 & l_{z1} \\ 0 & 0 & 0 & 1 \end{pmatrix}
$$

$$
{}^2\boldsymbol{T}_3 = \mathrm{Trans}(\boldsymbol{l}_2)\cdot\mathrm{Rot}(y,\ \theta_3) = \begin{pmatrix} \cos\theta_3 & 0 & \sin\theta_3 & 0 \\ 0 & 1 & 0 & l_{y2} \\ -\sin\theta_3 & 0 & \cos\theta_3 & l_{z2} \\ 0 & 0 & 0 & 1 \end{pmatrix}
$$

$$
{}^3\boldsymbol{T}_4 = \mathrm{Trans}(\boldsymbol{l}_3)\cdot\mathrm{Rot}(z,\ \theta_4) = \begin{pmatrix} \cos\theta_4 & -\sin\theta_4 & 0 & 0 \\ \sin\theta_4 & \cos\theta_4 & 0 & 0 \\ 0 & 0 & 1 & l_{z3} \\ 0 & 0 & 0 & 1 \end{pmatrix}
$$

$$
{}^4\boldsymbol{T}_5 = \mathrm{Trans}(\boldsymbol{l}_4)\cdot\mathrm{Rot}(y,\ \theta_5) = \begin{pmatrix} \cos\theta_5 & 0 & \sin\theta_5 & 0 \\ 0 & 1 & 0 & 0 \\ -\sin\theta_5 & 0 & \cos\theta_5 & l_{z4} \\ 0 & 0 & 0 & 1 \end{pmatrix}
$$

$$
{}^5\boldsymbol{T}_6 = \mathrm{Trans}(\boldsymbol{l}_5) = \begin{pmatrix} 1 & 0 & 0 & 0 \\ 0 & 1 & 0 & 0 \\ 0 & 0 & 1 & l_{z5} \\ 0 & 0 & 0 & 1 \end{pmatrix}
$$

座標系間の同次変換行列が定まれば，基準座標系Σ_0とエンドエフェクタの座標系Σ_{n+1}の間の変換は次のように表せる．

$$
{}^0\boldsymbol{T}_{n+1} = {}^0\boldsymbol{T}_1\,{}^1\boldsymbol{T}_2\,{}^2\boldsymbol{T}_3\,{}^3\boldsymbol{T}_4\cdots{}^{n-1}\boldsymbol{T}_n\,{}^n\boldsymbol{T}_{n+1} = \begin{pmatrix} \boldsymbol{R} & \boldsymbol{P} \\ 0 & 1 \end{pmatrix} \tag{3・11}
$$

③ エンドエフェクタの姿勢

式(3・11)で，$\boldsymbol{P}$はエンドエフェクタP_{n+1}をΣ_0から見た座標（Σ_{n+1}の原点をΣ_0から見た座標），$\boldsymbol{R}$はΣ_{n+1}のΣ_0に対する相対的な回転，すなわちエンドエフェクタの姿勢を表している．

$\boldsymbol{R}$は3×3行列であるから，姿勢は九つの変数で表されていることになる．

$$
\boldsymbol{R}=\begin{pmatrix} n_x & s_x & a_x \\ n_y & s_y & a_y \\ n_z & s_z & a_z \end{pmatrix} \tag{3·12}
$$

ところが，空間の姿勢の自由度は3であるので，九つの変数で姿勢を表現するのはいかにも冗長である．そこで，一般には姿勢を3個の変数で表現することが行われる．よく知られている方法としては，**ロール・ピッチ・ヨー角による表現**と**オイラー角による表現**がある．以下ではロール・ピッチ・ヨー角による表現について解説する．

ロール・ピッチ・ヨー角による姿勢の表現は，航空機や船舶の姿勢を表す場合にも用いられ，**図3·8**のようにz軸周りのロール(ϕ)，y軸周りのピッチ(θ)，x軸周りのヨー(φ)の回転角で表す．すなわち，基準座標系をロール・ピッチ・ヨーだけ回転したときにエンドエフェクタの座標系と座標軸が一致するとき，エンドエフェクタの姿勢は$(\phi\ \theta\ \varphi)$であると定義する．

ロール・ピッチ・ヨー角による回転変換行列は下記のようになる．

$$
\begin{aligned}
&\mathrm{Rot}(z,\ \phi)\cdot\mathrm{Rot}(y,\ \theta)\cdot\mathrm{Rot}(x,\ \varphi)\\
&=\begin{pmatrix} \cos\phi & -\sin\phi & 0 & 0 \\ \sin\phi & \cos\phi & 0 & 0 \\ 0 & 0 & 1 & 0 \\ 0 & 0 & 0 & 1 \end{pmatrix}
\begin{pmatrix} \cos\theta & 0 & \sin\theta & 0 \\ 0 & 1 & 0 & 0 \\ -\sin\theta & 0 & \cos\theta & 0 \\ 0 & 0 & 0 & 1 \end{pmatrix}
\begin{pmatrix} 1 & 0 & 0 & 0 \\ 0 & \cos\varphi & -\sin\varphi & 0 \\ 0 & \sin\varphi & \cos\varphi & 0 \\ 0 & 0 & 0 & 1 \end{pmatrix}\\
&=\begin{pmatrix} \cos\phi\cos\theta & \cos\phi\sin\theta\sin\varphi-\sin\phi\cos\varphi & \cos\phi\sin\theta\cos\varphi+\sin\phi\sin\varphi & 0 \\ \sin\phi\cos\theta & \sin\phi\sin\theta\sin\varphi+\cos\phi\cos\varphi & \sin\phi\sin\theta\cos\varphi-\cos\phi\sin\varphi & 0 \\ -\sin\theta & \cos\theta\sin\varphi & \cos\theta\cos\varphi & 0 \\ 0 & 0 & 0 & 1 \end{pmatrix}
\end{aligned} \tag{3·13}
$$

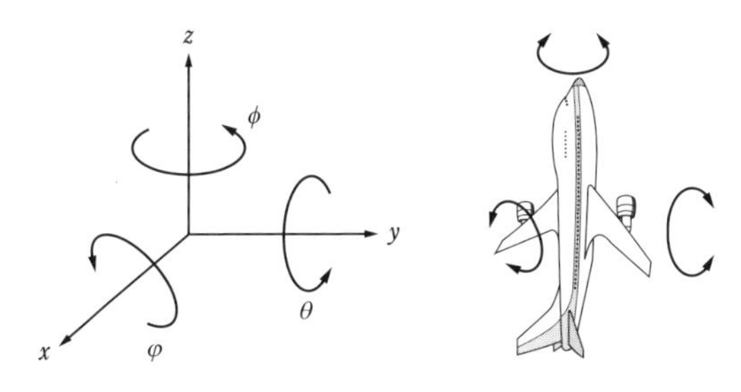

図3·8　ロール・ピッチ・ヨー角

式 (3・11) の左上の 3×3 行列 $\boldsymbol{R}$ と式 (3・13) はいずれもエンドエフェクタの姿勢を表しているので，両者が等しいとおいて $(\phi\ \ \theta\ \ \varphi)$ を計算すれば，エンドエフェクタのロール・ピッチ・ヨー角が得られる．

$-\dfrac{\pi}{2}<\phi<\dfrac{\pi}{2}$ とすれば

$$\phi=\tan^{-1}\frac{n_y}{n_x}$$

$$\theta=\tan^{-1}\frac{-n_z}{n_x\cos\phi+n_y\sin\phi}$$

$$\varphi=\tan^{-1}\frac{a_x\sin\phi-a_y\cos\phi}{-s_x\sin\phi+s_y\cos\phi}$$

4　関節速度と手先速度

ここまでは関節変位 $\boldsymbol{q}$ とエンドエフェクタの位置・姿勢 $\boldsymbol{r}$ について議論したが，今度はエンドエフェクタの位置・姿勢の速度 $\dot{\boldsymbol{r}}$ について考えてみる．

図 3･6 のマニピュレータでは，$\boldsymbol{q}$ と $\boldsymbol{r}$ の関係が式 (3・3) のように表されている．いま，式 (3・3) の両辺の時間微分をとれば

$$\begin{aligned}
\dot{\boldsymbol{r}}&=\begin{pmatrix}-l_1\sin\theta_1\dot{\theta}_1-l_2\sin(\theta_1+\theta_2)(\dot{\theta}_1+\dot{\theta}_2)-l_3\sin(\theta_1+\theta_2+\theta_3)(\dot{\theta}_1+\dot{\theta}_2+\dot{\theta}_3)\\ l_1\cos\theta_1\dot{\theta}_1+l_2\cos(\theta_1+\theta_2)(\dot{\theta}_1+\dot{\theta}_2)+l_3\cos(\theta_1+\theta_2+\theta_3)(\dot{\theta}_1+\dot{\theta}_2+\dot{\theta}_3)\\ \dot{\theta}_1+\dot{\theta}_2+\dot{\theta}_3\end{pmatrix}\\
&=\begin{pmatrix}\boldsymbol{J}_{11}\dot{\theta}_1+\boldsymbol{J}_{12}\dot{\theta}_2+\boldsymbol{J}_{13}\dot{\theta}_3\\ \boldsymbol{J}_{21}\dot{\theta}_1+\boldsymbol{J}_{22}\dot{\theta}_2+\boldsymbol{J}_{23}\dot{\theta}_3\\ \dot{\theta}_1+\dot{\theta}_2+\dot{\theta}_3\end{pmatrix}\\
&=\begin{pmatrix}\boldsymbol{J}_{11}&\boldsymbol{J}_{12}&\boldsymbol{J}_{13}\\ \boldsymbol{J}_{21}&\boldsymbol{J}_{22}&\boldsymbol{J}_{23}\\ 1&1&1\end{pmatrix}\begin{pmatrix}\dot{\theta}_1\\ \dot{\theta}_2\\ \dot{\theta}_3\end{pmatrix}\\
&=\begin{pmatrix}\boldsymbol{J}_{11}&\boldsymbol{J}_{12}&\boldsymbol{J}_{13}\\ \boldsymbol{J}_{21}&\boldsymbol{J}_{22}&\boldsymbol{J}_{23}\\ 1&1&1\end{pmatrix}\dot{\boldsymbol{q}}
\end{aligned}\tag{3・14}$$

ただし

$$\boldsymbol{J}_{11}=-l_1\sin\theta_1-l_2\sin(\theta_1+\theta_2)-l_3\sin(\theta_1+\theta_2+\theta_3)$$

$$\boldsymbol{J}_{12}=-l_2\sin(\theta_1+\theta_2)-l_3\sin(\theta_1+\theta_2+\theta_3)$$

$$\boldsymbol{J}_{13}=-l_3\sin(\theta_1+\theta_2+\theta_3)$$

$$\boldsymbol{J}_{21}=l_1\cos\theta_1+l_2\cos(\theta_1+\theta_2)+l_3\cos(\theta_1+\theta_2+\theta_3)$$

$$J_{22} = l_2 \cos(\theta_1 + \theta_2) + l_3 \cos(\theta_1 + \theta_2 + \theta_3)$$
$$J_{23} = l_3 \cos(\theta_1 + \theta_2 + \theta_3)$$

と整理できる．すなわち，関節変位の速度 $\dot{\boldsymbol{q}}$ からエンドエフェクタの位置・姿勢の速度 $\dot{\boldsymbol{r}}$ を求める式が得られた．このように，$\dot{\boldsymbol{q}}$ と $\dot{\boldsymbol{r}}$ を

$$\dot{\boldsymbol{r}} = \boldsymbol{J}(\boldsymbol{q})\dot{\boldsymbol{q}} \tag{3·15}$$

という形で関係づける行列 $\boldsymbol{J}(\boldsymbol{q})$ を**ヤコビ行列**と呼ぶ．式（3·14）においては

$$\boldsymbol{J}(\boldsymbol{q}) = \begin{pmatrix} J_{11} & J_{12} & J_{13} \\ J_{21} & J_{22} & J_{23} \\ 1 & 1 & 1 \end{pmatrix} \tag{3·16}$$

である．

一般に n 自由度のマニピュレータにおいて，関節の変位ベクトル $\boldsymbol{q} = (q_1 \ \ q_2 \ \ q_3 \ \ \cdots \ \ q_n)^T$ と手先の位置・姿勢ベクトル $\boldsymbol{r} = (r_1 \ \ r_2 \ \ r_3 \ \ \cdots \ \ r_n)^T$ の関係が $\boldsymbol{r} = f(\boldsymbol{q})$ であるとき，$\dot{\boldsymbol{q}}$ と $\dot{\boldsymbol{r}}$ の関係はヤコビ行列 $\boldsymbol{J}(\boldsymbol{q})$ で与えられる．ヤコビ行列は $\boldsymbol{r}$ の微係数 $\partial r / \partial q^T$ として求めることができ，その第 i 行第 j 列目の要素 J_{ij} は

$$J_{ij} = \frac{\partial r_i}{\partial q_j} \tag{3·17}$$

である．ヤコビ行列は関節変位 $\boldsymbol{q}$ の関数となっていることに注意する．式（3·16）のヤコビ行列の各要素が式（3·17）と等しいことは，式（3·1），式（3·2）を θ_1，θ_2，θ_3 で偏微分してみれば容易に確かめられる．

ヤコビ行列を知ることによって，関節の変位速度 $\dot{\boldsymbol{q}}$ からエンドエフェクタの速度 $\dot{\boldsymbol{r}}$ を求められる．$\boldsymbol{q}$ から $\boldsymbol{r}$ を求める式（3·3）にならっていえば，速度に関する順運動学の解が得られたことになる．

逆に，与えられた $\dot{\boldsymbol{r}}$ を実現する $\dot{\boldsymbol{q}}$ を求める問題を速度の逆運動学という．ヤコビ行列が正方行列で，その逆行列 $\boldsymbol{J}^{-1}(\boldsymbol{q})$ が存在するならば，逆運動学の解はこれを用いて

$$\dot{\boldsymbol{q}} = \boldsymbol{J}^{-1}(\boldsymbol{q})\dot{\boldsymbol{r}} \tag{3·18}$$

と求めることができる．

ヤコビ行列は $\boldsymbol{q}$ の関数であるので，$\boldsymbol{q}$ の値によっては逆行列 $\boldsymbol{J}^{-1}(\boldsymbol{q})$ が存在しないことがありうる．3·3 節で述べた特異点は，実は逆ヤコビ行列が存在しない位置なのである．すなわち特異点で自由度が縮退するということは，与えられた $\dot{\boldsymbol{r}}$ を実現する $\dot{\boldsymbol{q}}$ がありえない，ということである．

3·5 マニピュレータの力学

1 静　力　学

マニピュレータに何か作業を行わせることを考えると，先端のエンドエフェクタにどのような力が働くことになるのかを明らかにする必要がある．ここでは，各関節が発生するトルクと，エンドエフェクタが外部環境に及ぼす力とモーメントの関係について考える．

図3·9のように，マニピュレータ先端が物体と接触しており，物体から力$\boldsymbol{f}=(f_x\ f_y\ f_z)^T$とモーメント$\boldsymbol{m}=(m_x\ \ m_y\ \ m_z)^T$が加わって，全体が静止している状態，すなわちマニピュレータ自身は，物体に対して$-\boldsymbol{f}$，$-\boldsymbol{m}$の力とモーメントを及ぼしている状態を考えよう．

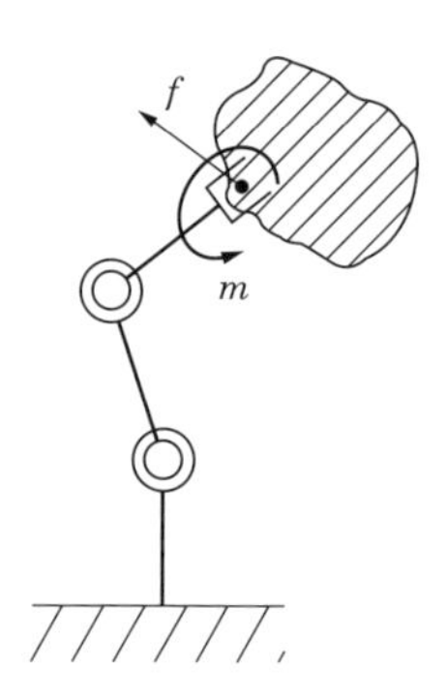

図3·9　マニピュレータと接触している環境との力の釣り合い

このとき，n個の関節が発生しているトルクを列ベクトル$\tau=(\tau_1\ \ \tau_2\ \ \cdots\ \ \tau_n)^T$と表せば，$\tau$は仮想仕事の原理から計算することができる．

$\boldsymbol{f}$と$\boldsymbol{m}$をまとめて

$$\boldsymbol{F}=(f_x\ f_y\ f_z\ m_x\ m_y\ m_z)^T=(f_1\ f_2\ f_3\ f_4\ f_5\ f_6)^T$$

とおく．また，これまでと同じく，関節変位を$\boldsymbol{q}=(q_1\ q_2\ q_3\ \cdots\ q_n)^T$，エンドエフェクタの位置姿勢を$\boldsymbol{r}=(r_1\ \ r_2\ \ r_3\ \ \cdots\ \ r_6)^T$とし，関節の微小変位を$\Delta\boldsymbol{q}=(\Delta q_1\ \Delta q_2\ \Delta q_3\ \cdots\ \Delta q_n)^T$，エンドエフェクタの微小変位を$\Delta\boldsymbol{r}=(\Delta r_1\ \Delta r_2\ \Delta r_3\ \cdots\ \Delta r_6)^T$とすれば，マニピュレータと物体が微小な変位を起こしたとき，マニピュレータが物体になした仮想仕事と物体がマニピュレータになした仮想仕事が等しくなけ

ればならないので，次の式が成立する．

$$\Delta q_1\tau_1+\Delta q_2\tau_2+\Delta q_3\tau_3+\cdots+\Delta q_n\tau_n=\Delta r_1f_1+\Delta r_2f_2+\Delta r_3f_3+\cdots+\Delta r_6f_6 \tag{3·19}$$

これを行列で整理すれば

$$(\Delta q_1\ \ \Delta q_2\ \ \Delta q_3\ \cdots\ \Delta q_n)\begin{pmatrix}\tau_1\\ \tau_2\\ \vdots\\ \tau_n\end{pmatrix}=(\Delta r_1\ \ \Delta r_2\ \ \Delta r_3\ \cdots\ \Delta r_6)\begin{pmatrix}f_1\\ f_2\\ \vdots\\ f_6\end{pmatrix}$$

$$\Delta\boldsymbol{q}^T\boldsymbol{\tau}=\Delta\boldsymbol{r}^T\boldsymbol{F} \tag{3·20}$$

左辺は関節（のアクチュエータ）がした仕事，右辺は物体がマニピュレータにした仕事を表している．

ここで，位置姿勢 $\boldsymbol{r}$ は関節変位 $\boldsymbol{q}$ の関数で $\boldsymbol{r}=f(\boldsymbol{q})$ であるから，それらの微小量 $\Delta\boldsymbol{r}$，$\Delta\boldsymbol{q}$ の間には

$$\Delta r_j=\sum_i\frac{\partial r_j}{\partial q_i}\Delta q_i$$

$$=\left(\frac{\partial r_j}{\partial q_1}\ \frac{\partial r_j}{\partial q_2}\ \cdots\ \frac{\partial r_j}{\partial q_n}\right)\begin{pmatrix}\Delta q_1\\ \Delta q_2\\ \vdots\\ \Delta q_n\end{pmatrix}=\left(\frac{\partial r_j}{\partial q_1}\ \frac{\partial r_j}{\partial q_2}\ \cdots\ \frac{\partial r_j}{\partial q_n}\right)\Delta\boldsymbol{q} \tag{3·21}$$

の関係が成立し，これは式（3・17）のヤコビ行列による関係にほかならない．

$$\Delta\boldsymbol{r}=\boldsymbol{J}(\boldsymbol{q})\Delta\boldsymbol{q} \tag{3·22}$$

上式の両辺の転置行列を考えれば

$$\Delta\boldsymbol{r}^T=(\boldsymbol{J}(\boldsymbol{q})\Delta\boldsymbol{q})^T=\Delta\boldsymbol{q}^T\boldsymbol{J}(\boldsymbol{q})^T \tag{3·23}$$

これを式（3・20）に代入すれば

$$\Delta\boldsymbol{q}^T\boldsymbol{\tau}=\Delta\boldsymbol{q}^T\boldsymbol{J}(\boldsymbol{q})^T\boldsymbol{F} \tag{3·24}$$

となるので，関節トルク $\boldsymbol{\tau}$ と力とモーメントのベクトル $\boldsymbol{F}$ の間には

$$\boldsymbol{\tau}=\boldsymbol{J}(\boldsymbol{q})^T\boldsymbol{F} \tag{3·25}$$

という関係が成立することがわかる．

2　動　力　学

以上では，マニピュレータが外部の物体と力の釣り合いを保って静止している場合の力と関節トルクの関係を考えた．では，マニピュレータが空間内を動いて

いる場合に，その運動や各関節が発生しているトルクはどのようになるのであろうか．マニピュレータは剛体であるリンクが連なって構成されているのであるから，各リンクの質量，慣性モーメント，加えられる力，重力などを考慮して運動方程式を立てれば，その運動を記述できる．

そこで，ラグランジュの運動方程式を考えてみる．これは，関節変位 $\boldsymbol{q}$ を一般化座標としたとき，マニピュレータの運動エネルギー K，位置エネルギー V，関節 i のトルク τ_i を用いれば

$$\frac{d}{dt}\left(\frac{\partial K}{\partial \dot{q}_i}\right)-\frac{\partial K}{\partial q_i}=-\frac{\partial V}{\partial q_i}+\tau_i \tag{3·26}$$

となる．

ただし，宇宙空間のように無重力の環境を考えた場合には $V=0$ である．

K と V はマニピュレータの各リンクの運動エネルギー K_i と位置エネルギー V_i の総和であるので，ここで**図 3·10** のように i 番目のリンクについて K_i，V_i を求めてみる．まず，重力加速度を g，リンク i の質量を m_i，重力は基準座標系 Σ_0 の z 軸負の方向を向いているとし，Σ_0 におけるリンク i の質量中心（重心）の座標を $\boldsymbol{p}_i^0=(px_i^0\ \ py_i^0\ \ pz_i^0\ \ 1)^T$ とすれば，V_i は

$$V_i=m_i\,gpz_i^0$$

である．これは，よりフォーマルに書くならば，リンク i の座標系 Σ_i におけるリンク i の質量中心の座標 $\boldsymbol{p}_i^i=(px_i^i\ \ py_i^i\ \ pz_i^i\ \ 1)^T$ を用いて

$$V_i=m_i\boldsymbol{G}\,{}^0\boldsymbol{T}_i\boldsymbol{p}_i^i \tag{3·27}$$

ただし，${}^0\boldsymbol{T}_i$ は基準座標系とリンク i の座標系の間の座標変換行列であり

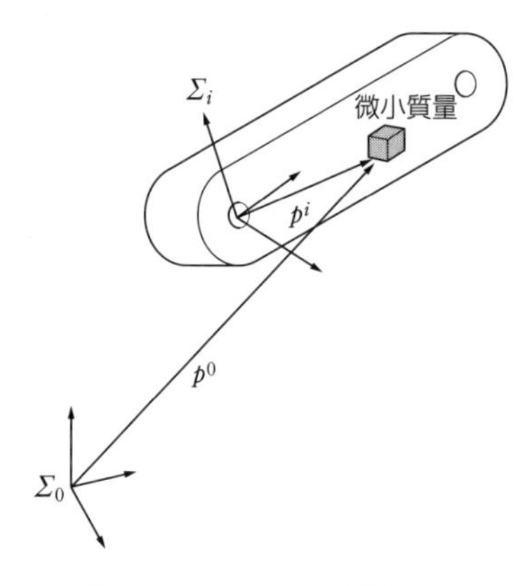

図 3·10　リンク i の微小質量

$${}^0\boldsymbol{T}_i = {}^0\boldsymbol{T}_1 {}^1\boldsymbol{T}_2 {}^2\boldsymbol{T}_3 {}^3\boldsymbol{T}_4 \ \cdots \ {}^{i-1}\boldsymbol{T}_i \tag{3·28}$$

$\boldsymbol{G}^0$ は重力を表すベクトルで，$\boldsymbol{G}^0 = (0\ \ 0\ \ g\ \ 0)^T$ である．

リンク i の運動エネルギーを求めるには，まず図 3·10 のようなリンク i 内の微小質量を考える．この微小質量の座標系 Σ_0 での座標を $\boldsymbol{p}^0 = (px^0\ \ py^0\ \ pz^0\ \ 1)^T$ とすれば，その時間微分 $\dot{\boldsymbol{p}}^0$ を用いれば，微小質量の運動エネルギーは

$$dK = \frac{1}{2}\dot{\boldsymbol{p}}^{0T}\dot{\boldsymbol{p}}^0 \rho dxdydz \tag{3·29}$$

と表せる．ただし，ρ はリンクの比重である．ここで，座標系 Σ_i でのこの微小質量の位置座標を $\boldsymbol{p}^i = (px^i\ \ py^i\ \ pz^i\ \ 1)^T$ とすると，$\boldsymbol{p}^0$ と $\boldsymbol{p}^i$ は，式 (3·28) の座標変換行列を用いて

$$\boldsymbol{p}^0 = {}^0\boldsymbol{T}_i \boldsymbol{p}^i \tag{3·30}$$

と関係づけられるので，両辺を微分してみる．$\boldsymbol{p}^i$ はリンク i の座標系での微小質量の座標なので，時間変化しないことを考慮すれば

$$\dot{\boldsymbol{p}}^0 = \frac{d}{dt}({}^0\boldsymbol{T}_i \boldsymbol{p}^i) = {}^0\dot{\boldsymbol{T}}_i \boldsymbol{p}^i \tag{3·31}$$

これを式 (3·29) に代入すると

$$\begin{aligned} dK &= \frac{1}{2}({}^0\dot{\boldsymbol{T}}_i \boldsymbol{p}^i)^T({}^0\dot{\boldsymbol{T}}_i \boldsymbol{p}^i)\rho dxdydz \\ &= \frac{1}{2}\mathrm{trace}({}^0\dot{\boldsymbol{T}}_i \boldsymbol{p}^i \boldsymbol{p}^{iT}\, {}^0\dot{\boldsymbol{T}}_i{}^T)\rho dxdydz \end{aligned} \tag{3·32}$$

リンク i 全体の運動エネルギー K_i は dK をリンク全体で積分することで得られる．

$$\begin{aligned} K_i &= \int dK = \iiint \frac{1}{2}\mathrm{trace}({}^0\dot{\boldsymbol{T}}_i \boldsymbol{p}^i \boldsymbol{p}^{iT}\, {}^0\dot{\boldsymbol{T}}_i{}^T)\rho dxdydz \\ &= \frac{1}{2}\mathrm{trace}\left({}^0\dot{\boldsymbol{T}}_i \iiint \boldsymbol{p}^i \boldsymbol{p}^{iT} \rho dxdydz\ {}^0\dot{\boldsymbol{T}}_i{}^T\right) \end{aligned} \tag{3·33}$$

この積分部分を取り出してみると

$$\begin{aligned} &\iiint \boldsymbol{p}^i \boldsymbol{p}^{iT} \rho dxdydz \\ &= \iiint \begin{pmatrix} px^i \\ py^i \\ pz^i \\ 1 \end{pmatrix} (px^i\ \ py^i\ \ pz^i\ \ 1)\rho dxdydz \end{aligned}$$

$$=\iiint\begin{pmatrix} px^{i2} & px^i py^i & px^i pz^i & px^i \\ py^i px^i & py^{i2} & py^i pz^i & py^i \\ pz^i px^i & pz^i py^i & pz^{i2} & pz^i \\ px^i & py^i & pz^i & 1 \end{pmatrix}\rho dxdydz \tag{3・34}$$

この行列の対角成分を取り出してみると

$$\iiint px^{i2}\rho dxdydz$$
$$=\iiint\frac{1}{2}\{-(py^{i2}+pz^{i2})+(pz^{i2}+px^{i2})+(px^{i2}+py^{i2})\}\rho dxdydz$$
$$=\frac{1}{2}\left\{-\iiint(py^{i2}+pz^{i2})\rho dxdydz+\iiint(pz^{i2}+px^{i2})\rho dxdydz+\iiint(px^{i2}+py^{i2})\rho dxdydz\right\}$$
$$=-\frac{1}{2}I_x+\frac{1}{2}I_y+\frac{1}{2}I_z$$

$$\iiint py^{i2}\rho dxdydz$$
$$=\iiint\frac{1}{2}\{(py^{i2}+pz^{i2})-(pz^{i2}+px^{i2})+(px^{i2}+py^{i2})\}\rho dxdydz$$
$$=\frac{1}{2}\left\{\iiint(py^{i2}+pz^{i2})\rho dxdydz-\iiint(pz^{i2}+px^{i2})\rho dxdydz+\iiint(px^{i2}+py^{i2})\rho dxdydz\right\}$$
$$=\frac{1}{2}I_x-\frac{1}{2}I_y+\frac{1}{2}I_z$$

$$\iiint pz^{i2}\rho dxdydz$$
$$=\iiint\frac{1}{2}\{(py^{i2}+pz^{i2})+(pz^{i2}+px^{i2})-(px^{i2}+py^{i2})\}\rho dxdydz$$
$$=\frac{1}{2}\left\{\iiint(py^{i2}+pz^{i2})\rho dxdydz+\iiint(pz^{i2}+px^{i2})\rho dxdydz-\iiint(px^{i2}+py^{i2})\rho dxdydz\right\}$$
$$=\frac{1}{2}I_x+\frac{1}{2}I_y-\frac{1}{2}I_z$$

$$\iiint\rho dxdydz=m_i$$

ここで，I_x，I_y，I_z はそれぞれ x，y，z 軸周りの慣性モーメント，m_i はリンク i の質量になっている．式 (3・34) の右端の列と最下行は重心（質量中心）に，その他の非対角線項は慣性乗積に相当する（上の非対角線項に－符号をつけたものを慣性乗積と呼ぶ場合もある）．

なお，${}^0\boldsymbol{T}_i$ は式 (3・11) にあるように

$${}^0\boldsymbol{T}_i=\begin{pmatrix}\boldsymbol{R} & \boldsymbol{P} \\ 0 & 1\end{pmatrix}=\begin{pmatrix} t_{11} & t_{12} & t_{13} & t_{14} \\ t_{21} & t_{22} & t_{23} & t_{24} \\ t_{31} & t_{32} & t_{33} & t_{34} \\ 0 & 0 & 0 & 1 \end{pmatrix} \tag{3・35}$$

という形をしている．ここで，${}^0\boldsymbol{T}_i$ は関節 1 から i の関節変位 q_1，q_2，q_3，…，q_i の関数になっており，最下行は定数であるので，${}^0\boldsymbol{T}_i$ の時間微分 ${}^0\dot{\boldsymbol{T}}_i$ は

$$
{}^0\dot{\boldsymbol{T}}_i = \begin{pmatrix} \dot{\boldsymbol{R}} & \dot{\boldsymbol{P}} \\ 0 & 1 \end{pmatrix} = \begin{pmatrix} \sum_j \frac{\partial t_{11}}{\partial q_j}\dot{q}_j & \sum_j \frac{\partial t_{12}}{\partial q_j}\dot{q}_j & \sum_j \frac{\partial t_{13}}{\partial q_j}\dot{q}_j & \sum_j \frac{\partial t_{14}}{\partial q_j}\dot{q}_j \\ \sum_j \frac{\partial t_{21}}{\partial q_j}\dot{q}_j & \sum_j \frac{\partial t_{22}}{\partial q_j}\dot{q}_j & \sum_j \frac{\partial t_{23}}{\partial q_j}\dot{q}_j & \sum_j \frac{\partial t_{24}}{\partial q_j}\dot{q}_j \\ \sum_j \frac{\partial t_{31}}{\partial q_j}\dot{q}_j & \sum_j \frac{\partial t_{32}}{\partial q_j}\dot{q}_j & \sum_j \frac{\partial t_{33}}{\partial q_j}\dot{q}_j & \sum_j \frac{\partial t_{34}}{\partial q_j}\dot{q}_j \\ 0 & 0 & 0 & 0 \end{pmatrix}
$$

$$
= \sum_j \left\{ \begin{pmatrix} \frac{\partial t_{11}}{\partial q_j} & \frac{\partial t_{12}}{\partial q_j} & \frac{\partial t_{13}}{\partial q_j} & \frac{\partial t_{14}}{\partial q_j} \\ \frac{\partial t_{21}}{\partial q_j} & \frac{\partial t_{22}}{\partial q_j} & \frac{\partial t_{23}}{\partial q_j} & \frac{\partial t_{24}}{\partial q_j} \\ \frac{\partial t_{31}}{\partial q_j} & \frac{\partial t_{32}}{\partial q_j} & \frac{\partial t_{33}}{\partial q_j} & \frac{\partial t_{34}}{\partial q_j} \\ 0 & 0 & 0 & 0 \end{pmatrix} \dot{q}_j \right\} \tag{3·36}
$$

運動エネルギー K，位置エネルギー V が求められれば式（3·26）に従って，関節 i のトルク τ_i を

$$
\tau_i = \frac{d}{dt}\left(\frac{\partial K}{\partial \dot{q}_i}\right) - \frac{\partial K}{\partial q_i} + \frac{\partial V}{\partial q_i} \tag{3·37}
$$

と求めることができる．

演習問題

【3.1】 表3･1の関節を実現している対偶はそれぞれ何か答えよ．

【3.2】 以下の図の機構の自由度はそれぞれいくつか答えよ．

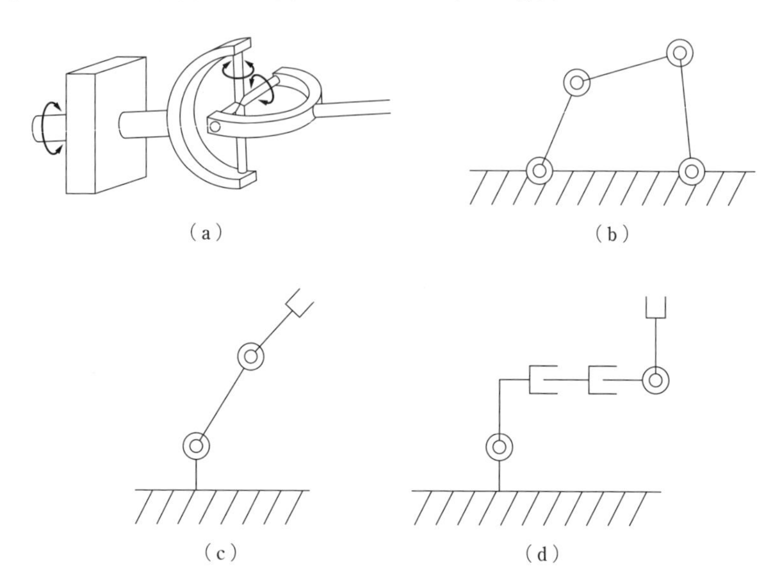

【3.3】 人間の肩と同じ三自由度をもつ関節を，球面対偶を用いずに，複数の低次対偶を組み合わせて実現するにはどうしたらよいか考えよ．

【3.4】 図3･3 (c) の極座標型マニピュレータの作業領域を作図してみよ．

【3.5】 下図のような三自由度水平多関節型マニピュレータの各関節に座標系を定義し，順運動学と逆運動学の解を求めよ．

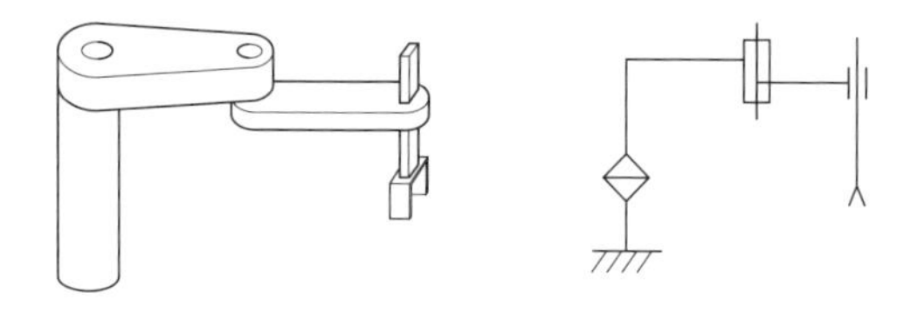

【3.6】 式 (3･12) と式 (3･13) より，ロール角 $\phi=\pi/2$ の場合のピッチ角，ヨー角を求めよ．

【3.7】 図3･6のマニピュレータのヤコビ行列の各要素を，$J_{ij}=\partial r_i/\partial q_j$ を計算することによって求め，結果が式 (3･14) と一致することを確かめよ．

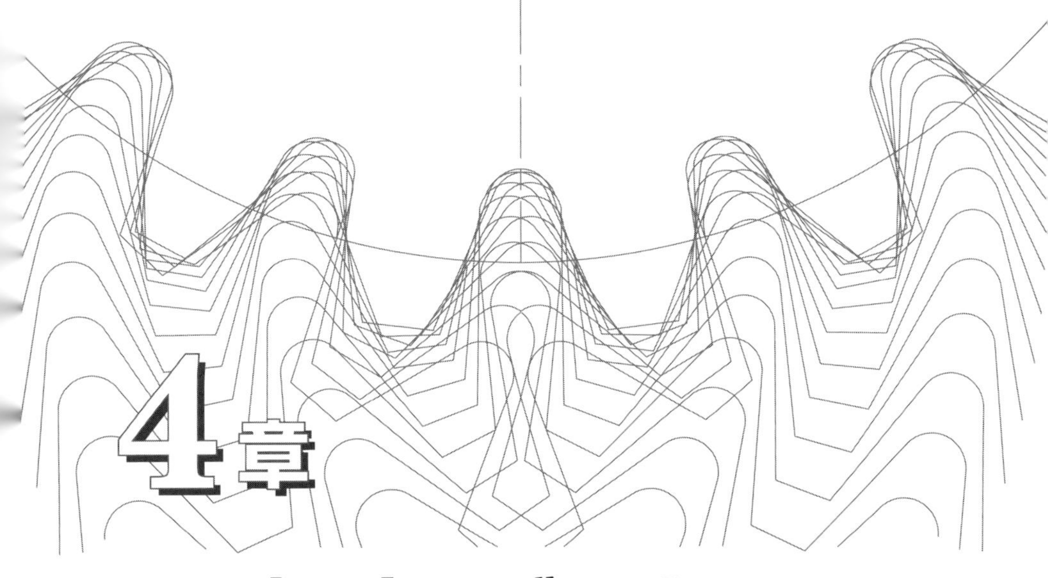

4章 脚型ロボットの構造と機構

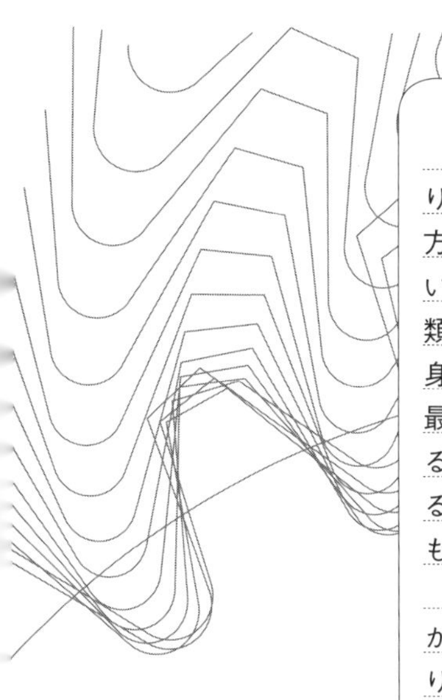

Abstract

人類がこれまでに実用化してきた，地表面を移動する乗り物は，車輪やクローラ（キャタピラ）を用いている．一方，自然界の陸上動物は足を使った歩行によって移動しているものがほとんどである．すなわち脚による移動は，人類にとっては，自分自身が足で歩いているという意味でも，身の回りの生物が歩いているのを目にするという意味でも，最もなじみ深く，最も「自然」に感じる移動の仕組みであるといえよう．歴史的にも動物を真似て歩く機械を開発する試みは古くから行われてきており，ロボットの歴史の中でも脚式移動機構の研究開発は大きな位置を占めている．

特に近年はヒューマノイド型ロボットが脚光を浴びるなかで，「歩行」が機械的に実現され実用化されて，身の回りに現れる日も遠くない，と感じる人も多いだろう．

本章では脚式の移動機構について概観してゆく．

4·1 脚機構の種類

① 脚機構の利点

脚を用いた移動機構には，車輪やクローラによる移動機構に比べて，以下に述べるような利点があると考えられている．

・接地点を選択でき，なめらかに移動可能であること：

車輪やクローラは，地表と連続的に接しながら移動するが，脚はいったん地表から離して（足先が届く範囲内で）再び着地することを繰り返しながら移動する．したがって，地表面の凹凸や傾斜などの状態に応じて接地点を選ぶことができる（**図4·1**）．車輪やクローラが乗り越えられない段差や凹凸でも，脚であればその上に乗ったり，またぎ越えたりすることが可能である．

図4·1　接地点の選択

また，車輪やクローラ式の移動機構では，サスペンションを備えていたとしても，地表面の凹凸が激しければ，車体全体が上下動したり，姿勢（向き）が大きく変化することが起こりうる．脚式移動機構では脚の設置位置を適切に選んで脚関節を制御することで，脚先はさまざまな高さになったとしても車体はなめらかに動かすことが可能である．

・スリップを伴わない方向転換ができること：

クローラが方向転換をするときには，クローラの接地面では大きな滑りが生じる．このため接地面を傷つける危険がある（**図4·2**）．自然環境であれば土や砂，砂利の地表面を崩してしまったり，道路の舗装路面を破壊したり，屋内環境であれば床面やカーペット，畳を傷めてしまう可能性がある．脚であれば足裏を滑ら

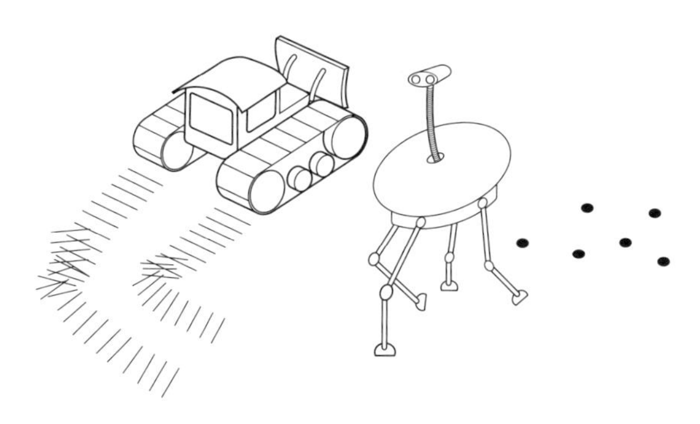

図 4・2　方向転換

せることなく，足のつき方と車体の動きを調節しながら方向転換するので，このような危険を低減できる．

・接地面への適応性が高いこと：

足首部に自由度を設けることにより，足裏の姿勢を制御でき，さまざまな地表面に応じた接地の仕方を実現できる．土や砂などの変形する地表面においては，接地の仕方，接地圧のかけかたで，変形のようすや滑りなどの現象が異なってくる．車輪やクローラでは接地の仕方を調節することは困難であり，地表面に適応することはむずかしい．それに比べて脚機構は地表面に対して柔軟に適応可能であると考えられ，また地表面のむだな変形を避けることでエネルギー効率も良いと考えられる（**図 4・3**）．

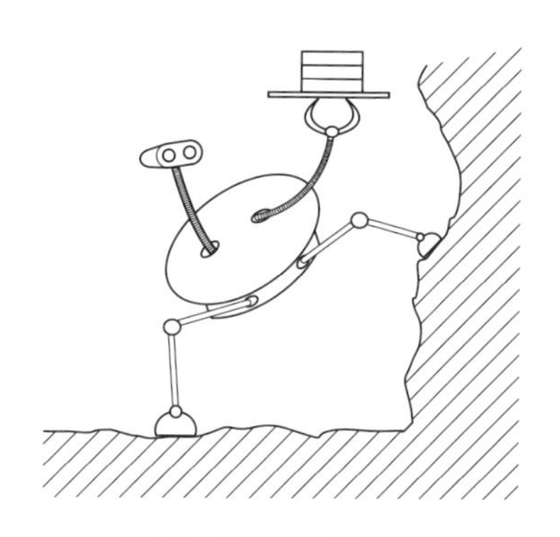

図 4・3　接地面への適応

・確実な足場の確保ができること：

ロボットが移動していった先で，搭載した腕や機器によって作業を行うことを考えると，作業による反力を確実に支える必要がある．脚機構は設置する地点を任意に選べるので，安定して確実な足場を確保できる（**図 4·4**）．さらに必要に応じて脚の関節のアクチュエータを駆動することで，その場で「踏ん張って」作業反力を支持したり，腕を補助して手先の移動や力の発生を助けることもできる．

車輪やクローラでは，停止位置で止まって動かないためには，ブレーキで機構を固定するしかなく，脚のように踏ん張ることはできない．実際，土木工事で用いられる大型のクレーン車や，消防用のはしご車では，アウトリガーと呼ばれる支持装置で車体を支え，車輪は車体の位置・姿勢の支持のためには機能していない．

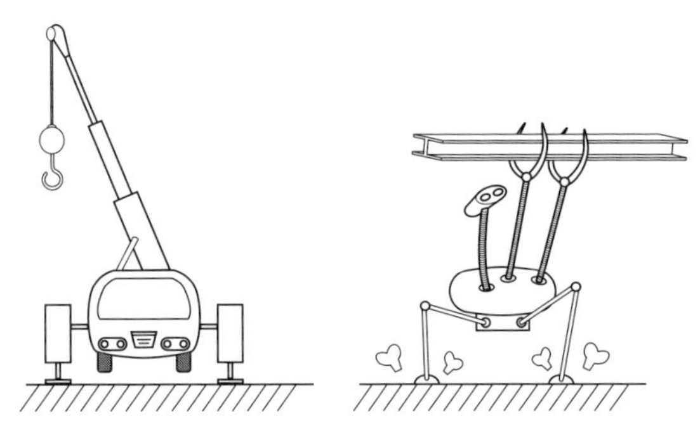

図 4・4　確実な足場

② 代表的な脚機構

図 4·5 に代表的な脚機構の例を掲げた．

図はいずれも腰から足首までの3自由度の機構を示しており，足裏の姿勢を自在に制御するためには，さらに関節を足首部に足して自由度を加える必要がある．足裏を特に制御しないなら，先端を点または球面で床面と接するような形状とするか，足裏が自由に姿勢を変えられるような受動関節を設けておけば脚として機能する．

(a) **垂直多関節型**，(b) **スカラー型**，(c) **円筒座標型**はいずれもマニピュレータの機構（図 3·3）と同様の構成であり，腕がそのまま脚になったと思えばよい．各関節の形態と連結する順番は，図に示した以外の組合せもありうるが，垂直多関節型は回転関節のみから，スカラー型は二つの回転関節と一つの直動関節から，円筒座標型は一つの回転関節と二つの直動関節から構成されている．

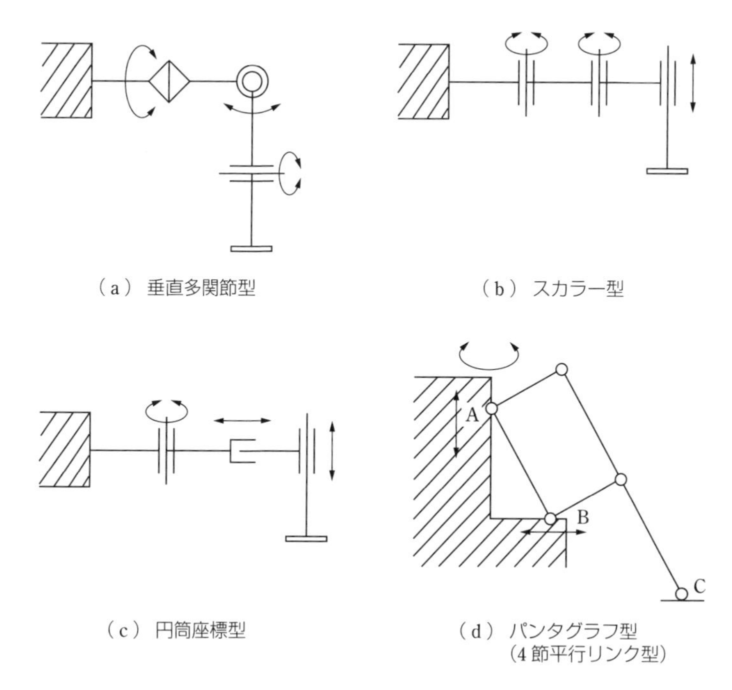

（a） 垂直多関節型

（b） スカラー型

（c） 円筒座標型

（d） パンタグラフ型
（4節平行リンク型）

図4·5　代表的な脚機構

（d）**パンタグラフ型**は「**リンク機構**」（6·4節）の平行リンクの応用である．A，B点をボールねじなどでそれぞれ上下左右に動かすことで，紙面内で足首（足先）C点を動かす．またz軸周りにパンタグラフ全体を回転させることで3次元的な動きを作り出す．

脚式ロボットでは，上記のような機構の複数の脚をもち，各脚を適宜動かして歩行する．歩行時に地面から離れて前方に動かしている脚を遊脚，地面に接地して身体を支えている脚を支持脚と呼ぶ（**図4·6**）．各脚は順番に支持脚，遊脚となることを繰り返す．複数の脚をどの順番で遊脚とするのか，それぞれの脚がどれだけの時間の間，支持脚になっているのか，遊脚となるのか，という「歩き方」を**歩容**という．

3 脚 の 本 数

生物は，哺乳類などの脊椎動物では2本，4本，節足動物では6本，8本，10本またはそれ以上の数の足をもっている．では脚式の移動機構を設計するとき，

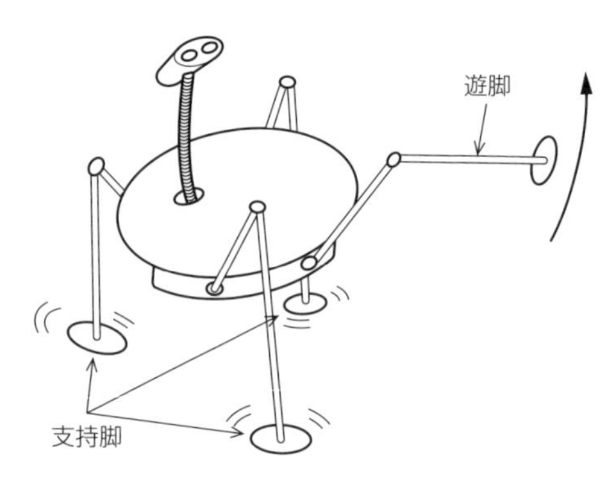

図4・6　支持脚と遊脚

何本の足をもたせるべきであろうか．人工的に作る機械であるから，必ずしも生物と同じ本数である必要はないが，脚の本数については下記のことがいえる．

・歩かずに安定して立っているためには最低3本の支持脚が必要である．2本以下の場合には，立っているためだけにも脚を常に制御する必要がある．3本以上であれば，転倒しない姿勢で全関節をロックすれば制御することなく安定して立つことができる．

・歩くためには最低1本の脚を遊脚として前方に移動する必要がある．このとき支持脚が3本あれば，3本の接地点と全体の重心の関係をうまく選んであれば，遊脚が接地するまでの間も安定して立っていることが可能である．このような歩行を静歩行という．支持脚が2本以下となるなら，この間ロボットは倒れこむ動作をすることになるので，適切な制御方法が必要なる．これは動歩行と呼ばれる．なお支持脚が3本でも，安定でない姿勢になっている場合には動歩行を行う必要がある．静歩行と動歩行については4·3節でより詳しく述べる．

したがって，常に静的な安定性を保って歩行するには，最低でも支持脚3本＋遊脚1本が必要となる．常に動歩行を行うならそれ以下の本数でよい．これまでに研究されてきたロボットでは，1，2，4本のもの，5本以上の（5，7などの奇数を含む）多脚のものがある．

4·2　歩　容

歩容（英語ではgaitと書く）とは，平易にいえば「歩き方」である．「走る」

動作も歩容に含めて考えることにする．

動物の歩容はきわめて多様であり，馬などの4足動物の場合に限っても20通り以上存在するといわれている．また同じ種の動物でも複数の歩容を使い分けることがある．図4·7～図4·10は4足歩行の歩容の例である．

・ウォーク（常歩，なみあし）図4·7

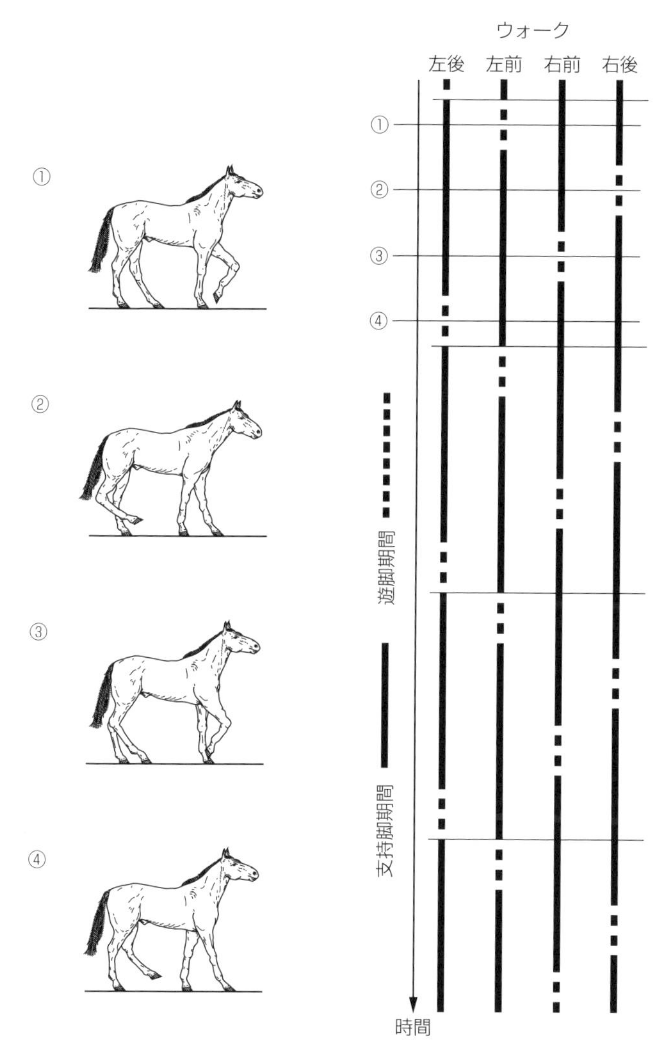

図4·7　馬の代表的な歩容：ウォーク

4本の脚を，左前脚，右後脚，右前脚，左後脚の順で一度に1本ずつ前に出してゆく歩行パターンである．人間の歩行に相当する，ゆっくりとした移動となる．歩行周期の全期間にわたって必ずどこかの脚が接地している（支持脚となっている）．遊脚が切り替わるときに2本の脚が同時に宙に浮いている瞬間が起こりうるが，大部分の時間は3本の脚が接地している．爬虫類のワニなどでは1本の脚を出してから次の脚を動かすまでに間があるので，4本の脚がすべて接地している期間があり，これはクロール歩容と呼ばれる．

・トロット（速歩，はやあし）図4·8

対角線上にある前後脚の組（左前脚と右後脚，右前脚と左後脚）を交互に前に出す歩容である．組となっている2本の脚は同時に地面を離れ，同時に着地する．ウォークに比べて移動速度は速く，遊脚の切替え時に，4本の脚がすべて地面から離れている瞬間が1歩行周期に2回起こる．トロットは「歩行」というより「走行」である．

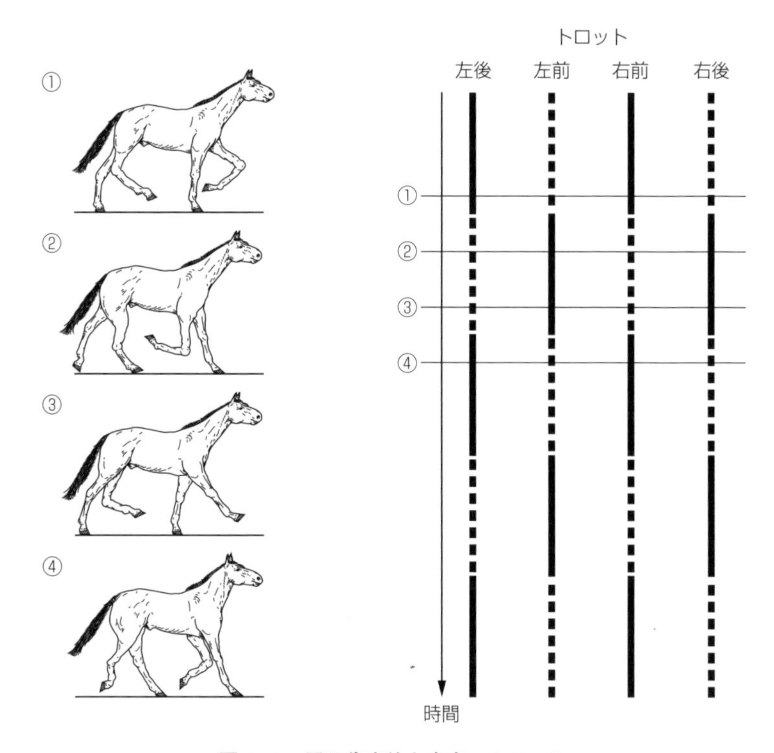

図4·8　馬の代表的な歩容：トロット

・ペース（側対速歩）図 4·9

トロットと同じく脚は2本ずつ遊脚となるが，トロットと違い同時に動かすのは同じ側の前後脚である．ほとんどの馬のはやあしはトロットであるが，ペースではやあしする馬もいる．またラクダや大型犬のように脚が長い4足動物ではペースが多く見られ，これは同じ側の前後の脚が互いにじゃまにならないためであると考えられている．

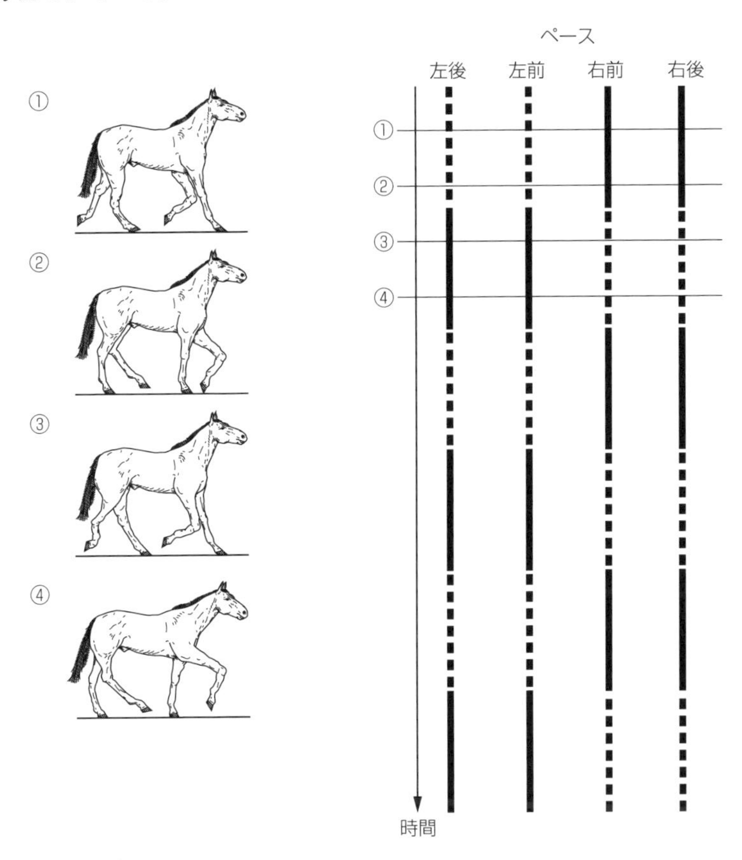

図 4·9　馬の代表的な歩容：ペース

・ギャロップ（襲歩，しゅうほ）図 4·10

ギャロップはトロット，ペースよりもさらに速い走行であり，前脚2本，後脚2本をそれぞれ組にして前方に振り出すが，組になった2本を同時に着地するのではなく，わずかにずれたタイミングで地面につける．さらに背骨を積極的に曲

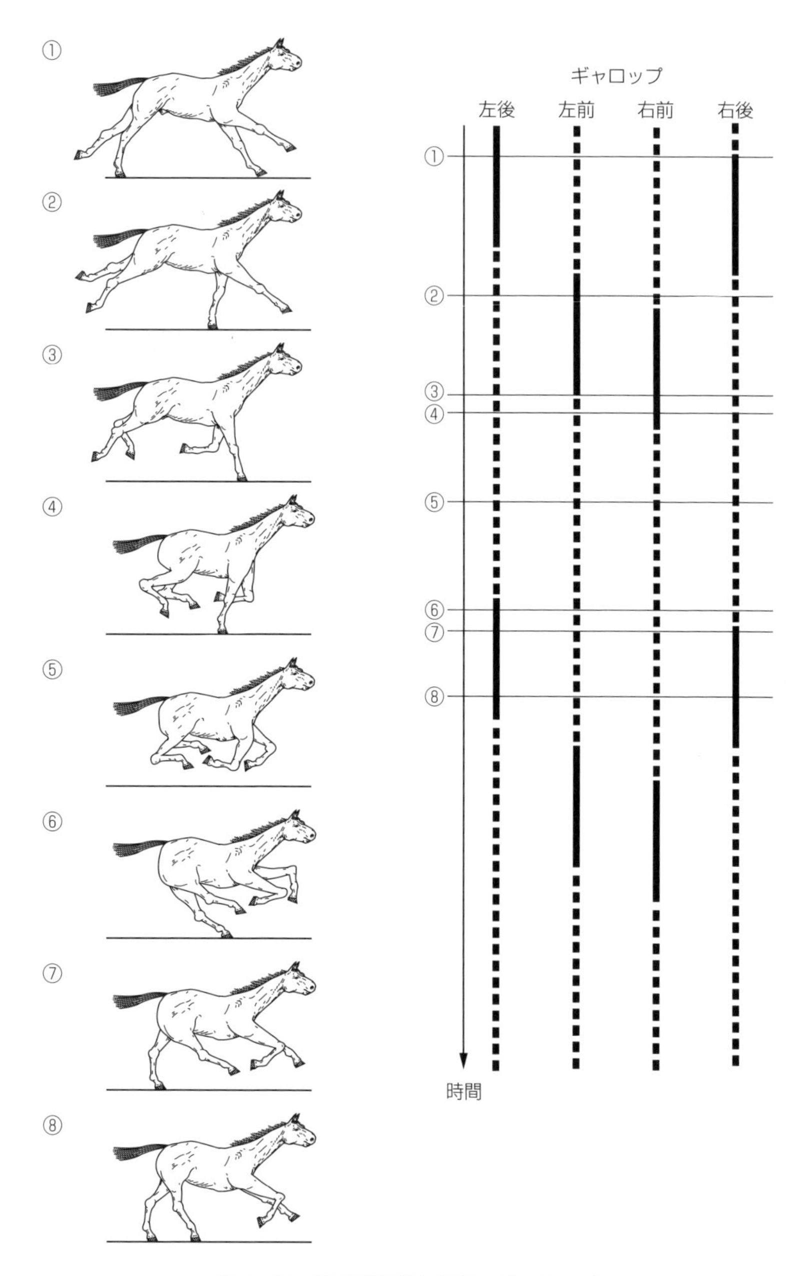

図4・10　馬の代表的な歩容：ギャロップ

げて大きな歩幅を得ている．まず後ろ2脚が接地して地面を蹴り，身体全体を伸ばし，続いて前2脚を接地して蹴り出しつつ背を丸めて後脚2本を腹に引き寄せる．ギャロップでは4本すべてが遊脚となっている期間が長い．

図から明らかなように，ウォーク，トロット，ペースでは，4本の脚が支持脚，遊脚となる時期（位相）はずれているが，支持脚期間，遊脚期間の長さは4本の脚で同一となっている．1歩行周期の間にある脚が支持脚となっている期間の割合を，その脚のデューティ比と呼ぶが，これらの歩容では4脚のデューティ比が等しく，ウォーク：0.75，トロット：0.5，ペース：0.5である．また，いずれの歩容でも左前脚と右前脚，左後脚と右後脚の組では位相が1周期の半分だけ，すなわち180°ずれて対称な動きになっている．ギャロップでは4脚のデューティ比は異なり，かつ左右の脚の組の動きは非対称である．

馬は，これら以外の歩容で歩いたり走ったりすることもある．例えば競走馬が

[Column] エドワード・マイブリッジと馬の歩容

エドワード・マイブリッジ（1830-1904）はイギリス生まれの写真家である．マイブリッジは19世紀半ばにアメリカに渡り，まず風景写真家として徐々に名をなしたが，後に人や動物の動きを撮影することに興味を抱き，さまざまな連続写真を残している．

当時，馬が走っているときに4本の足が同時に地面から離れているかどうかについては意見が分かれていたが，1877年にマイブリッジが撮った1枚の写真によって馬が完全に空中に浮いている瞬間が存在することが証明された．マイブリッジは，翌年には24台のカメラを使ってギャロップで走る馬の連続写真の撮影に成功している．それまで西洋絵画では疾走する馬を描くときには，4本の足を前後に伸ばして宙に浮いているように描かれることがしばしばあったが，マイブリッジの連続写真によって，4本の足がすべて遊脚になっているのは，そうではなくて背を曲げて足を4本とも腹に引き付けている瞬間であることが判明したのだった．

トマス・エジソンはマイブリッジの連続写真に触発されて映写機を開発したともいわれている．

スタートするときには，人間の短距離走者が両足で地面を強く蹴ってスタートするのと同じように，両後ろ足を蹴り出すハーフバウンドと呼ばれる動作をし，その後の数歩の間にギャロップに移行してゆく．

4·3 静歩行・動歩行

1 静的安定性

前節では脚の運びに着目して歩行を分類したが，ここでは安定性の観点から歩行を考えてみる．4·1 節で，支持脚が３本あって，その接地点と全体の重心の関係をうまく選んであれば安定して立っていることができると述べた．これは**図 4·11**（a）のように，重心から鉛直下方に下ろした垂線の足が，三つの接地点を結ぶ多角形（**支持多角形**と呼ぶ）の内部にある状態である．重心の投影点から支持多角形までの最短距離を**安定余裕**と呼ぶ．

これに対して図（b）のように重心の投影点が支持多角形の外にある場合は，重力のために接地点 S_2，S_3 を結ぶ線を回転軸とするモーメントが働き，転倒を始めてしまう．

４脚以上のロボットでは，常に３本以上の脚を支持脚として図（a）の静的安定性を保持した状態を保ちつつ，その間に（動的効果が大きな影響を及ぼさない範囲の速度で）遊脚を前方に動かす，ということを繰り返す歩行を考えることができる．このような歩行を**静歩行**と呼ぶ．４足動物の歩容（4·2 節）の中ではクロール歩容は支持脚が常に３本か４本であるので静歩行で歩ける．**図 4·12** では，(a)～(c) のように足を運んでいるが，このとき安定余裕は瞬間ごとに変化して

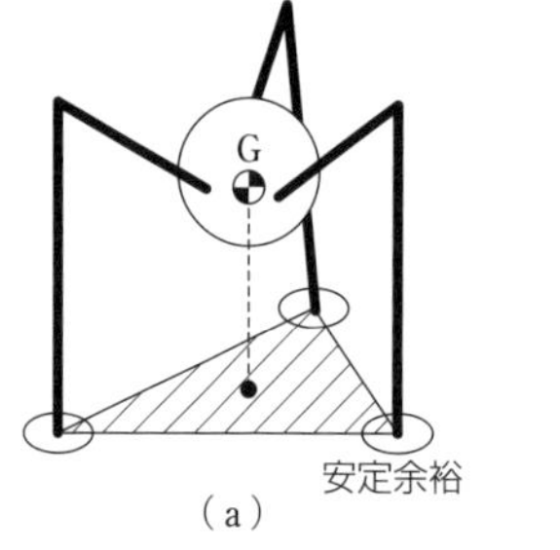

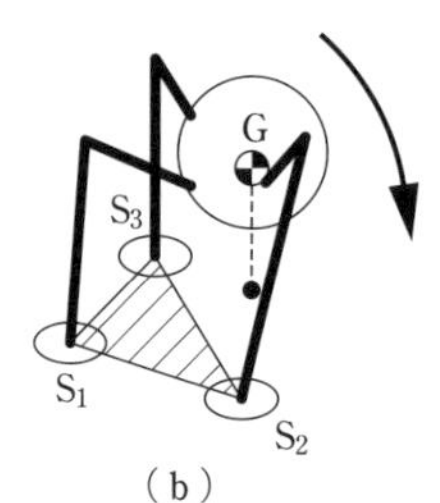

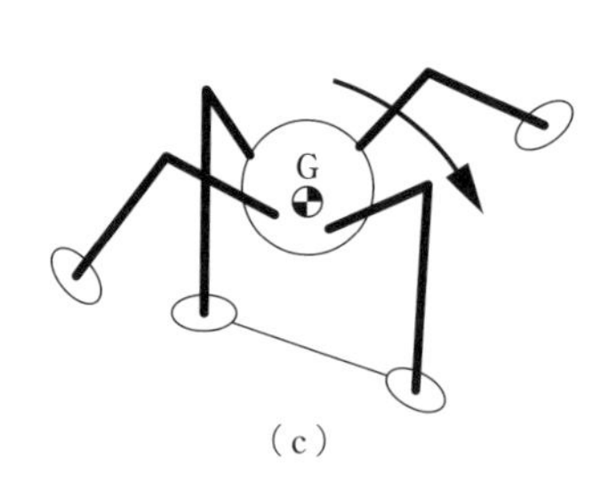

図 4·11　支持多角形と静的安定性

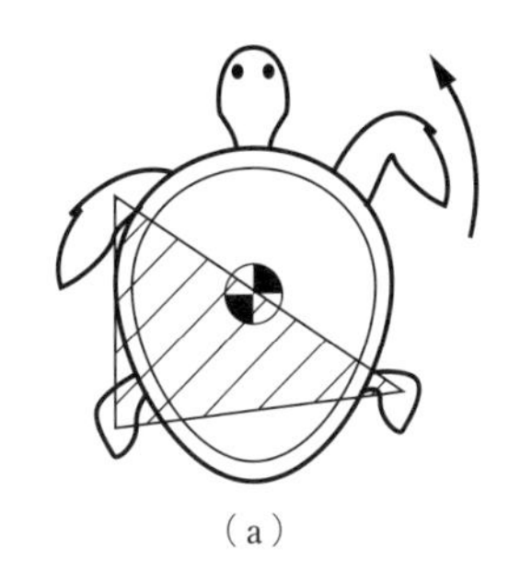
(a)

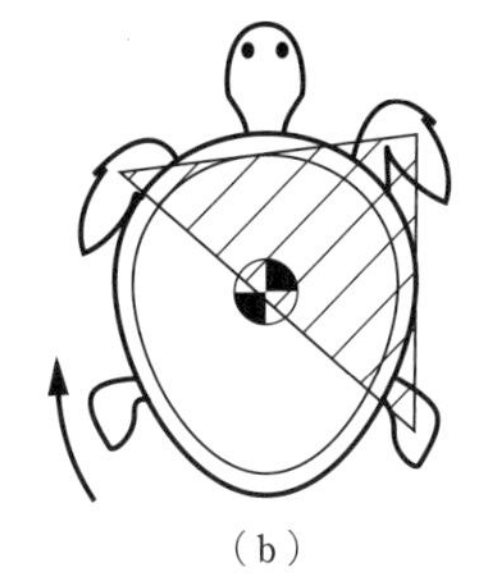
(b)

(c)

図 4・12　クロール歩容と支持多角形

いることがわかる．

これに対して，支持脚が 2 本以下になる瞬間がある歩行では，その瞬間に静的安定性が保たれなくなるので，完全に転倒してしまう前に遊脚を接地しなければならない（図 4・11 (c)）．このような歩行は**動歩行**と呼ぶ．トロット，ペース，ギャロップなどの歩容では支持脚は 2 本以下であるから，常に動歩行の状態にある．ウォーク歩容では支持脚が 2 本の瞬間と 3 本の瞬間が存在するので，静歩行と動歩行の期間が混在している．ヒューマノイドロボットのような 2 足歩行は動歩行であることはいうまでもない．

動歩行は静的安定性が保たれないことから，何か望ましくない歩行のような印象を受けるかもしれないが，そうではなくて，空間中を物体が運動量をもって移動するという動的効果を利用した，より高速な歩行なのである．しかし，そのために，動歩行では同じ歩き方のまま歩行速度を遅くしていくと動的効果が十分得られずに転倒にいたってしまうことになる．

② 振子モデル

それでは動歩行はどのように考えればよいであろうか．ここでは 2 足歩行のロボットを単純化したモデルである線形倒立振子について紹介する．

図 4・13 (a) のような 2 足歩行ロボットがあるとしたとき，このロボットの運動を 2 次元平面内でのみ考え，脚は床とは点で接し，質量はなく，ロボット全体の質量は重心位置に集中しているとみなすとしよう．また脚には膝関節があるが，膝の伸縮は脚全体の長さを変えていると考えれば，図 (b) のように質点 M に直動アクチュエータによって伸縮する 2 本の脚をもつモデルを考えることができる．さらに，ここから質点と支持脚のみを取り出せば，図 (c) のような**倒立振子**を

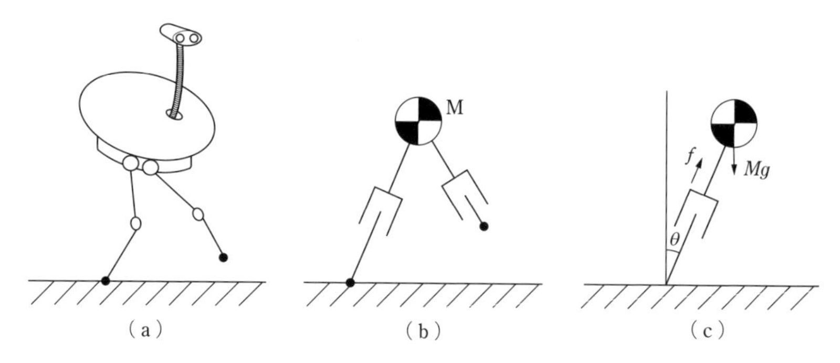

図 4・13　2 足歩行の倒立振子モデル

得る.

この状態で何もしなければ，重力によってロボットは倒れてしまう．そこで支持脚の直動アクチュエータによって，力 f を発生させてみよう．つまり，力 f で床を「蹴る」わけである．直動アクチュエータであるから，f の方向は支持脚に沿った方向になる．重心には重力 Mg と f の合力が働くから，f を適当な大きさにとることによって重力を打ち消し，重心の上下方向の動きをキャンセルすることができる．**図 4・14** より，そのような f は，$f = Mg/\cos\theta$ であり，このとき重心は右方向に $Mg \cdot \tan\theta$ の力を受けて加速することになる．重心が右方向に移動すれば支持脚の接地位置と重心の距離は長くなるから，脚の長さはどんどん伸びる．つまり「倒れないように足を伸ばし」続けているわけである（**図 4・15**）.

重心の床面からの高さを h とすると，重心の水平方向の運動方程式は

$$M\ddot{x} = Mg \cdot \tan\theta = Mg\frac{x}{h}$$

両辺の M を消せば

$$\ddot{x} = \frac{g}{h}x \tag{4・1}$$

h は時間的に変化しない定数であることに注意しよう.

ここで，式 (4・1) の両辺に $\dot{x}$ を掛け，次のように変形する.

$$\dot{x}\ddot{x} - \frac{g}{h}x\dot{x} = 0$$

さらに両辺を時間 t で積分してみると

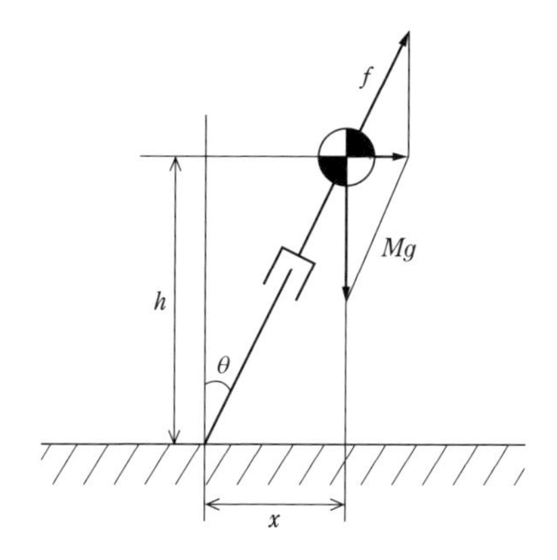

図 4・14 線形倒立振子

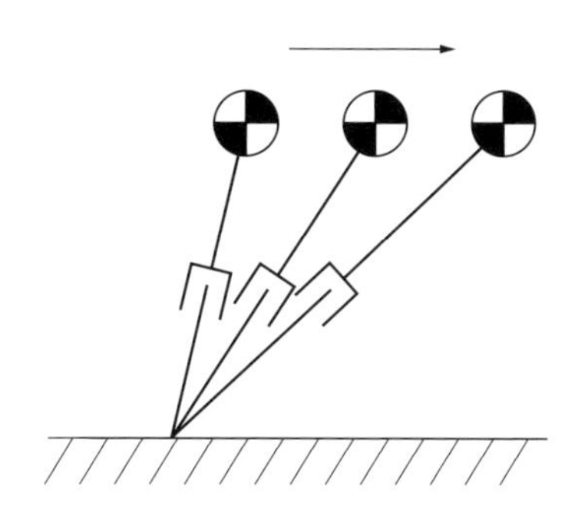

図 4・15 線形倒立振子と脚の伸縮

$$\int \dot{x}\ddot{x}dt - \frac{g}{h}\int x\dot{x}dt = K \tag{4·3}$$

$$\frac{1}{2}\dot{x}^2 - \frac{g}{2h}x^2 = K$$

を得る（ただし，K は定数）．x は重心の位置，$\dot{x}$ は重心の速度（v）であり，式（4・3）は図 4・14 のモデルでは位置と速度は（この 1 本の脚で立っている間は）一定の関係を満たしていることを意味する．

図 4・16（a）は重心が支持脚接地点から右方向に x の距離にあって速度 v で水平右方向に動いているときのようすを示しているが，逆に重心が接地点の左側にある場合はどうであろうか．このときも式（4・3）の関係は成立している．図（b）は重心が接地点左側の距離 x_0 にあって速度 v_0 で移動しているようすで，このとき重力と脚アクチュエータの力 f の合力の作用方向は左向きになるので，重心は

徐々に減速する．図（c）のように（脚がより立った状態になって）重心が接地点に近づいたとき，この位置 x と速度 v から計算される式（4・3）の値は，図（b）でのときの値と等しく

$$\frac{1}{2}{v_0}^2-\frac{g}{2h}{x_0}^2=K_0=\frac{1}{2}v^2-\frac{g}{2h}x^2 \tag{4・4}$$

となっている．

それでは，この後さらに重心が右方向に移動し，図（d）のように脚が垂直の状態，すなわちロボットが真っ直ぐ立った状態にはなるのだろうか．この状態では，位置 x は0であるから

$$\frac{1}{2}{v_1}^2=K_0 \tag{4・5}$$

である．ところが，K_0 の値は，初期状態である図（b）の状態のときの x_0 と v_0 の値で式（4・4）のように決まってしまっている．もし K_0 が正の値であるなら，v_1 は

$$v_1=\sqrt{2K_0} \tag{4・6}$$

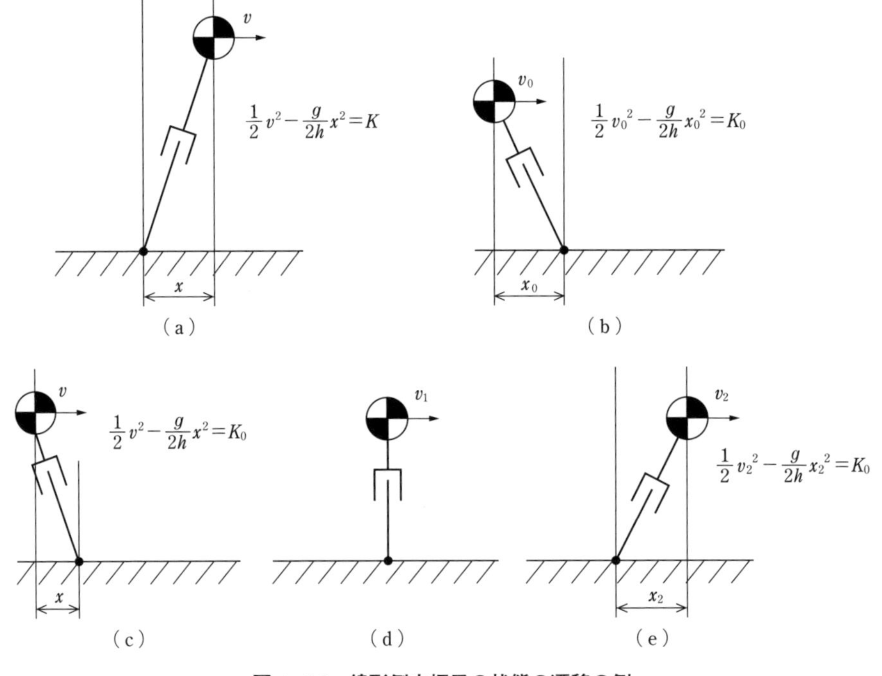

図4・16　線形倒立振子の状態の遷移の例

となり，重心は図（d）の状態を通り越して図（e）の状態にまでいたる．ところが，もし x_0 と v_0 の値によって K_0 が負になっている場合には式（4・5）を満たすような v_1 はありえないので，図（b）から始まって，図（d），図（e）の状態に遷移することは起こりえないことになる．

ここで，2本の脚で歩いている状態を考えてみよう（**図4・17**）．初期状態では脚1が支持脚となって直立し，重心が速度 v_0 をもっているとする（図（a））．

$$\frac{1}{2}{v_0}^2 = K_0 \tag{4・7}$$

その後，図（b）の状態を経て重心がある位置 x_1，速度 v_1 にいたったときに，それまで遊脚であった脚2を接地したようすが図（c）である．脚1は一瞬にして床面を離れ，今度は遊脚になるものとする．脚1と脚2の接地点の距離（歩幅）を L とすれば，支持脚と遊脚の切替え前後では

$$\left.\begin{aligned}\frac{1}{2}{v_1}^2 - \frac{g}{2h}{x_1}^2 = K_0 \\ \frac{1}{2}{v_1}^2 - \frac{g}{2h}(L - x_1)^2 = K_1\end{aligned}\right\} \tag{4・8}$$

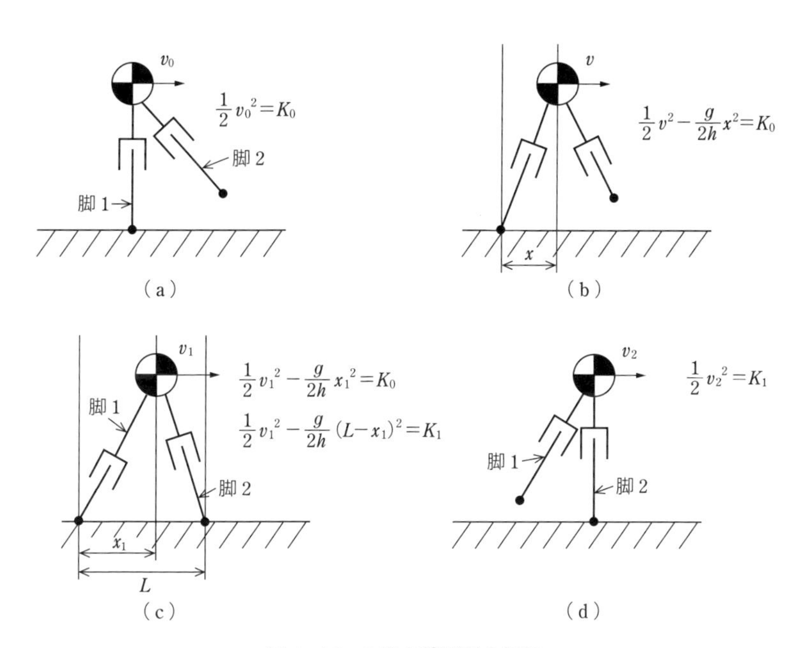

図4・17　2脚の線形倒立振子

このままロボットが脚2に支持されたまま，さらに前方に進み，図(d)にいたるためには，図4･16での議論から，K_1が正になっていなければならない．すなわち，このロボットが歩き続けられるためには，K_1を正とするように脚2を接地する必要がある．

式より明らかなように，歩幅Lが

$$L > x_1 + \sqrt{\frac{h}{g}}\, v_1 \tag{4·9}$$

のときには$K_1 < 0$となってしまう．

状態(d)は脚2で直立しており，(a)と脚が入れ替わっただけで同じ状態にあるので，もし(a)と(d)で重心の速度を同じにする，すなわち$v_0 = v_2$としたいなら，$K_0 = K_1$となるから，式(4･8)の2式で$K_0 = K_1$とおいてv_1を消去すると

$$L = 2x_1 \tag{4·10}$$

を得る．すなわち，一定の歩行リズムで歩き続けたければ，現在の重心位置x_1の2倍先の位置に遊脚を接地すればよい，ということになる．逆に歩幅Lがある値に指定されていて一定の歩行リズムで歩くのであれば，重心位置x_1が歩幅Lの半分になった瞬間に遊脚を接地する必要がある．

$K_0 \neq K_1$である場合には，式(4･8)より

$$x_1 = \frac{L}{2} + \frac{h}{gL}(K_1 - K_0) \tag{4·11}$$

$K_1 > K_0$，すなわち$v_2 > v_0$のときは$x_1 > L/2$，$K_1 < K_0$，すなわち$v_2 < v_0$のときは$x_1 < L/2$という関係がある．つまり，歩幅Lは一定でロボットの速度を上げたい($v_2 > v_0$)のであれば，重心位置x_1が$L/2$を過ぎた後のタイミングで遊脚を接地し，逆に速度を落としたいのであれば，$L/2$にいたる前の速いタイミングで接地すればよいことがわかる．

③ ZMP

前節では脚からロボットの重心に対して力fを作用させることで歩行するようすを示したが，これを逆に脚の側から見た場合には，脚は重心から同じ大きさで向きが逆の反力f'を受けていることを意味する．脚はさらに床からの力（床面反力）Nを受けているので，このf'とNが釣り合って（バランスがとれて）はじめて前節のような歩行が実現できる（**図4･18**）．Nはf'とは大きさが同じで方向が逆なのでNとfは等しい．

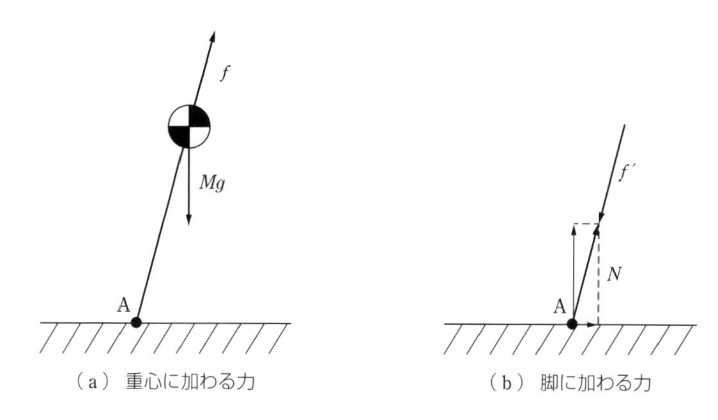

図 4・18 脚に加わる力

図 4・18 のように，N は床に垂直な成分と，摩擦によって生じる床面に沿った成分に分けられる．誰しも冬の寒い朝に凍結した道路で思わず足を滑らせてバランスを崩したり転んだりした経験があるであろう．それは靴底と道路の摩擦が小さかったために足が身体を押し出す力（すなわち足が道路を蹴り出す力）を支えきれなかったことにほかならない．

図 4・18 では，N が脚に作用する点は支持脚の接地点 A になっているが，これは，図 4・14 の線形倒立振子モデルでは，脚が直動アクチュエータをもち，f は脚にもった方向に発生することにしたからである．腰，膝，足首にアクチュエータをもった**図 4・19** のようなロボットでは，脚全体がロボットの重心に及ぼす力 f の方向が重心 G と接地点 A を結ぶ直線 GA とは異なるようにアクチュエータを駆動することは可能である．このときの歩行を可能にするのに必要な床面反力 N の作用点は，f を延長した直線が床面と交わる点である．この点を**床反力中心点**とか**ゼロモーメントポイント**（zero moment point：**ZMP**）と呼ぶ．

図 4・19 (a) では，ZMP の位置は脚接地点 A からずれている．したがって，このロボットの脚先が点で床と接するのであれば，脚は床から必要な反力を受けられないので，このような歩行は「ありえない」ことになる．この脚で歩けるためには，ZMP が A 点にくるようにアクチュエータの出力を調節しなければならない．一方でもし，図 (b) のように脚先がある面積をもっており，ZMP がその足裏の範囲内にあるなら，足裏の中心 A と ZMP が一致していなくても脚は必要な床反力をめでたく受けて歩くことができる．

すなわち，動的にバランスのとれた歩行とは，ZMP が支持脚多角形の内側に

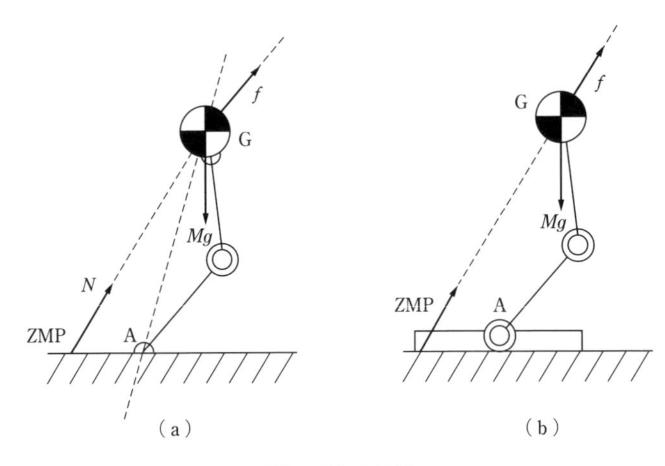

図 4・19　ZMP

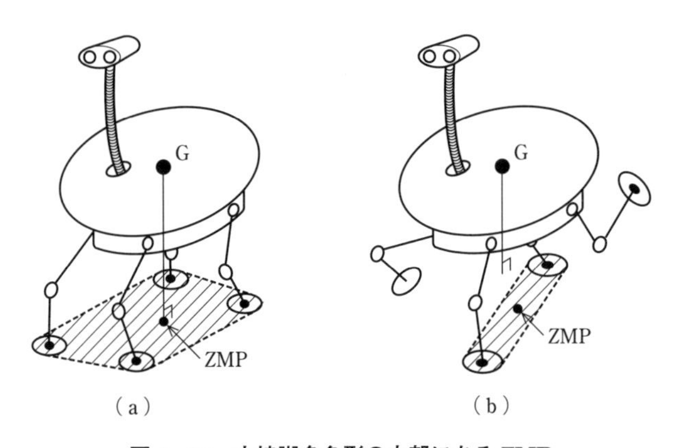

図 4・20　支持脚多角形の内部にある ZMP

ある歩行である．図 4·11 では，重心の床面への投影点が支持脚多角形の内側に静的に安定であるとしたが，今回は重心投影点が ZMP に置き換わったわけである．ロボットが静止しているときには ZMP は重心投影点に一致する（**図 4·20** (a)）．図 (b) のようにロボットが動歩行しているときには，重心投影点は支持脚多角形の外側にあっても，ZMP が内側にあれば動的なバランスはとれており歩行できる．

したがって，ZMP が常に支持脚多角形の内部にあるように計画することによって動的なバランスが満たされた歩行が実現できる．

 CPG

線形倒立振子モデルもZMPも，機構制御の立場から歩行をどのように実現するかを考えたアプローチであるが，それに対して動物の体内ではどのようなことが起こって筋肉が伸縮して歩行が実現しているのか，ということに着目したアプローチがある．動物の脳や体内のどこかで振子モデルやZMPのような数値計算が行われて筋肉の制御が行われているとはいいがたいが，それに相当するか，同等またはそれ以上の性能をもつ生体機能が何か存在して，動物は歩行しているはずである．

動物は，体内に周期的なリズムを発生する仕組みをもっていると考えられており，これは**CPG**（central pattern generator）と呼ばれている．動物の歩行や鳥の羽ばたき，魚の遊泳などの運動はこのリズムによって支配されていると考えられるので，CPGを人工的に実現することでロボットを歩行させることが試みられてきた．

図4·21はCPGの基本となる神経振動子のモデルである．生物のCPGの実際の神経回路にはまだ不明な部分が多いが，図のモデルでは，伸筋ニューロンと屈筋ニューロンの二つのニューロンが相互に接続され，抑制しあいながら，伸筋と屈筋に交互に信号を送る．例えば，これが膝関節を駆動する筋肉につながっているなら，膝があるリズムに従って曲げ伸ばしを繰り返すことになる．

ニューロンには疲労特性があり時間とともに出力が下がる．uは持続入力と呼ばれ，いわば，この振動子を活性化する入力である．いま，伸筋ニューロンが興奮状態にあるとすると，屈筋ニューロンのほうは伸筋ニューロンからの出力のた

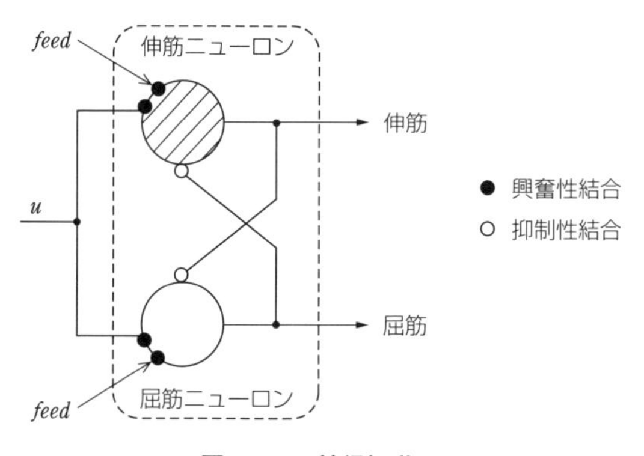

図4・21　神経振動子

めに抑制されているが，時間がたつと伸筋ニューロンが疲労して屈筋ニューロンに対する抑制効果が低下する．すると持続入力 u のために屈筋ニューロンが出力を出し始め，伸筋ニューロンが抑制される．

また，この振動子には，u 以外にも外部からの入力 *feed* やほかのニューロンからの刺激入力があって，それらによっても出力のようすが変化する．歩行を含めて動物の運動は常に一定なわけではない．感覚器官が環境から受ける刺激によって運動のありさまを変化させて，環境に適応して活動しているはずである．そのような感覚フィードバックを，ロボットであるならセンサからの入力として *feed* に組み入れることが考えられる．

図 4·22 は，神経振動子を 4 個結合した CPG ネットワークで，このネットワーク結合を用いて，内部パラメータを適切に調節することによってクロール歩容を実現できる．結合形態を変え，内部パラメータを変更するとほかの歩容も可能である．

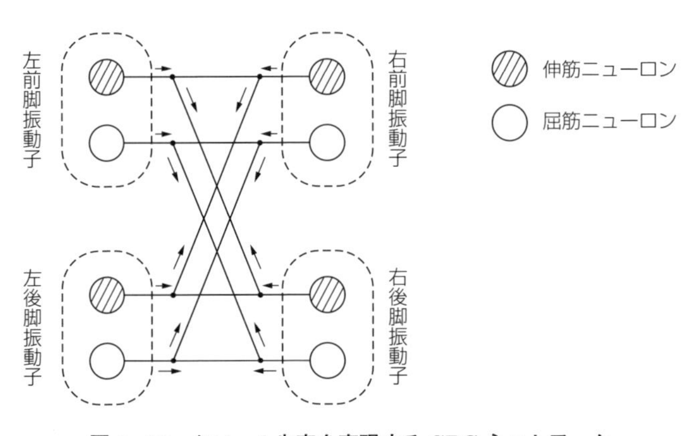

図 4·22　クロール歩容を実現する CPG ネットワーク

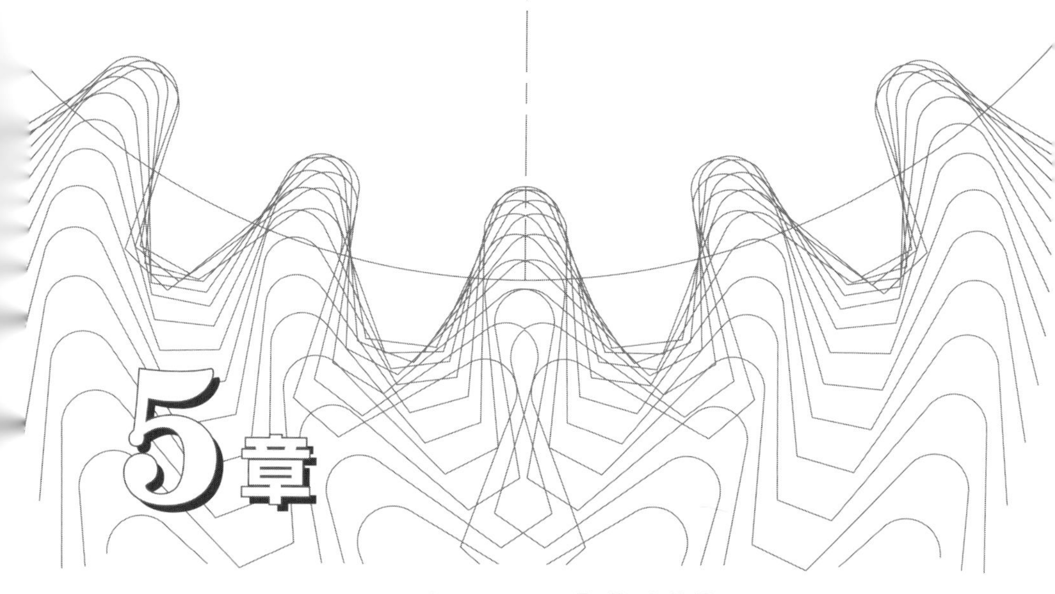

5章

モータの特徴とその使い方

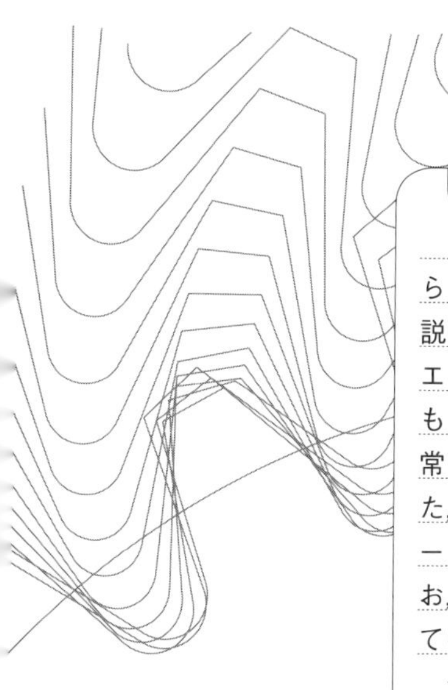

Abstract

この章では，ロボットのアクチュエータとしてよく用いられる電気式のアクチュエータ，すなわちモータについて説明する．最近，空気圧アクチュエータや高分子アクチュエータなど興味深いアクチュエータをロボットに使った例もあるが，それについてはほかの書籍に譲り，ここでは非常に多く使われるDCモータに焦点を当てて説明する．また，原理の説明は最小限にとどめ，モータ単体の特性，モータの選定方法や使い方についての説明を多く入れた．なお，いわゆるラジコンサーボモータについての説明は省いている．

モータとほかの機械要素を組み合わせたシステム全体の特性については9章に示す．

5·1 DCモータの原理と構造

1 DCモータの原理

図5·1に示すように，磁石によって発生した磁束密度B〔Wb/m^2〕の磁界の中に置かれたコイルに電流i〔A〕を流すと，コイルには電磁力F〔N〕が発生する．これは**フレミングの左手の法則**と呼ばれる．電磁力Fの大きさは，コイルの有効長さをl〔m〕とすると

$$F = iBl \tag{5·1}$$

となる．またコイルの半径をr〔m〕とすると，コイルに発生する**トルク**† T〔Nm〕の大きさは

$$T = Fr = iBlr \tag{5·2}$$

となる．

フレミングの左手の法則は**図5·2**に示すとおりであり，親指が力Fの方向，人差し指が磁界の方向，中指が電流の方向である．図からもわかるように，これらは厳密にはベクトルの外積で表現され

$$\boldsymbol{F} = l \cdot \boldsymbol{i} \times \mathrm{B} \tag{5·3}$$

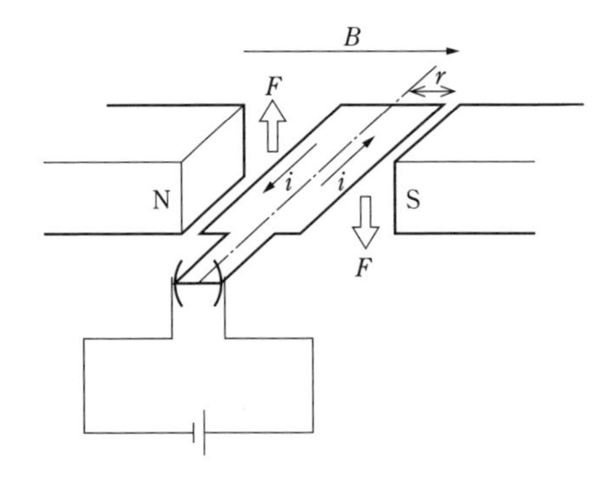

図5·1　DCモータの回る原理

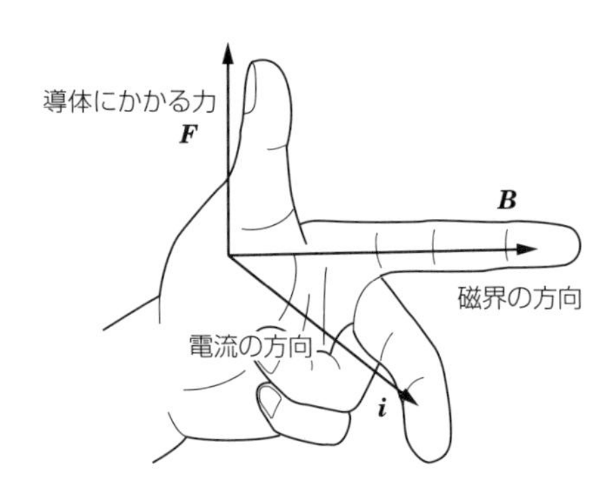

図5·2　フレミングの左手の法則

† トルク（torque）は記号としてはTを使う．小文字のtは時間と混同するので使わない．τという記号を用いることも多い．またトルクとは回転モーメントであるので，モーメントのMが用いられることもある．

のようになる．

式 (5·1) および式 (5·2) を見ると，モータに大きな力を発生させたいのであれば，磁束密度 B を大きくするか，大きな電流 i を流すかのいずれかが必要なことがわかる．磁束密度は永久磁石の材質によって決まり，最近はネオジムやコバルトのような希土類を使った強力な磁石が普及してきたので，結果としてモータの大きさを小型に抑えることができるようになった．モータをいったん選定してしまった後は，発生するトルクの大きさは流す電流の大きさに比例することになる．そこで，式 (5·2) は

$$T = K_T i \qquad (5\cdot4)$$

と表現できる．この比例定数は $K_T = Blr$〔Nm/A〕であり，**トルク定数**と呼ばれる．この式は重要な基本式であるので，よく理解しよう．

なお，磁界中で導体を動かすと電圧が発生する．これは**フレミングの右手の法則**と呼ばれる．この電圧は**誘起電圧**あるいは**逆起電力**と呼ばれる．導体の速度を v〔m/s〕，有効長さを l〔m〕とすると，誘起電圧 E〔V〕の大きさは

$$E = Blv \qquad (5\cdot5)$$

で与えられる．コイルの回転半径 r〔m〕と角速度 ω〔rad/s〕を使うと $v = r\omega$ となるので

$$E = Blr\omega \qquad (5\cdot6)$$

と表され，誘起電圧は角速度，すなわち回転の速度に比例することがわかる．これは

$$E = K_E \omega \qquad (5\cdot7)$$

と表すことができる．この比例定数は $K_E = Blr$〔V·s〕であり，**誘起電圧定数**と呼ばれる．この式もモータの基本式なのでよく理解しよう．なお，工業的には角速度の代わりに回転数（1 分当たりの回転数）を用いることが多いので，誘起電圧定数も単位が異なることに注意しよう．またトルク定数 K_T と誘起電圧定数 K_E は，単位は異なるが実体は同じであることも覚えておこう．

フレミングの右手の法則を**図 5·3** に示す．親指が導体の動いた方向，人差し指が磁界の方向，中指が電流の流れる方向，すなわち電圧の方向である．ここでも外積が使われていることが想像できるだろう．

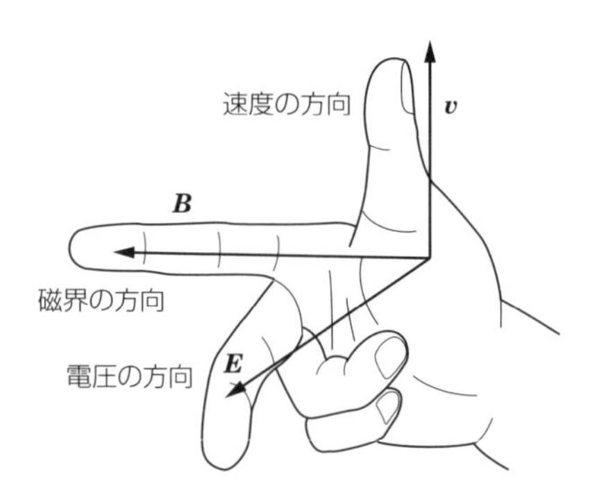

図 5·3　フレミングの右手の法則

[Column] フレミングの左手の法則および右手の法則

フレミングの左手の法則では，親指から順番に F，B，i と覚えるとよい．フレミングの左手の法則は磁界の方向にも電流の方向にも垂直な方向に発生する**ローレンツ力**が基本となっているので，電磁気学の書籍を参照するとよい．

フレミングの右手の法則でも，親指から順番に F，B，i と覚えるとよい．ただし，右手の法則では F は速度 v の方向，i は電圧 E の方向と読み替える．

別の覚え方は，中指から親指に向かって，「電」「磁」「力」と割り当てる．電気，磁気，力学の略である．

フレミングの左手の法則と右手の法則は似て非なる法則なので，しっかりと区別しよう．フレミングの右手の法則は電磁誘導に関する**ファラデーの法則**や**レンツの法則**が基本となっているので，電磁気学の書籍を参照するとよい．

2　DC モータの構造

DC モータの特性を学ぶ前段階として，ここでは DC モータがどんな要素から構成されているかを学ぼう．

まず，モータは**固定子**（stator）と**回転子**（rotor）から構成される．通常は電磁石が固定子であり，回転部分が回転子である．回転子は通常は鉄心の周りに多重に巻かれたコイルであり，鉄のような強磁性体を使うと磁束密度が上がる．またコイルの巻き数が多いほど誘起電圧が大きい（ファラデーの法則）．

図 5·1 に示した原理の説明の際，回転子がある程度回転すると発生する電磁力が反対方向になるのではないかという心配があったかもしれない．実際にはそ

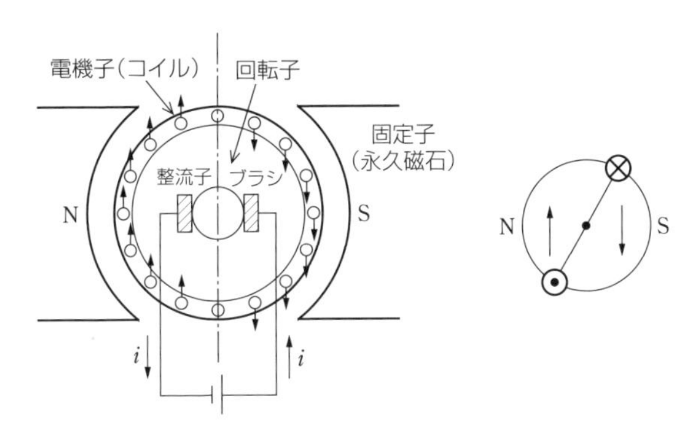

図 5·4 DC モータの作動原理と構造

れを防ぐために，回転子側に**整流子**（commutator），固定側に**ブラシ**（brush）がある．これによってN極側，S極側それぞれで電流の向きは一定となるので発生する電磁力も同じ方向になる．これによって回転の力（=トルク）が発生する．**図 5·4** はそれを図示したものである

電機子の中心には軸（shaft）が取り付けられ，これを通してほかの機械要素に運動伝達を行う．

5·2 DC モータの特性

DC モータの原理を理解したうえで，さらにもう一歩理解を深めよう．

モータは電流を受け取って機械運動を発生するもの（フレミングの左手の法則）であり，また運動することによって電圧を発生するもの（フレミングの右手の法則）である．すなわち，電気の世界（電磁気学）と機械の世界（力学）の相互作用であるので，モータ自体がメカトロニクス製品の典型例であることがわかる．そこで，電気の観点からだけではなくて，機械要素の観点からも特性を理解する必要がある．

1 DC モータの等価回路

モータには内部抵抗 R〔Ω〕とインダクタンス L〔H〕が存在する．モータの誘起電圧を E〔V〕，電源電圧を V〔V〕とすると，モータは電気的には**図 5·5** のように表すことができる．これはモータの**等価回路**と呼ばれる．

この等価回路は

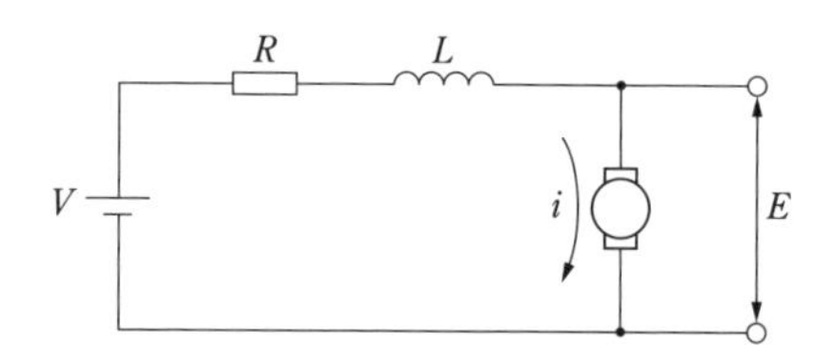

図 5･5　DC モータの等価回路

$$V = Ri + L\frac{di}{dt} + E \qquad (5\cdot8)$$

となる．式 (5･7) を式 (5･8) に代入すると

$$V = Ri + L\frac{di}{dt} + K_E\omega \qquad (5\cdot9)$$

となる．

② 静　特　性

まず，静特性（定常特性）を調べる．

静特性とは，時間によって変化しない特性である．$di/dt = 0$ であるのでインダクタンスの有無は静特性には影響しない．これによって式 (5･9) は

$$V = Ri + K_E\omega \qquad (5\cdot10)$$

となり，これを変形して

$$\omega = \frac{1}{K_E}(V - Ri) \qquad (5\cdot11)$$

が得られる．これは，モータの電源電圧 V によって，モータの角速度（回転速度）が変わることを意味している．負荷変動を考慮せずに，単純にモータの角速度を制御したい場合には，この特性を利用する．

次に，電流と発生トルクの関係式

$$T = K_T i \qquad (5\cdot4：再掲)$$

と，いま得られた式 (5･11) から電流 i を消去すると

$$T = \frac{K_T}{R}(V - K_E\omega) \qquad (5\cdot12)$$

を得る．この式は，角速度 ω を与えるとトルクが決まるという式である．これを表したのが**図 5･6** である．ただし，電源電圧 V を大きくするとトルクも大きくなる．また，$\omega = 0$ のときのトルクの値 $T = (K_T/R)V$ は**起動トルク**，あるいは

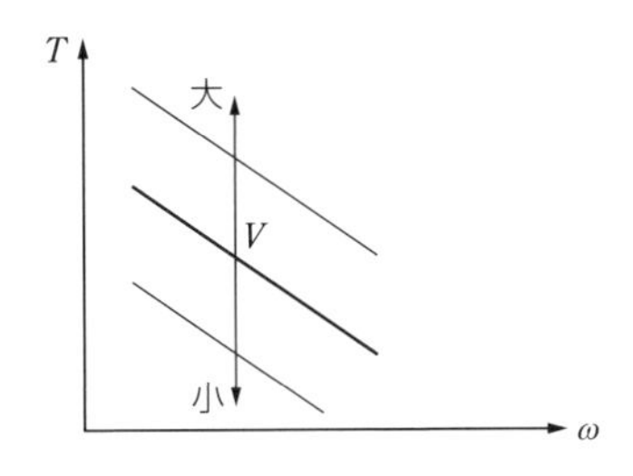

図 5・6　トルク-回転数特性

始動トルクと呼ばれる.

このグラフはモータの特性図として使われるので，その特徴を理解しよう．ただし，モータのカタログを読むときには，次の 2 点に注意する必要がある.

・横軸と縦軸が逆に書いてあることがある.

・単位が異なることがある.

具体的には 5·3 節で説明する.

③ 動　特　性

次に動特性を調べる．動特性には

・電気的特性

・機械的特性

があるので，それを順に説明する.

（a）DC モータの電気的特性

電気的特性の算出においては，式（5・9）において，モータの回転を止めると $\omega = 0$ となるので

$$V = Ri + L\frac{di}{dt} \tag{5・13}$$

となり，これをラプラス変換すると

$$V(s) = RI(s) + LsI(s) \tag{5・14}$$

よって入力を電圧，出力を電流と考えたときの伝達関数は

$$\frac{I(s)}{V(s)} = \frac{1}{R + Ls} = \frac{1}{R} \cdot \frac{1}{1 + T_E s} \tag{5・15}$$

ここで，$T_E = L/R$ であり，モータの**電気的時定数**と呼ばれる.

電気的時定数を小さくするにはインダクタンス L を小さくするか，内部抵抗 R を大きくすればよい.

(b)　モータの機械的特性

モータは回転体であるので，**慣性モーメント**をもつ．慣性モーメントは並進における質量と同じく，動きにくさ・止まりにくさを示す指標である．工業的にはこれらはあわせて**イナーシャ**（inertia）と呼ばれる．

動特性の中の機械的特性とは，簡単にいえば運動方程式である．**図5·7**にモータの機械的特性を与えるパラメータを示す．モータの回転における運動方程式は，θ〔rad〕を回転の角度，J〔kg·m²〕を電機子の慣性モーメント，b〔kg·m²/s〕を回転における粘性摩擦係数とし†

$$J\frac{d^2\theta}{dt^2}+b\frac{d\theta}{dt}=T \tag{5·16}$$

と表される．これを角速度ω〔rad/s〕を使って表現すると

$$J\frac{d\omega}{dt}+b\omega=T \tag{5·17}$$

となる．静特性との関連から，角度表現ではなく角速度表現のほうが都合がよいので，以降は角速度表現を用いる．

まず，関係する式を再掲する．

$$T = K_T i \quad (5·4：再掲)$$

$$V=Ri+L\frac{di}{dt}+K_E\omega \quad (5·9：再掲)$$

$$J\frac{d\omega}{dt}+b\omega=T \quad (5·17：再掲)$$

これらをラプラス変換し，$L[i(t)]=I(s)$，$L[T(t)]=T(s)$，$L[\omega(t)]=\Omega(s)$，$L[V(t)]=V(s)$ と表記すると

$$T(s)=K_T I(s) \tag{5·18}$$

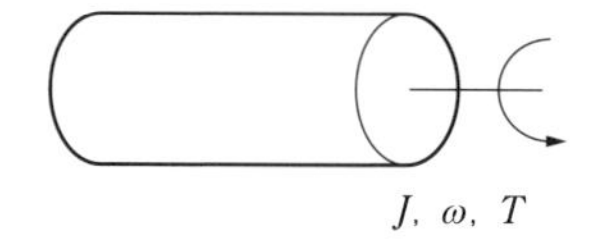

図5·7　モータの機械的特性のためのパラメータ

† ここではSI単位で示している．〔°〕と区別するために，角度は〔rad〕と明記する．SI単位では〔rad〕は無次元であるので書かないことがある．例えば，粘性摩擦係数の単位〔kg·m²/s〕は〔Nm·s〕と同じであり，〔Nm·s/rad〕とは書かないことが多い．

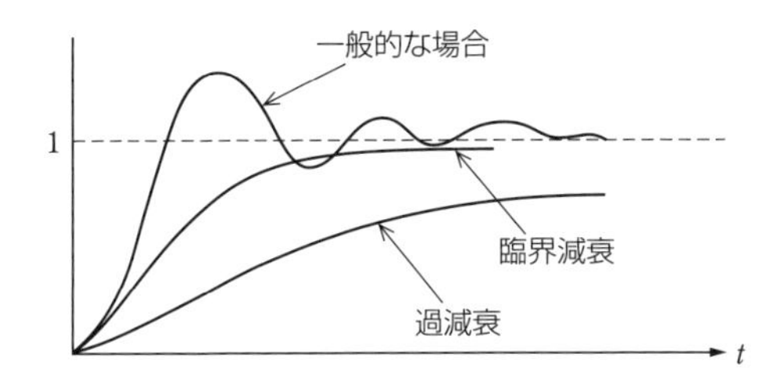

図 5・8　2 次遅れ系の場合のステップ応答

$$V(s) = (R + Ls)I(s) + K_E\Omega(s) \tag{5·19}$$

$$(Js + b)\Omega(s) = T(s) \tag{5·20}$$

となり，$T(s)$ と $I(s)$ を消去して

$$(Ls+R)(Js+b)\Omega(s) = K_T[V(s) - K_E\Omega(s)]$$

$$\therefore \quad \frac{\Omega(s)}{V(s)} = \frac{K_T}{LJs^2 + (Lb+JR)s + Rb + K_TK_E} \tag{5·21}$$

となる．これは分母が s の 2 次式で表されているので，2 次遅れ系であることが確認できる．**図 5・8** は一般的な 2 次遅れ系のステップ応答を示している．

ただし，2 次遅れ系といってもモータの場合には実際にはオーバーシュートすることは少なく，臨界減衰の状態に近い．そこで，近似のためにインダクタンスは微小であるので省略して（すなわち $L = 0$ として）簡略化してみよう．結果として等価回路の式 (5・9) は式 (5・10) とみなしてよいことになる．そこで式 (5・17) の右辺を式 (5・12) で置き換えると

$$J\frac{d\omega}{dt} + b\omega = \frac{K_T}{R}(V - K_E\omega)$$

$$\therefore \quad J\frac{d\omega}{dt} + \left(b + \frac{K_TK_E}{R}\right)\omega = \frac{K_T}{R}V \tag{5·22}$$

となる．これを初期値を 0 としてラプラス変換すると，$L[\omega(t)] = \Omega(s)$，$L[V(t)] = V(s)$ とおいて

$$\left[Js + \left(b + \frac{K_TK_E}{R}\right)\right]\Omega(s) = \frac{K_T}{R}V(s) \tag{5·23}$$

よって入力（電圧）に対する出力（角速度）の伝達関数は

$$\frac{\Omega(s)}{V(s)} = \frac{\dfrac{K_T}{R}}{Js + b + \dfrac{K_TK_E}{R}} = \frac{K_A}{1 + T_Ms} \tag{5·24}$$

となる．ただし

$$\left.\begin{aligned} T_M &= \frac{J}{b + \dfrac{K_T K_E}{R}} = \frac{JR}{bR + K_T K_E} \\ K_A &= \frac{\dfrac{K_T}{R}}{b + \dfrac{K_T K_E}{R}} = \frac{K_T}{bR + K_T K_E} \end{aligned}\right\} \tag{5·25}$$

である．さらに，DC モータ内の摩擦 b を 0 と仮定すると

$$\left.\begin{aligned} T_M &= \frac{JR}{K_T K_E} \\ K_A &= \frac{1}{K_E} \end{aligned}\right\} \tag{5·26}$$

と簡略化される．近似は，このような仮定がなされることが多いので，この考え方を利用しよう．

伝達関数が $K_A/(1+T_M s)$ なる形になるのは 1 次遅れ系であり，時定数は T_M である．これはモータの**機械的時定数**と呼ばれる．すなわち，インダクタンスを 0 と仮定することで，DC モータは 1 次遅れ系と近似することができる．この結果，逆ラプラス変換することで，ステップ応答は**図 5·9** に示すように

$$\omega(t) = K_A\left(1 - e^{-\frac{1}{T_M}t}\right) \tag{5·27}$$

となる．

モータの応答を速めるためには，時定数を小さくしなければいけない．機械的時定数を小さくするには，その定義から，慣性モーメント J を小さくするか，内部抵抗 R を小さくするか，またはトルク定数 K_T と誘起電圧定数 K_E を大きくするかである．慣性モーメントを小さくするには質量 m を小さくするか，半径

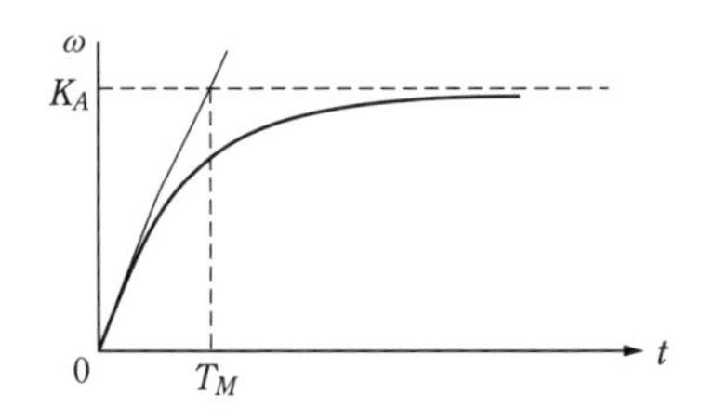

図 5·9　モータのステップ応答（モータは 1 次遅れ系で近似できる）

r を小さくすることが有効である．モータの直径を小さくするのは効果的で，しかし磁石の磁界の大きさを減らさないためには，ある程度の体積が必要であり，直径を小さくするとモータは必然的に長くなる．多くのモータが細長いのは，このせいである．

一方でトルク定数 K_T および誘起電圧定数 K_E を大きくするためには，その定義から（5·1節を参照せよ），磁束密度 B を上げるか，コイルの長さ l を長くするか，半径 r を大きくするかの工夫が必要である．半径 r についての要求が相反するように見えるが，定義を参照すると分母では K_T と K_E で r^2 の項ができ，分子には慣性モーメントの定義に r^2 が含まれていて，ちょうど分母・分子で相殺するので実は半径の影響はなく，結局のところ，質量 m を小さくすることと，磁束密度 B を上げるのが有効であることがわかる．強力な磁石を使ったモータの有効性が改めて確認できるだろう．

前述したように，電気的時定数を小さくするにはインダクタンス L を小さくするか，内部抵抗 R を大きくすればよい．しかしながら内部抵抗 R を大きくすると電気的時定数は小さくなるが，機械的時定数は大きくなる．電気的時定数と比べると機械的時定数ははるかに大きいので，モータの時定数は機械的時定数だけ考慮すれば十分である．

5·3 カタログの読み方

モータのカタログの中で，特に注目すべき用語として，次のものがある．

- 定格電圧〔V〕
- 無負荷回転数〔rpm〕または〔Krpm〕（K（キロ）= 1 000）
- 無負荷電流，起動電流〔A〕
- 定動トルク，起動トルク〔Nm〕，通常は〔mNm〕（ミリ Nm）
- トルク定数〔Nm/A〕
- 誘起電圧定数（逆起電力定数）〔V/rpm〕，通常は 1 000 rpm 当たりとして〔V/Krpm〕，ときに回転数定数〔rpm/V〕と書いてあることもある．
- 時定数〔ms〕

DC モータの特性には，前節で示したように

- 静特性
- 動特性

がある．負荷の大きさの変動が少なく，また加減速がないのであれば静特性だけを考慮すればよい．そうでない場合は動特性も考慮する必要がある．ここから，ロボットにおいては静特性だけでなく動特性も考慮する必要があることが理解できるだろう．動特性はモータの動特性のみならずモータに接続されたもの（負荷（load）と呼ばれる）すべてが入ってくるので，モータ単体の動特性を示す意味があまりないことから，モータのカタログには静特性のグラフのみが描いてある．

まずモータの原理から，モータの発生トルク T はモータに流す電流 i に比例する $T=K_T i$ という特性がある．モータのカタログではトルクを回転モーメントとし，記号 T の代わりに M を使って，K_M と書いてあることもある．表記の違いに惑わされないよう注意しよう．またモータのカタログでは，縦軸と横軸を反対にしたグラフになっていることに注意しよう．また**図 5·10** に示すように，厳密には電流が流れても発生トルクが 0 の範囲がある．これが**無負荷電流値**であるが，計算上無視してもほとんど問題ない．

次に，誘起電圧について説明する．誘起電圧（逆起電力）E〔V〕は回転の速度に対して発生する電圧である．モータのカタログでは回転の速度には SI 単位である角速度〔rad/s〕ではなくて，工学単位である回転数〔Krpm〕（毎分 1 000 回転単位）で与えられることが多いので，誘起電圧定数の単位は〔V/Krpm〕となる．回転の速度が角速度〔rad/s〕で表現された場合の定数と比べると値が変わるので注意しよう．またカタログによっては（例えばマクソンモータ）**回転数定数**と称し，単位は〔rpm/V〕というように逆数になっていることがあるので注意しよう．

次に回転数とトルクの関係について説明する．式 (5·15) によると，**図 5·11** に示すように，回転数とトルクの関係は直線的になる．まず，これを基本形として覚えよう．なお，図 5·5 と比べると縦軸と横軸が違っていることに注意しよう．

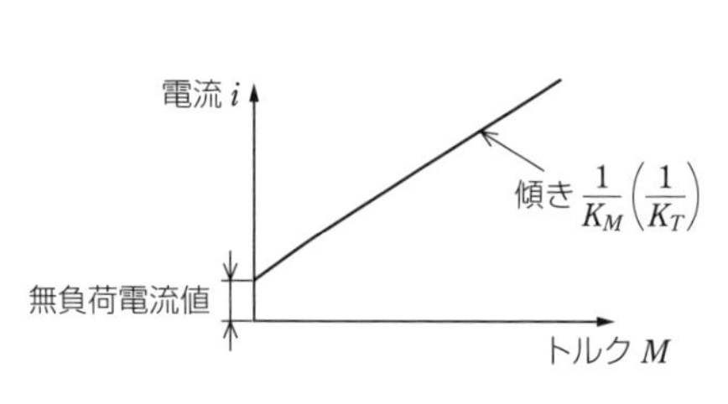

図 5·10　トルクと電流の関係

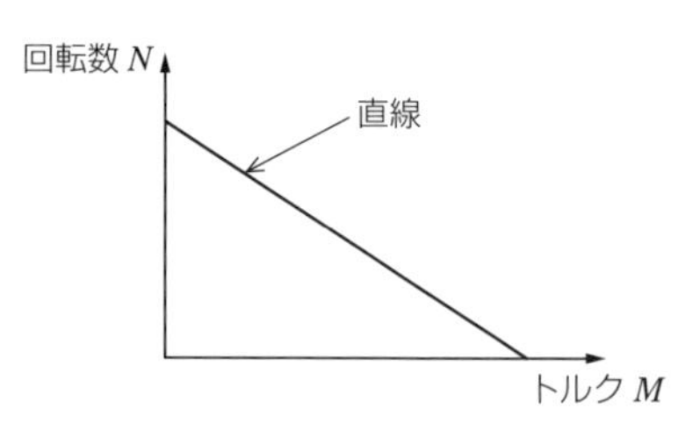

図 5·11　DC モータにおける回転数とトルクの関係

［Column］車のエンジンのトルク特性図

車のエンジンの場合には，トルクと回転数の関係は直線にならず，例えば，下のグラフのようになっている．縦軸と横軸の表記が違うことに気をつけよう．どのくらいの回転数で最大トルクが得られるのかが，体感的な加速性能である．

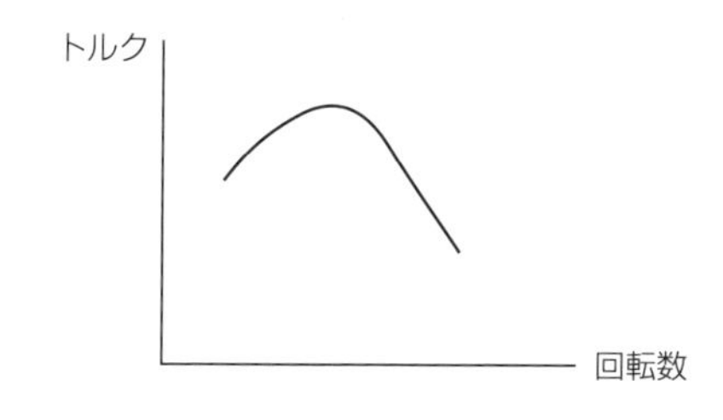

図 5·12 に示すように，モータへ与える電圧によって，この特性直線は左右に動く．そこで通常は，電源電圧が高ければ同じ回転数に対しても大きなトルクが得られると解釈する．ただし，電圧の変化によってグラフが左右に動くということは，実は上下に動くと言い換えても同じである．ということは，同じトルクに対して，モータに与える電圧を変化させることで回転数，すなわち角速度を変化させるということになり，これはちょうど静特性に相当する．

それでは，二つのモータに対して，**図 5·13** のような特性が示されたときに，機械制御においてはどちらを選ぶべきであろうか．

この場合，負荷トルクが変動したときに回転数変動がどのくらいあるかを考える．**図 5·14** を見てほしい．負荷トルクの大きさはモータの発生トルクの大きさ

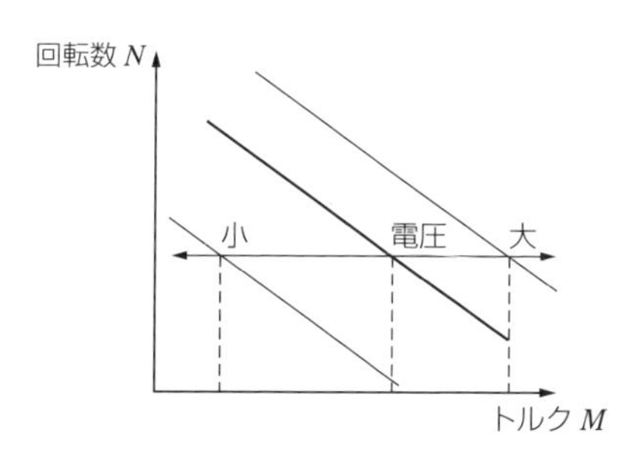

図 5·12　電圧の変化によってトルクを出すための回転数が異なる

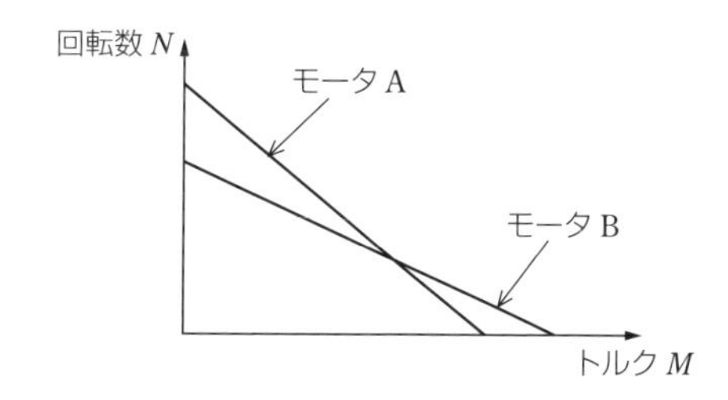

図 5·13　二つのモータの特性の違いの評価

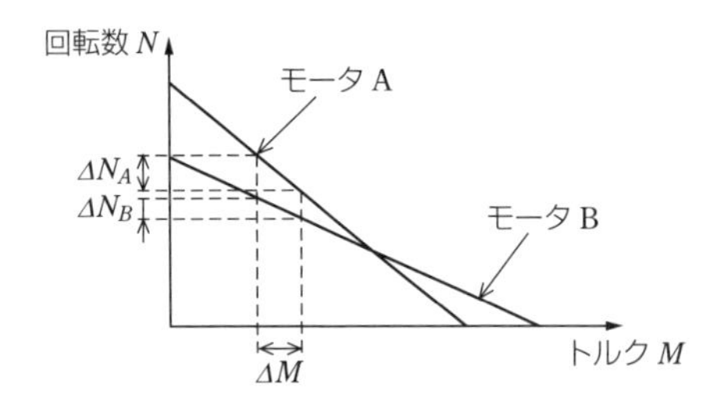

図5・14　二つのモータの特性の違いの評価

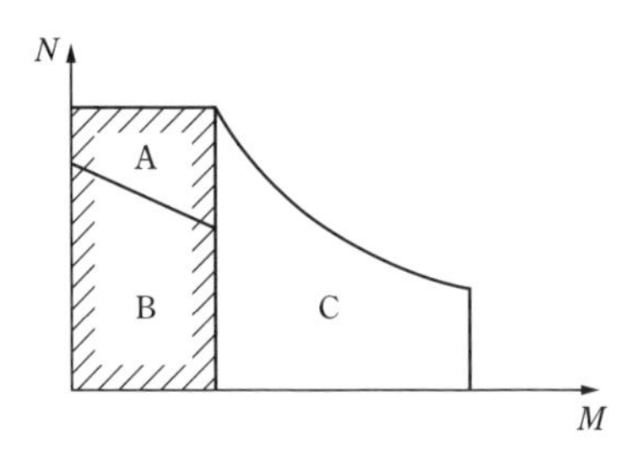

図5・15　モータの連続運転の条件

とほぼ同じとみなすと，トルクの変動ΔMに対して，モータA，Bの回転数変動ΔN_AとΔN_Bとを比較すると，いまの場合$\Delta N_A > \Delta N_B$であるので，モータBのほうが回転数変動が少ない．すなわち，トルクを横軸，回転数を縦軸とした場合の特性図において，傾きの小さいモータのほうが負荷変動の可能性のある機械制御用途に適しているということになる．一般に「サーボモータ（servo motor）」と呼ばれるものは，このような特徴をもっている．なお，ラジコンサーボとは意味が違うので混同しないこと．

著者（松元）が車輪型移動ロボットによく使用しているマクソンモータ社のカタログでは，回転数－トルクの特性図において，**図5·15**に示すように運転範囲を分類してある．

通常は，出力トルクを抑えて利用するので，Aの範囲（斜線部分）で使う．特に，モータへの指令電圧を高くしすぎない程度に抑えたBの範囲が推奨運転範囲とされている．Cの範囲は短期間運転範囲とされ，短い時間であれば，大きなトルクを出すために大きな電流を流しても耐えられる．ただし，それが連続しないように気をつけなければならない．同社製のモータは，この短期間運転範囲が広いので，「一時的なむりがきく」ということで，好まれているようである．もちろん，他社のモータでも同様な特徴のものはあることを付記しておく．

5·4　回転量や回転速度を測るには

①　ポテンショメータ

ポテンショメータ（potentiometer）は，基本的に可変抵抗である．抵抗の入力電圧V_i（V inputの意味）と長さに応じて変化する出力電圧V_o（V outputの

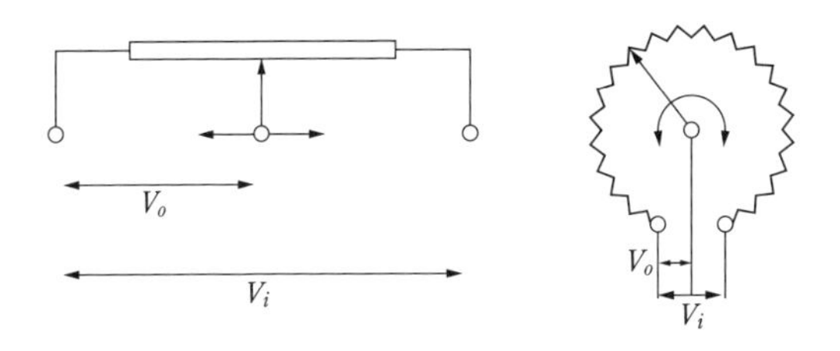

図 5·16　ポテンショメータの仕組み

意味）の比をとれば，変位量がわかるという，きわめて単純な仕組みである．

図 5·16 はポテンショメータを図示したもので，左側は可変抵抗であることはすぐわかるだろう．これによって並進量がわかる．この並進移動を回転移動に置き換えれば，回転角度が測定できることはすぐ理解できるだろう．すなわち，ポテンショメータには，並進型と回転型がある．

ポテンショメータは，原理が単純なため安価であること，出力が電圧（アナログ量であることに注意する）なので，取り扱いやすいのでよく使われる．並進量・回転量ともに測定できる範囲は制限があり，特に回転型の多くは 1 回転以内しか測定できないことが多いことに注意しよう．また，出力はアナログ量なので測定分解能は測定器側で決まるが，ロボットの場合にはコンピュータ制御のため，その際に使用している A/D コンバータのビット数で測定分解能が決まることに注意しよう．A/D コンバータが 10 ビットであれば運動範囲全体を 2^{10}，すなわち 1 024 分割することになり，12 ビットであれば 2^{12}，すなわち 4 096 分割することになる．

2　エンコーダ

エンコーダ（encoder）とは，もともとは「符号化するもの」という意味である．すなわちアナログ量をディジタル量に変換するものである．反対語は復号するもの（**デコーダ**，decoder）である．音楽や画像の世界ではエンコーダもデコーダともに存在するが，メカトロニクスにおいてはエンコーダとは回転量（角度）や並進量（距離）という連続量を符号化してディジタル量として表すものを指し，またメカトロニクスではデコーダに相当するものは存在しないことに気をつけよう．

回転型のエンコーダは**ロータリエンコーダ**（rotary encoder），並進型のエンコーダは**リニアエンコーダ**（linear encoder）と呼ばれる．モータと同じく，回転型のエンコーダのほうが圧倒的に多いので，単にエンコーダというときにはロ

形による分類
- ロータリエンコーダ（回転型）
- リニアエンコーダ（並進型）

読出し方式による分類
- アブソリュートエンコーダ
- インクリメンタルエンコーダ

原理の違い
- 光学式
- 磁気式

図5･17　エンコーダの分類

ータリエンコーダを指すことが多い．

方式としては，1回読み出すだけで角度の絶対値がわかる**アブソリュートエンコーダ**（absolute encoder）と，決められた時間のパルス数を数え続ける必要のある**インクリメンタルエンコーダ**（incremental encoder）とがある．**図5･17**にエンコーダの分類を示す．

ロボットを作るときには，使い勝手および値段の点で，回転型でインクリメンタルで光学式のエンコーダを使うことが多い．**図5･18**に，その原理を示す．円板の放射方向にスリット（穴）を設けて，そのスリット越しに光が通過するかしないかによってON/OFFの状態を区別し，円板が回転することでパルスを発生させる方式である．パルスの数を数えれば，角度変化がわかる．この図ではわかりやすくするために，スリット数を極端に少なくしている．なお，発光にはLEDが用いられ，受光にはフォトトランジスタ（PhTr）が用いられることが多い．1回転当たりのパルス数を〔pulse/rev〕または〔ppr〕（pulse per revolution）で表す．この場合スリットが八つなので，1回転を8分割する．すなわち1回転当たりのパルス数は8であり，角度分解能は360°/8＝45°である．分割数，すなわちパルス数が多ければ，分解能は高くなる．

なお，このままだと回転方向が変わってもそれを認識することができないばかりか回転量を間違ってカウントする．そこで，このようなスリット列を2組用意するか受光素子を二つ用意し，二つのパルス列を取り出す．この二つはA相，B相と呼ばれる（**図5･19**）．ただし，4分の1周期だけパルスの位相がずれるように工夫されている．A相とB相においてどちらのパルスの立上りが先かによっ

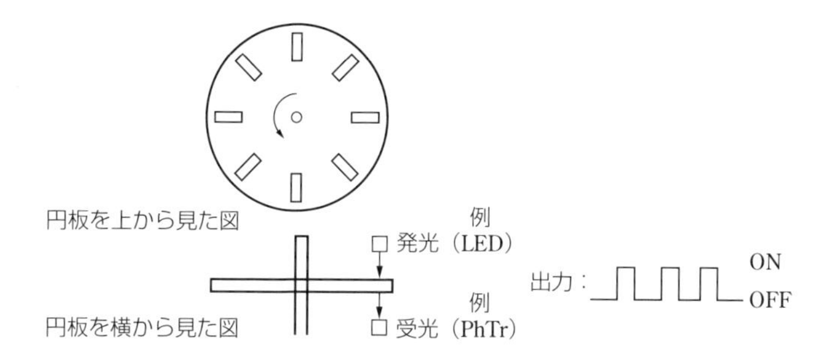

図 5・18　光学式のインクリメンタルエンコーダ

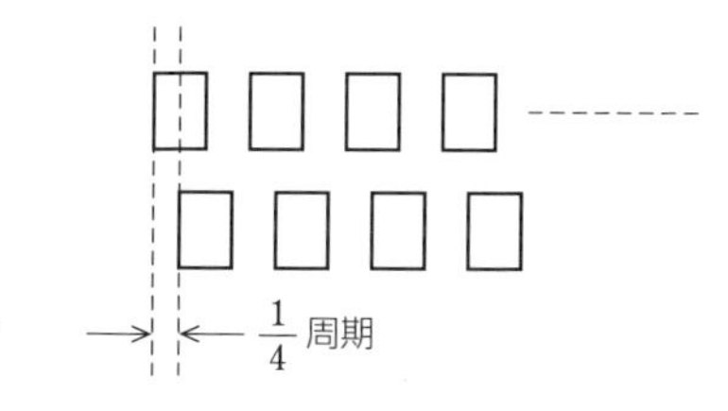

図 5・19　エンコーダにおける二つの「相」

て回転方向がわかるようになっており，この機能を用いて逆転時にはパルス数を減算することで正確な回転量がわかるようになっている．さらに 1 回転に 1 回だけパルスが発生する Z 相（zero の略）もある．

エンコーダの使い方については，以下の例題を通して説明する．

【例題】分解能の計算

1 回転当たり 300 パルス発生するエンコーダの分解能は何度か．

【解】　$360° \div 300 = 1.2°$ である．この際，分解能の単位としては，単なる〔°〕ではなく〔°/pulse〕や〔rad/pulse〕と解釈し，1 回転を〔rev〕（revolution の略）と表記したうえで，すべての単位を明記して，めんどうでも

$$\frac{360\,[°/\mathrm{rev}]}{300\,[\mathrm{pulse/rev}]} = 1.2\,[°/\mathrm{pulse}]$$

のように考えるとよい．この際，360°/300 と書かず，このような分数形式で書くほうが間違いを減らせる．

【例題】角度分解能の選択

ロータリエンコーダを用いて角度分解能を 0.1° 以下にするには，1 回転何パル

スのエンコーダを選べばよいか．

【解】　答を x パルスとすると，1回転360°なので，以下のようになる．

$$\frac{360\ 〔°/\mathrm{rev}〕}{x\ 〔\mathrm{pulse/rev}〕} \leqq 0.1\ 〔°/\mathrm{pulse}〕$$

よって $x \geqq 3\,600$〔pulse/rev〕

【例題】パルス数から角度への変換

1回転300パルスのエンコーダを用いて，120パルス発生したときの角度変化を求めよ．

【解】　120パルス発生したときの角度変化は

$$\frac{120\ 〔\mathrm{pulse}〕}{300\ 〔\mathrm{pulse/rev}〕} = \frac{2}{5}〔\mathrm{rev}〕 = \frac{2}{5}〔\mathrm{rev}〕\times 360\ 〔°/\mathrm{rev}〕 = 144\ 〔°〕$$

である．角度をラジアン表記するならば

$$\frac{120\ 〔\mathrm{pulse}〕}{300\ 〔\mathrm{pulse/rev}〕} = \frac{2}{5}〔\mathrm{rev}〕 = \frac{2}{5}〔\mathrm{rev}〕\times 2\pi〔\mathrm{rad/rev}〕 = \frac{4}{5}\pi〔\mathrm{rad}〕 = 2.51\ 〔\mathrm{rad}〕$$

である．

【例題】角度からパルス数への変換

上と同じエンコーダを用いて60°回転したときに発生されるパルス量はいくつか．

【解】　与えられた角度は1回転に対してどのくらいかの比を求め，エンコーダのパルス数にその比を掛ければよいので

$$\frac{60\ 〔°〕}{360\ 〔°/\mathrm{rev}〕}\times 300\ 〔\mathrm{pulse/rev}〕 = 50\ 〔\mathrm{pulse}〕$$

である．

③ タコジェネレータ

Tacho-とは，速度を表す接頭辞である．トラックやタクシーに「タコメータ」や「タコグラフ」と表示してあることがあるのを見かけたことはないだろうか．ともに回転速度計という意味である．**タコジェネレータ**（tachogenerator）の原理はDCモータと同じである．これは同じ型式のモータを二つ直結し，片側のモータに与える電圧と，もう片側から出力される電圧を比較すればよい．出力側は発電機になっているのでgeneratorと称している．若干の損失があるものの，二つはほぼ同一であり，これによって，タコジェネレータはモータと同一構造であることが確認できる．

使い方は，タコジェネレータが発生する誘起電圧（逆起電力）からモータの回転数（角速度）を求める．タコジェネレータの出力は電圧であるのでアナログ量であることを記憶しておこう．

4 実際の製品での使い分け方

ロボットで使用するDCモータは比較的小型である．DCモータを選択するときには，**図5·20**に示すように，以下のような組合せの製品が存在する．

・モータ単体

・モータ＋エンコーダ

・モータ＋タコジェネレータ

・モータ＋エンコーダ＋タコジェネレータ

エンコーダをモータとは別に配置することはもちろんできるが，モータと一体型となっているものが多いので，モータを選定する際にエンコーダ付きとするか，タコジェネレータ付きとするかを選択する必要が出てくる．筆者（松元）が使う小型DCモータの場合には，タコジェネレータはつかないことが多く（もちろんスペースの制約により，タコジェネレータをつけたくてもつけられないこともある），エンコーダのみがついていることが多い．

DCモータの回転が指定どおりになっているかを調べるには，**図5·21**に示す

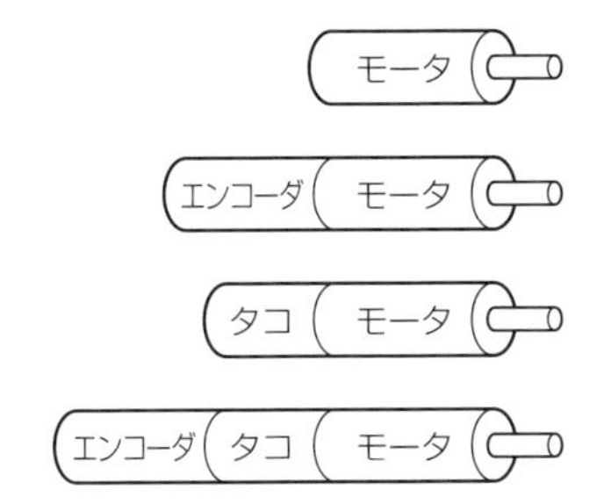

図5·20　DCモータとエンコーダとタコジェネレータの組合せパターン

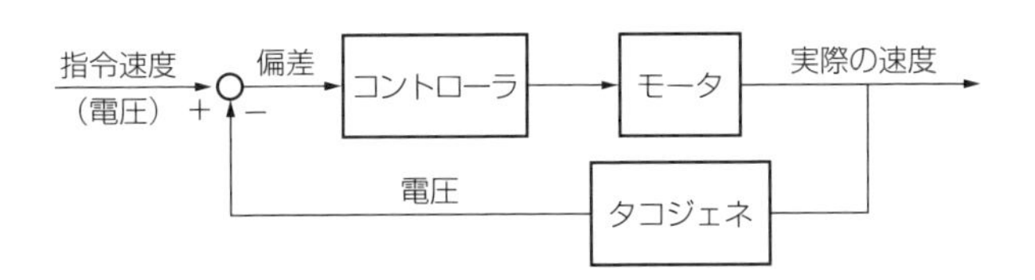

図5·21　角速度のフィードバック

ように，角速度情報をフィードバックする必要がある．これによって正確な回転速度制御が可能となる．このようなフィードバックはコンピュータによるソフトウェアでも実現できるが，安全面からは電子回路によってハードウェアで実現するのが望ましい．

タコジェネレータがついていれば，フィードバックを素直に実現できるが，問題はエンコーダしかついていないモータに対しての速度フィードバックのとり方である．その際さらに考えなければならないのは，エンコーダは角度を測り，タコジェネレータは角速度を測るものであるという違いである．またエンコーダの出力はパルス列なのでディジタル量であるが，タコジェネレータの出力はアナログ量であるので，処理するインタフェースが異なる．

そのために，**ディジタル微分**という方法が考えられている．**図 5·22** にその考え方を示す．数学的には，角度の微分が角速度なので当然の方法である．すなわち，エンコーダの発生パルス数を時間で割れば速度が計算できる．パルス数は角度に比例しているので，〔pulse/s〕から〔°/s〕または〔rad/s〕が計算できる．

ただし，考え方はこれでよいが，低速になってくると誤差が大きくなることに注意が必要である．発生パルス数の一つの違いが速度の計算値に大きく影響する可能性がある．速度が少しずつ遅くなっていったとしても，例えば一定時間の間に2パルスあった直後に1パルスになれば，計算上速度は半分になる（**図 5·23**）．これは問題なので，**モータドライバ**と呼ばれる製品では，内部的にこの誤差を抑えるように考慮されていることが多い．

小型の DC モータの場合，対応するタコジェネレータが存在しないことが多いので，エンコーダを使って回転速度情報を取り出す．パルスの周波数を電圧（回転速度）に変換するので **F/V 変換**と呼ばれることもあるし，あるいは回転速度をハードウェアで（すなわち電子回路で）フィードバックして回転速度を安定化させることから**電子ガバナー**と呼ばれることもある．モータを動かすためのアン

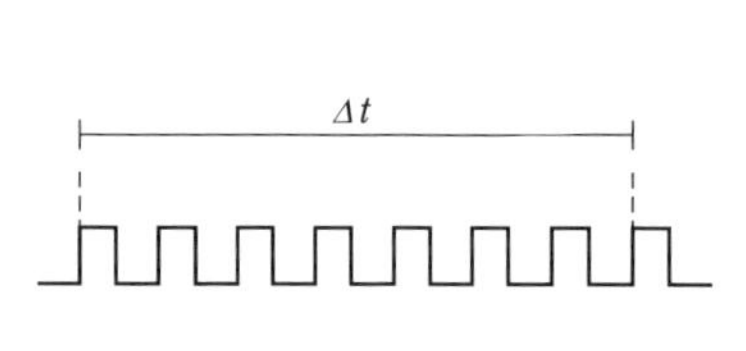

図 5·22　ディジタル微分の考え方

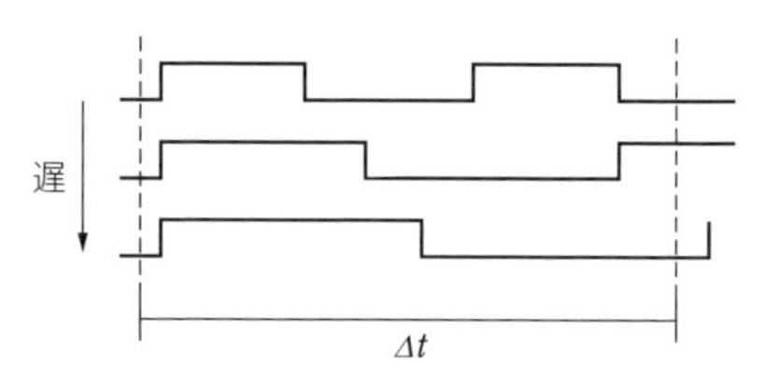

図 5·23　速度が小さいときディジタル微分の量子化誤差が大きい

プ機能（電流の増幅）はモータドライバと呼ばれるが，**モータコントローラ**と呼ばれる製品は，増幅の機能とともに速度フィードバックをとる機能が複合されている．**図 5·24** はそれを示したものである．ただし，モータコントローラという単語は多様な意味に使われる可能性があるので，カタログをよく調べることをおすすめする．

参考までに，**図 5·25** は，筆者（松元）がしばしば使っているマクソンモータ社のモータ，**図 5·26** は同社のモータコントローラ EPOS の写真である．EPOS はエンコーダ情報を入力として内部で F/V 変換をし，ハードウェアによる速度フィードバックを実現する．また上位コンピュータとはシリアルインタフェース RS-232C で通信可能であり，最近のコンピュータでは，USB - シリアル変換ケーブルを用いて，USB ポートを用いると，ケーブルの取り回しが容易となる．上位コンピュータと接続してモータを制御する装置なので，同社では**モーションコントローラ**とも呼んでいる．

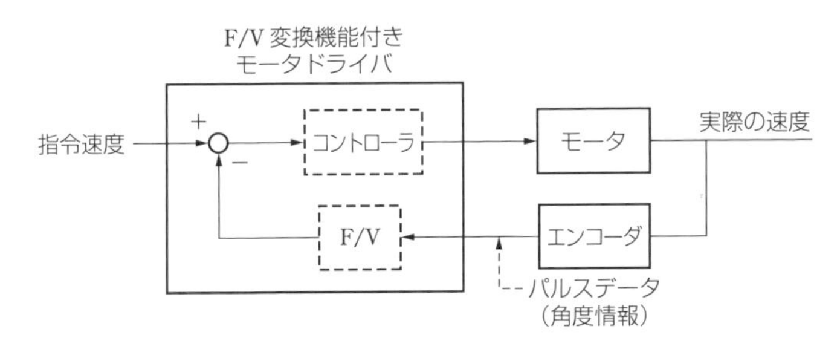

図 5·24　エンコーダの出力に基づく速度フィードバック機能

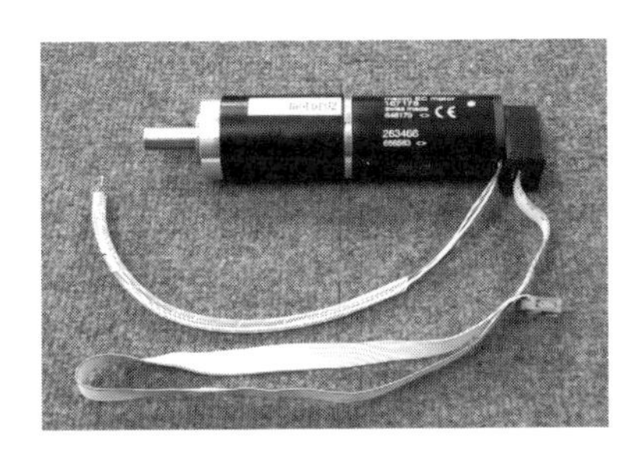

図 5·25　エンコーダ付きのモータの例
（マクソンモータ社の製品）
（写真の左端が減速機，文字の書いてある部分がモータ本体，右端がエンコーダ）

図 5·26　モータコントローラの例
（マクソンモータ社の製品）

演習問題

【5.1】 ブラシと整流子の働きを説明せよ．

【5.2】 モータは軸方向に長いものが多いのはなぜか．

【5.3】 あなたはモータの設計者だとする．モータを小型化せよ，という命令に対してどんな工夫をしたらよいか考えよ．

【5.4】 モータのトルク定数の単位は〔Nm/A〕であり，誘起電圧定数の単位は〔V·s〕で与えられている．単位の表記が異なるが，ともに単位は〔Wb〕なる磁束の単位に等しい．これを定数の元々の定義を参照して確認せよ．

【5.5】 エンコーダやタコジェネレータの出力をハードウェア的にフィードバックするだけでなく，コンピュータに取り込んでソフトウェア的なフィードバックを作る際に使用するインタフェースを調べよ．またソフトウェア的にフィードバックするときのメリットとデメリットを説明せよ．

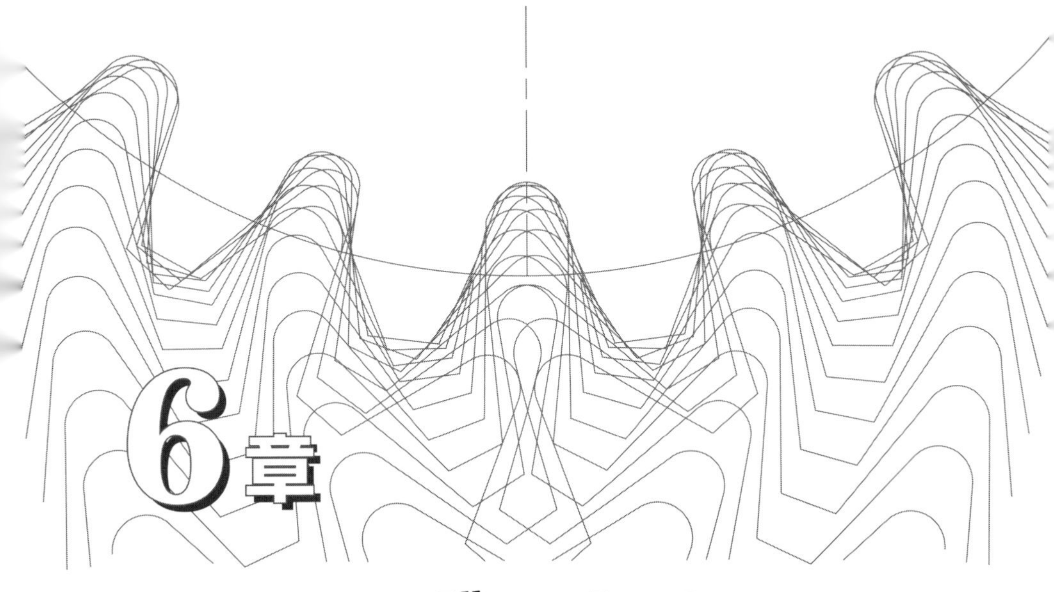

6章 ロボットの機械要素

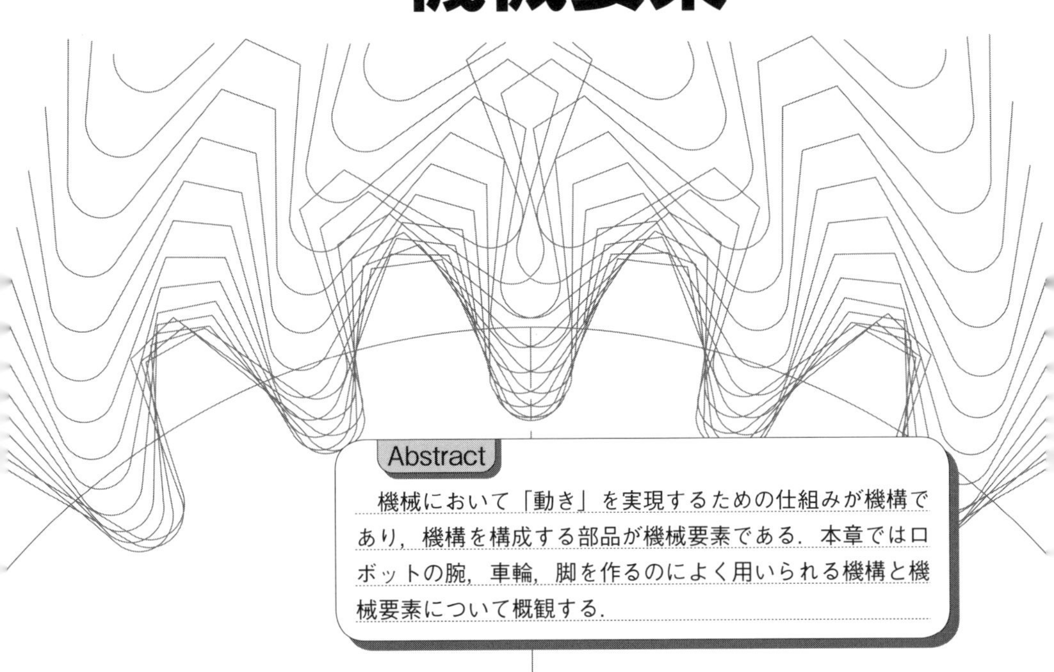

Abstract

機械において「動き」を実現するための仕組みが機構であり，機構を構成する部品が機械要素である．本章ではロボットの腕，車輪，脚を作るのによく用いられる機構と機械要素について概観する．

6·1 機構の種類

① 機構と線形変換・非線形変換

3·1節ですでに述べたように，**機構**（メカニズム）とは，運動や力を伝達したり変換したりする仕組みである．概念的には**図6·1**のように，入力xに応じて出力yが決まり，$y=f(x)$の関係があるととらえることができる．

例えば**図6·2**のような2枚の歯車の対で，外部からの動力によって歯車1が角速度ω_1で回転しているとき，歯車2の角速度ω_2は，歯車1，2の歯数Z_1，Z_2を用いて

$$\omega_2=\frac{Z_1}{Z_2}\omega_1 \tag{6·1}$$

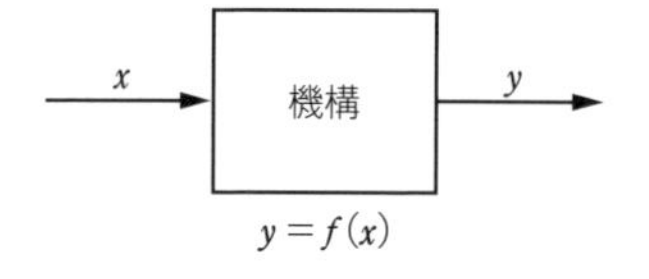

図6·1　機構の入出力関係

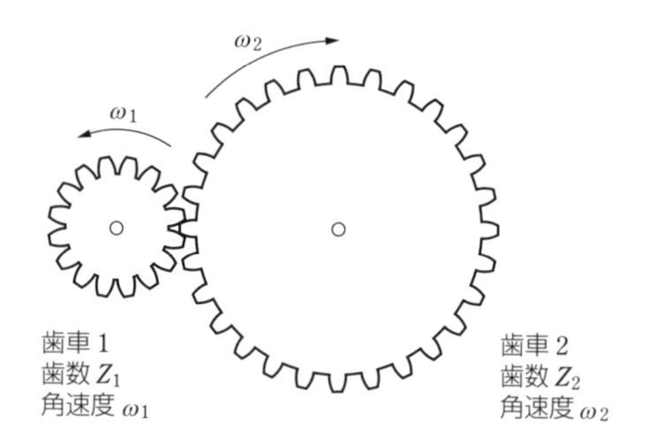

図6·2　歯車対

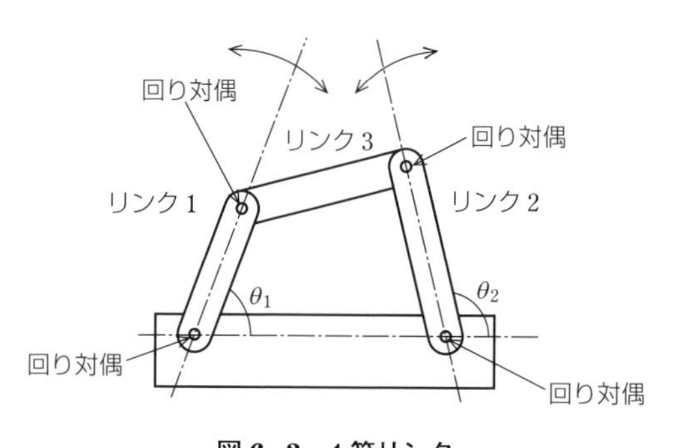

図6·3　4節リンク

と表せる．

この例では1入力（ω_1），1出力（ω_2）で，その関係式も平易である．このように入出力が一定の比になっている機構を**線形変換機構**と呼ぶ．これに対して，入出力比が一定でない機構を**非線形変換機構**と呼ぶ．例えば**図6·3**のような機構（リンク機構）では，リンク1を動かしてθ_1を変化させたとき，リンク2の角度θ_2が変化するが，θ_1とθ_2の関係は一定の比になっていない（6·4節「リンク機構」参照）．3·4節で見た，マニピュレータは多入力（複数の関節角）多出力（3次元空間における位置と姿勢）の非線形変換機構である．

2 機 構 の 分 類

機構の中の，互いに接触して運動を伝える部材を**節**または**リンク**と呼び，外部からの動力で運動する節を**入力節**または**原動節**，最終的に外部に運動を伝える節を**出力節**または**従動節**という．また機構の中で固定されており運動しない節は**静止節**または**固定節**と呼ばれる．図6·2の歯車対では歯車1は入力節，歯車2は出力節，二つの歯車を支えている筐体が静止節にあたる．

入力節と出力節が直接接触して運動を伝える場合を**直接接触伝動**，間に何か別の節が存在する場合を**媒介伝動**という．図6·3のリンク機構では，リンク1とリンク2は直接接触しておらず，間にリンク3が存在する．このような中間にある節のことを**中間節**と呼ぶ．

表6·1に代表的な機構の種類を示す．

表6·1　機構の分類

変　換	機　構		伝　動
線形変換	歯車伝動機構	各種歯車	直接接触
	巻き掛け伝動機構	ロープ，ベルト，チェーン	媒介
	直動伝動機構	ねじ送り機構，ラック・ピニオン機構	直接接触
非線形変換	カム機構		直接接触
	つめ歯車機構		直接接触
	リンク機構		媒介

6·2 歯　　車

1 歯車伝動機構と歯車の基礎

歯車は，歯のかみ合わせによって，回転速度，トルクを減じたり，増大させたりしながら回転運動を伝達する機械要素である．歴史的にも古くから利用され，なめらかに回転を伝達できる歯の形（歯形）に関する研究が興るなど，今日までに強度，誤差，振動，騒音などについて深く研究され発展してきた技術である．

歯車伝動機構の主な特徴は以下のとおりである．

- 伝動機構としては最も確実で，大動力，高速の伝動に適している．
- 歯車の組合せによってさまざまな回転速度比を得られる．
- 入出力の2軸が平行，交差，ねじれの位置にあっても，適切な歯車を選ぶことで伝動できる．
- 騒音が出やすい．
- 入出力の2軸が大きく離れている場合には適さない．

最も基本的な歯車である，平歯車二つの組合せを**図6·4**に示す．点Pを**ピッチ点**といい，2枚の歯車はPで互いに接する2枚の円盤に凹凸の歯をつけたものであると考えることができる．歯車の回転軸を中心とし，Pを通る円を**ピッチ円**と呼ぶ．2枚の歯車のピッチ円は互いに接するが，歯車の先端の円（歯先円）は交わっていることに注意されたい．

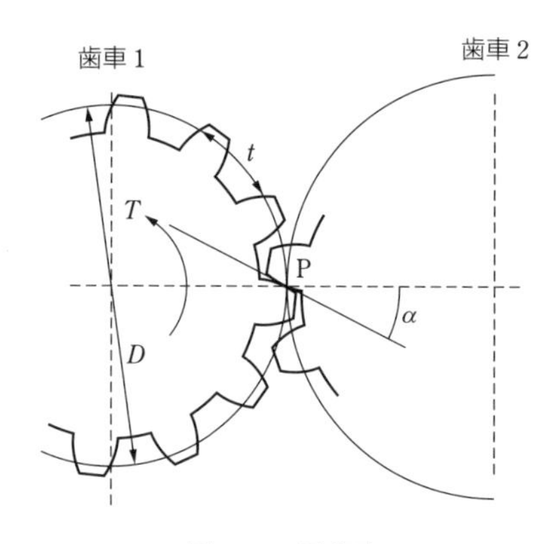

図6·4　平歯車

ピッチ円上での歯と歯の間隔 t を**ピッチ**という．歯車がなめらかに接して回転を伝達するには，2 枚の歯車で歯が同じタイミングで現れなければならない．すなわちピッチが同じでなければならない．ピッチ円の直径を D，歯の数を Z とすれば，D と t の間には

$$t=\frac{\pi D}{Z} \tag{6·2}$$

の関係がある．この式の分子には π があるため，具体的な数値としては扱いにくいため，t を π で除した

$$m=\frac{D}{Z} \tag{6·3}$$

を**モジュール**と呼んで，歯の大きさを表す単位として用いられている．

また二つの歯車の中心間の距離 l はそれぞれのピッチ円の半径の和である．

$$l=\frac{1}{2}(D_1+D_2) \tag{6·4}$$

図 6·4 の α は，かみ合っている二つの歯の共通接線と回転軸間を結ぶ線のなす角度で，**圧力角**と呼ばれる．二つの歯車が正しくかみ合うためには，モジュールと圧力角が等しくなければならない．JIS ではモジュールの標準値を定めており，また圧力角は 20° としているが，圧力角が 20° でない特殊な歯車も存在する．

回転をなめらかに伝え，かつ，さまざまな大きさの歯車を組み合わせても使えるような歯の形状（歯形）としては，**サイクロイド曲線**と**インボリュート曲線**があり，今日ではインボリュート曲線が広く使われている．

インボリュート曲線は円から巻き戻した糸の先端が描く曲線である（**図 6·5**）．

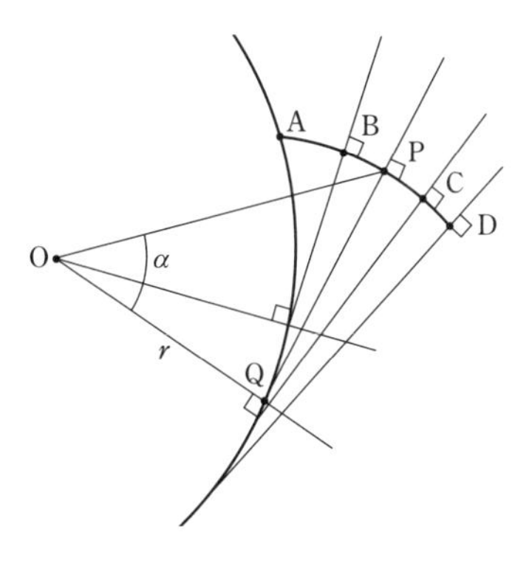

図 6·5　インボリュート曲線

ピッチ点Pを通る歯面の法線を考え，これに歯車中心Oから垂線を引いたとき，その足をQとする．このとき∠QOPは圧力角αに等しいことに注意．Oを中心としQを通る円を**基礎円**といい，その半径をrとする．いまPQを糸だと思い，これを基礎円に巻きつけるときの糸の先端の軌跡PBAが根元方向への歯形となる．歯の先端方向への曲線は，糸をさらに巻き戻していくことで，PCDと得られる．インボリュート曲線上の点B，C，D，Pでは常にその点から基礎円に引いた接線とインボリュート曲線は直交している．

2 歯車の種類

表6·2に主な歯車の種類を示す．

表6·2　主な歯車の分類

歯車の種類	機　構	特　徴
平歯車		最も一般的な歯車．
はすば歯車		歯の断面は平歯車と同じであるが，歯すじが円筒面上のつるまき線になっている．
内歯車	内歯車	歯が円筒の内側にあり，二つの歯車の回転方向が同じ．
ラック・ピニオン	ピニオン ラック	回転運動と直動運動の変換に用いる．

表 6・2 主な歯車の分類（つづき）

歯車の種類	機 構	特 徴
（すぐば）かさ歯車		円錐面に歯がついている歯車．2 軸が直交する．
曲がり歯かさ歯車		歯すじが曲線になったかさ歯車．強度が高く回転がスムーズ．
ウォームギヤ	ウォーム ウォームホイール	2 軸がねじれの位置にあり，同一平面内にない．歯のかみ合いは線接触になっている．ウォームを回転させ，ウォームホイールを回す．逆にウォームホイールからウォームに回転を伝達することはできない．
遊星歯車		小型で大きな減速比を得られる．
ハーモニックドライブ		小型で大きな減速比を得られる．静粛．
a）平歯車の使用例		b）曲がり歯かさ歯車の使用例

3　歯車による速度と力の伝達

ここで，平歯車2枚がかみ合っている場合の速度と力の関係について考えてみよう（**図6·6**）．いま，歯車1が角速度ω_1で回転し，歯車2がそれに伴って角速度ω_2で回転するとする．それぞれの歯車のピッチ円直径をD_1，D_2，歯数をZ_1，Z_2，モジュールをmとすると，ピッチ点Pでは，両方の歯車の歯の周速度vは等しくなっているはずである（さもないと片方の歯が他方の歯に食い込んだり，二つの歯が離れてしまっていることになる）．

したがって

$$v=\frac{D_1}{2}\omega_1=\frac{D_2}{2}\omega_2 \tag{6·5}$$

ここで，モジュールmについては

$$m=\frac{D_1}{Z_1}=\frac{D_2}{Z_2} \tag{6·6}$$

であるから

$$\left.\begin{aligned}&\frac{mZ_1}{2}\omega_1=\frac{mZ_2}{2}\omega_2\\&\frac{\omega_1}{\omega_2}=\frac{Z_2}{Z_1}\end{aligned}\right\} \tag{6·7}$$

となり，角速度の比（速度伝達比）は歯数の逆比になっていることがわかる．

歯車1がトルクT_1で回転しているとき，歯車2にはどのように伝わるのだろ

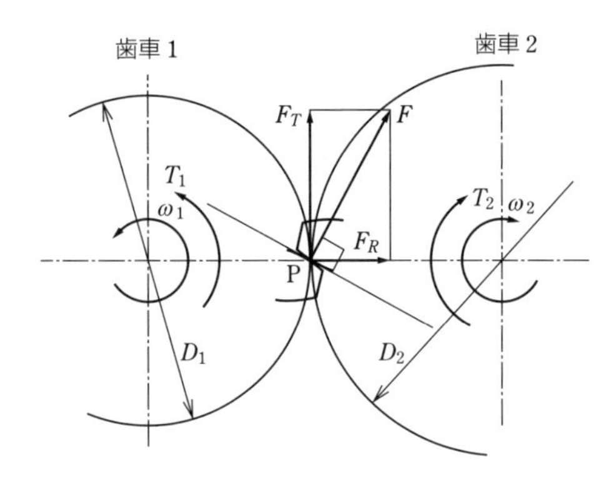

図6·6　歯車における速度と力の伝達

うか．いま，歯車 1 はトルク T_1 で回転することによって，ピッチ点 P において歯車 2 を力 F で押していると考える．F は歯面の法線方向に働き，ピッチ円の円周方向とは異なる．また歯車 1 は歯車 2 から反力 $-F$ を受けていることにも注意．F をピッチ円の円周方向と歯車の半径方向に分解し，それぞれ F_T，F_R とすれば，トルク T_1 と F_T の間には

$$T_1 = F_T \frac{D_1}{2} \tag{6·8}$$

の関係がある．歯車 2 についても

$$T_2 = F_T \frac{D_2}{2} \tag{6·9}$$

である．F_T が両者で等しいことから

$$\left.\begin{aligned} \frac{T_1}{D_1} &= \frac{T_2}{D_2} \\ \frac{T_1}{T_2} &= \frac{D_1}{D_2} = \frac{Z_1}{Z_2} \end{aligned}\right\} \tag{6·10}$$

となる．式 (6·7) の角速度比と比較すると，トルクの比は角速度比の逆数になっている．すなわち，歯車によって回転を伝達すると，速度を増大させるとトルクは減少し，速度を減少させるとトルクが増大して伝わる．

ただし，現実にはトルクは 100％伝達されることはないので，歯車 2 のトルク T_2 の値は，式 (6·9)，式 (6·10) で求められる値よりも小さくなるため，伝達効率を η とおけば

$$T_2 = \eta T_1 \frac{D_2}{D_1} = \eta T_1 \frac{Z_2}{Z_1} \tag{6·11}$$

と表すことができる．η は一般に 0.9 〜 0.6 程度である．

次に少し複雑な遊星歯車装置の減速比について考えてみよう．**遊星歯車装置**は，**図 6·7** (a) のように，太陽歯車，遊星歯車，内歯歯車と，太陽歯車，遊星歯車の中心を連結する腕（キャリア）から構成されている．遊星歯車は全体のバランスをとるように 2 〜 3 個が対称位置に配置されている．

太陽歯車，遊星歯車，内歯歯車の歯数とピッチ円直径をそれぞれ，Z_1，Z_2，Z_3，D_1，D_2，D_3 とする．三つの歯車のモジュールは等しいのでこれを m とすれば

$$m = \frac{D_1}{Z_1} = \frac{D_2}{Z_2} = \frac{D_3}{Z_3} \tag{6·12}$$

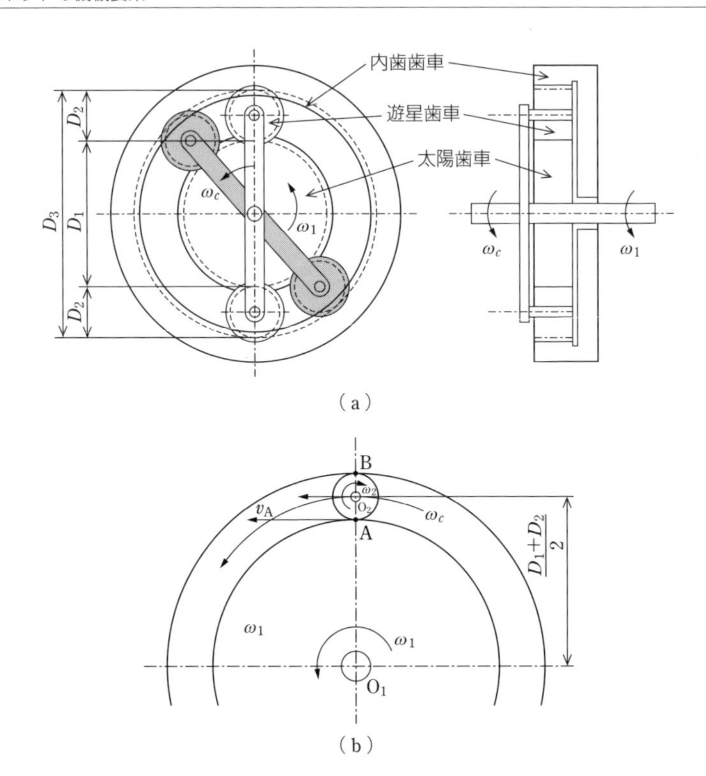

図6・7　遊星歯車装置

また歯車の配置を考えれば

$$D_3 = D_1 + 2D_2 \tag{6・13}$$

であるから

$$mZ_3 = mZ_1 + 2mZ_2 \tag{6・14}$$

である．これより

$$Z_2 = \frac{Z_3 - Z_1}{2} \tag{6・15}$$

内歯歯車を固定して太陽歯車を角速度 ω_1 で回転させてみよう（図6·7 (b)）．このとき太陽歯車の回転に伴って，遊星歯車と腕が一緒に回転する．すなわち遊星歯車は「自転」しつつ，同時に太陽歯車の周りを「公転」することになる．太陽歯車と遊星歯車の接触点Aが瞬間的に速度 v_A で移動していると考えれば

$$v_A = \frac{D_1}{2}\omega_1 \tag{6・16}$$

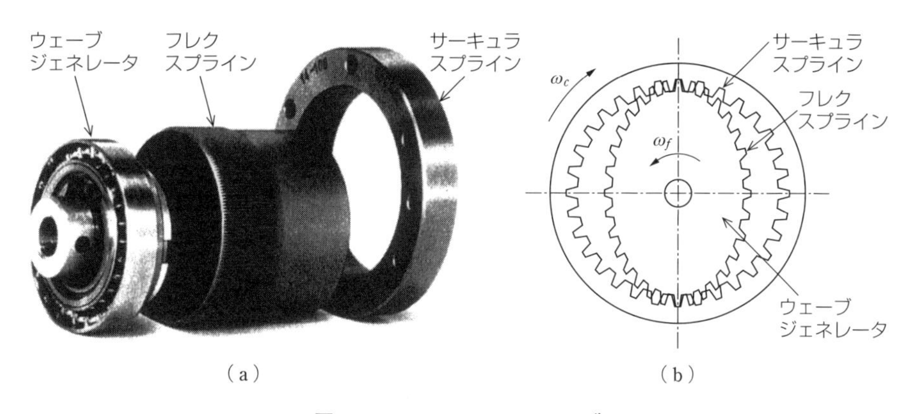

図 6·8　ハーモニックドライブ

遊星歯車と内歯歯車の接触点Bの速度は内歯歯車が固定されていることから0である．すると遊星歯車の中心 O_2 は $v_A/2$ の速度をもっているはずである．O_2 と公転の中心である O_1 との距離は $(D_1+D_2)/2$ であるから，遊星歯車の公転角速度（キャリアの回転速度）ω_c と O_2 の速度の関係は

$$\frac{v_A}{2}=\frac{D_1+D_2}{2}\omega_c \tag{6·17}$$

である．よって式 (6·16)，式 (6·17) より，次式となる．

$$\frac{\omega_c}{\omega_1}=\frac{D_1}{2(D_1+D_2)}=\frac{Z_1}{2(Z_1+Z_2)}=\frac{Z_1}{Z_1+Z_3} \tag{6·18}$$

遊星歯車装置と同様に，コンパクトで大きな減速比を得られる特殊な歯車装置に**ハーモニックドライブ**がある．ハーモニックドライブは，内歯を刻まれた**サーキュラスプライン**と，外側に歯をもち，弾性体で作られた**フレクスプライン**，フレクスプラインの内側で回転する**ウェーブジェネレータ**から構成される．ウェーブジェネレータはフレクスプラインを変形させ，サーキュラスプラインに接触させる働きをする．ウェーブジェネレータが1回転すると，フレクスプラインとサーキュラスプラインの接触点がちょうど1周移動する．仮にフレクスプラインの歯数 Z_f とサーキュラスプラインの歯数 Z_c が等しければ，常に同じ歯の組どうしがかみ合うことになり，フレクスプラインとサーキュラスプラインは相対的に回転運動をすることはない．実際には Z_f と Z_c は違えてあるので，フレクスプライン1回転当たり，歯数の差 Z_c-Z_f だけサーキュラスプラインが「ずれる」．すなわち減速比は $(Z_c-Z_f)/Z_f$ となる．

6·3 ベルト

ベルト，ロープのような可とう体やチェーンを，車（プーリ，スプロケット）に巻きつけた機構を**巻き掛け伝動機構**と呼ぶ．巻き掛け伝動機構はロボットにおいてもよく用いられている．

可とう体による伝動には下記のような特徴がある．

・軸間距離に制約がなく長い距離の伝動に適している．
・軽量である．
・騒音が少ない．
・標準品も多く安価である．
・ベルトとプーリの間には潤滑を必要としない．
・軸間距離の精度が少々悪くてもよい．
・ベルトコンベアのように回転－直進運動の変換としても使われる．
・回転軸の方向を変えることも可能（ロープ）．
・摩擦を利用している場合（ベルト，ロープ）には滑りが生じるため，正確な速度比は期待できない．
・保守・点検が容易である．

ベルト伝動で用いられるベルトには下記のような種類がある．

1 平ベルト

皮，ゴム，繊維，樹脂，鋼などで作られた，断面が長方形のベルトである．屈曲性が良く，高回転速度に適している．一方，入出力軸が完全に平行でないとベルトが徐々にずれて，プーリから外れるおそれがあり，その防止のために，プーリにはつば（フランジ）を設けたり，中央部を高く加工するクラウニングなどの処置がとられる（**図6·10**）．

ベルトの掛け方には，**図6·11**のように，オープンベルト，クロスベルトの2種類がある．プーリの直径d_1，d_2，中心間距離Dとベルトの長さLの間の関係は，近似的に下の式のように表せる．

$$\text{オープンベルト：} L = 2D + \frac{\pi}{2}(d_1 + d_2) + \frac{(d_1 - d_2)^2}{4D}$$

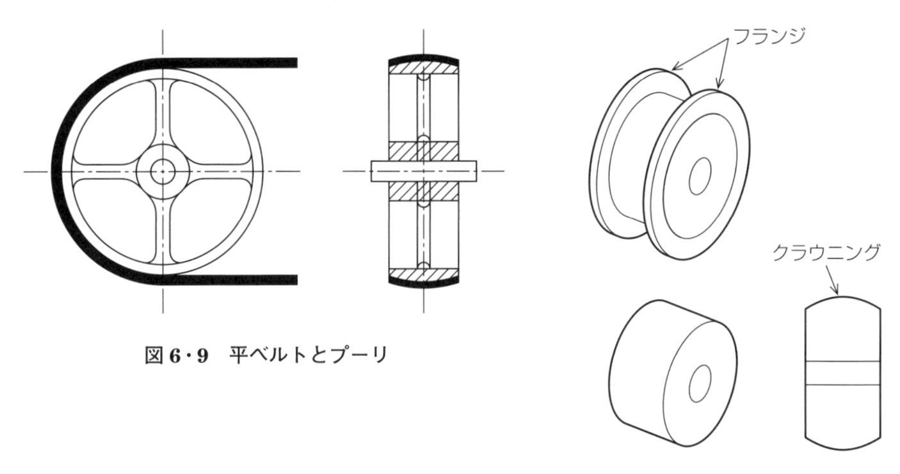

図 6·9　平ベルトとプーリ

図 6·10　プーリのフランジ，クラウニング

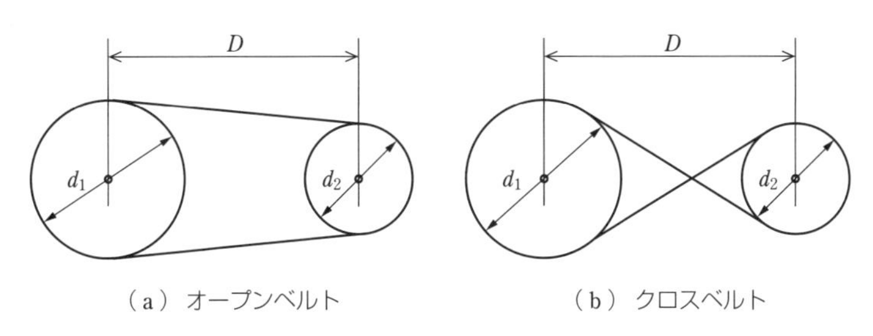

（a）オープンベルト　　（b）クロスベルト

図 6·11　プーリとベルトの長さ

$$\text{クロスベルト：} L = 2D + \frac{\pi}{2}(d_1 + d_2) + \frac{(d_1 + d_2)^2}{4D}$$

2 V ベ ル ト

V ベルトは断面形状が台形で，プーリにはそれに合わせて V 字型の溝が設けられている（**図 6·12**）．この断面形状は JIS で規格化されており，標準では角度 θ は 40° となっている．

ベルトとプーリの間に働く摩擦力 F は，摩擦係数を μ として，図のようにプーリの半径方向に働く力 N を接触面での法線方向荷重 N' に分けて考えれば

$$N' = \frac{N}{2\sin(\theta/2)}$$

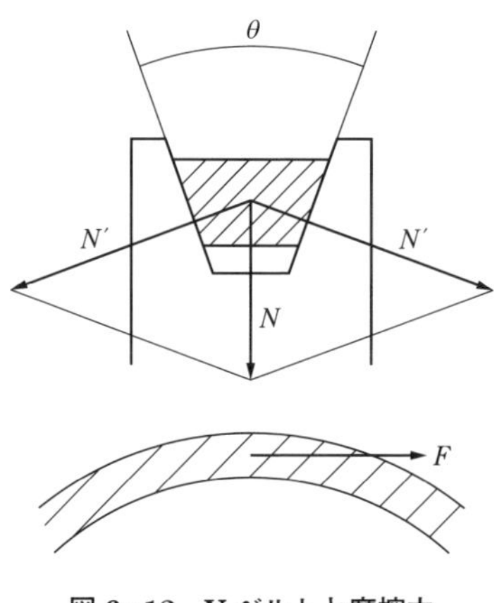

図 6・12　V ベルトと摩擦力

$$F = 2\mu N' = \frac{\mu N}{\sin(\theta/2)}$$

である．もし平ベルトで同じく力 N を受けるとすれば，平ベルトとプーリの間に働く摩擦力は μN であるから，$\theta = 40°$ として，V ベルトのほうが $1/\sin(\theta/2) \cong 2.92$ 倍の摩擦力を得ることができ，動力の伝達には適していることがわかる．

③ 歯付きベルト（タイミングベルト）

ベルトとプーリの表面に歯がつけられており，平ベルトや V ベルトのように，滑るおそれもなく，回転のむらのない確実な伝動が可能で，伝達効率が良い（0.9 程度）．滑りがないことから正確な位置決めが可能であり，プリンタや複写機などのオフィス機器，建物の自動ドアの開閉機構部など，さまざまな用途で用いられている．

ただし過大な負荷が加わったりすれば，かみ合いがずれてしまう（歯飛び）現象は起こりうるので注意する．

歯付きベルトには，抗力を上げるために心材として鋼線などが入れられている．表面の歯形には台形，円弧，三角形などのものがあり，JIS でも規格化されている．

④ チ ェ ー ン

チェーン伝動は，自転車に用いられていることから，日常生活でもなじみ深いであろう．また回転寿司店で皿を搬送している機構は，クレセントチェーンと呼

図 6・13　歯付きベルト

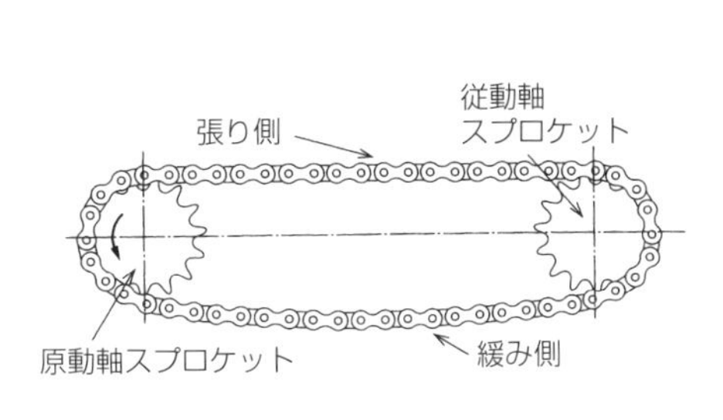

外リンク（リベット型）　外リンク（割りピン型）
内リンク
ピッチ
ローラー
外リンク　ピン　内リンク
ブッシュ
ローラーチェーン
スプロケット

（a） チェーンの構造　　（b） ローラーチェーンとスプロケット

図 6・14　ローラーチェーン

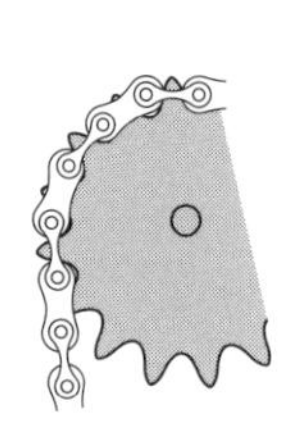
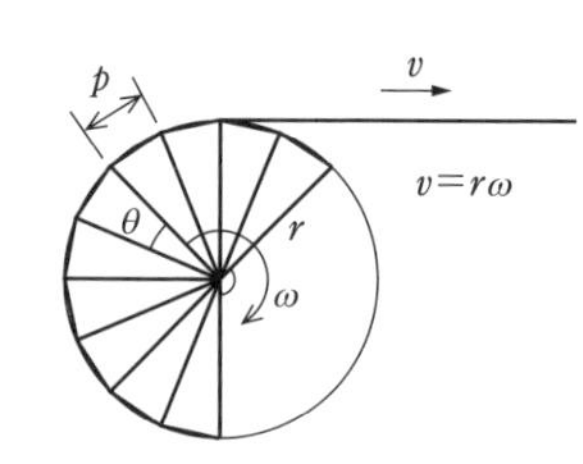

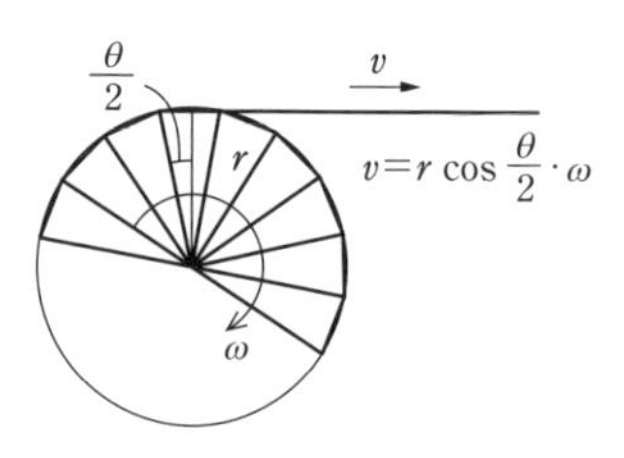

図6・15　チェーンとスプロケットのかみ合いと速度

ばれるチェーン伝動の一種である．

チェーン伝動は，ベルトに比べて低速大荷重の伝達に適している．しかし，チェーンのピッチにはバラツキがあることや，潤滑が必要であること，入出力の回転軸は平行で，同一平面内での伝動でなければならない，といった違いがある．また，金属製であることから静粛性で劣るが，耐久性では優り，ベルト伝動よりも小型化に適している．

チェーンとスプロケットのかみ合いは，**図6・15**のように多角形に糸を巻きつけた状態でモデル化でき，チェーンが送り出される速度は最大で$r\omega$，最小で$r\cos(\theta/2)\cdot\omega$の範囲で変動する．

6・4　リンク機構

剛体を回り対偶，滑り対偶（図3・2）で連結した機構を**リンク機構**という．リンク機構は非線形変換伝動機構である．入力節を一定の各速度で回転させることで，長さや対偶，結合位置の組合せによって複雑な運動を実現することができ，広く利用されている．

1　平面４節リンク機構

平面4節リンク機構は，リンク機構の基本的な構造で，4個の節が4個の回り対偶で連結されている．節の長さによって**図6・16**のようなものがある．いずれも節2が中間節，節4が静止節になっているが，入力節，出力節が完全に回転する場合を**クランク**，揺動運動する場合を**てこ**または**ロッカ**といい，その組合せで図のように3種類に分類される．

(a) **てこクランク機構**では，一番短い節がクランク，(b) **両クランク機構**では静止節の長さが最小，(c) **両てこ機構**では中間節が静止節よりも短い．両クラ

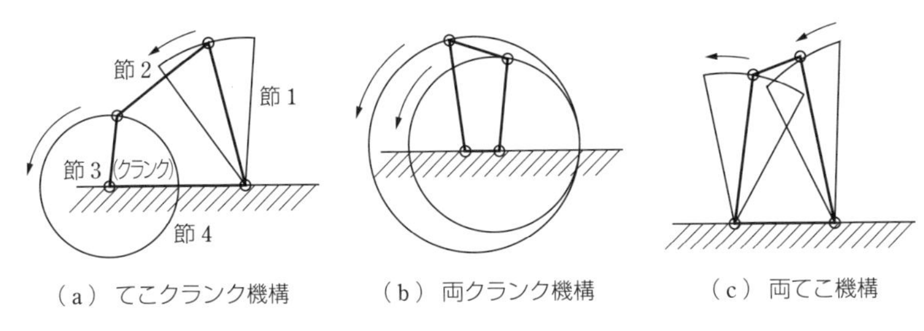

（a） てこクランク機構　（b） 両クランク機構　（c） 両てこ機構

図 6・16　平面 4 節リンク機構

ンク機構で，相対する節どうし（節 1 と 3，節 2 と 4）の長さを等しくした場合，機構全体は平行四辺形となり，入力節と出力節，中間節と静止節が常に平行となるため，特に**平行クランク機構**と呼ぶ.

2 スライダクランク機構

図 6·16 (a) のてこクランク機構で，節 3 と節 4（静止節）の長さを無限大，すなわち静止節を図の右方向に無限に延長すると，**図 6·17** (a) のような往復直線運動をする滑り対偶をもつ機構を考えることができる．この滑り対偶部分を**スライダ**と呼び，このような機構を**スライダクランク機構**という.

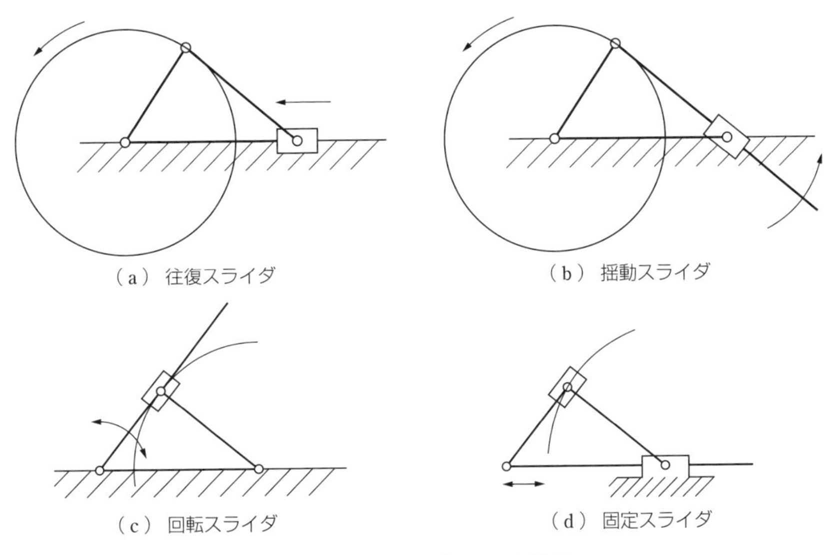
（a） 往復スライダ　（b） 揺動スライダ　（c） 回転スライダ　（d） 固定スライダ

図 6・17　スライダクランク機構

スライダクランク機構は，入力節と静止節をどの節に割り振るかで，図6･17 (b)～(d) のように，スライダを揺動運動，回転運動，固定することができる．**図6･18**は揺動スライダの応用で，液体を攪拌する装置である．攪拌棒の先端は単純な円運動や直線往復運動をするのではなく，容器内の広い範囲を運動する．

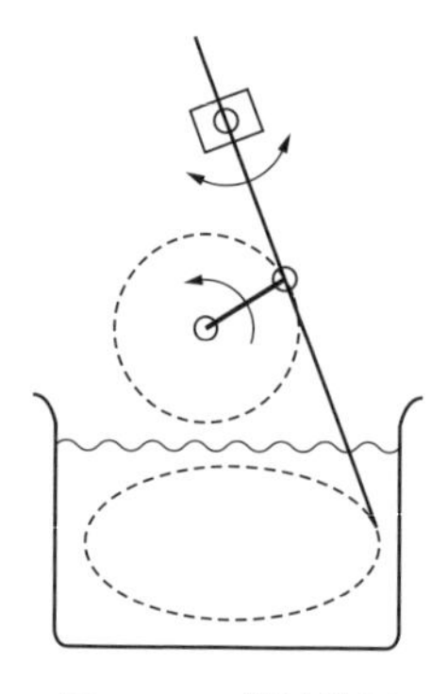

図6･18　攪拌装置

③ 両スライダ機構

4節リンクで二つの対偶を滑り対偶としたものを**両スライダ機構**と呼ぶ．対偶の位置関係で**図6･19**の4種類の運動がありうる．

リンク機構はさまざまな運動を実現できる機構であるが，一度作られたら，その運動を変更することはできない．

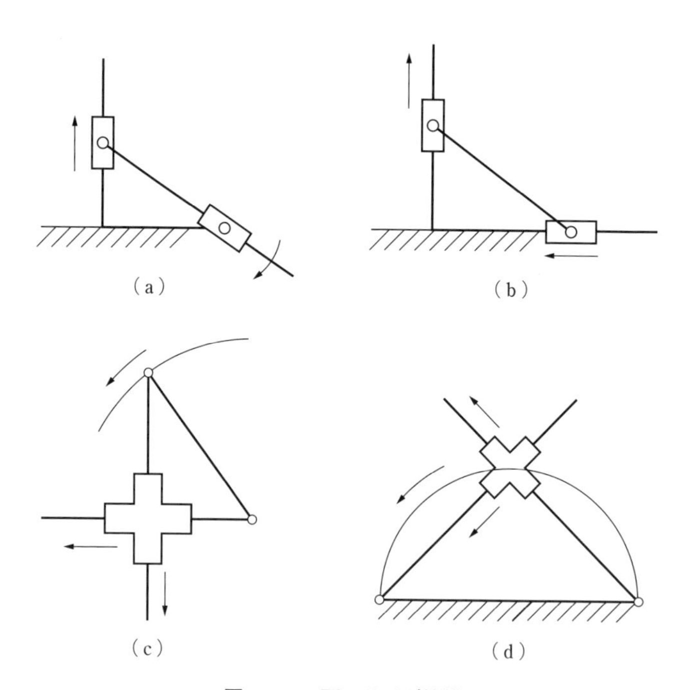

図6･19　両スライダ機構

6·5 カ　　ム

カム機構は非線形変換伝動機構である．任意形状の入力節（カム）が，直接接触によって出力節に任意の運動を伝える．カムは回転運動または直動運動をし，その形状を適切に設計することにより，出力節に直動運動，揺動運動，間欠運動を作り出すことができる．

図6·20（a）はカムが回転運動し，出力節が上下に直動運動する板カムの例である．出力節先端のころがA点を通り過ぎると出力節は下に下がり，カムの回転に伴ってまた徐々に上に押し上げられることがわかる．

図6·20のカムではいずれも重力によって出力節がカムに接しているが，ばねを仕込んで押しつける場合もある．ただし，その場合でもカムの回転速度が速く

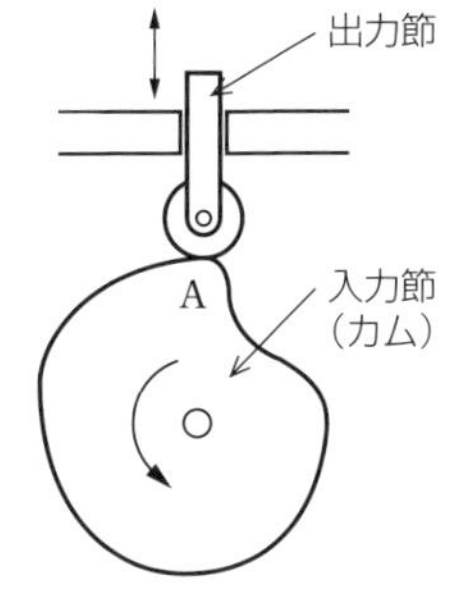

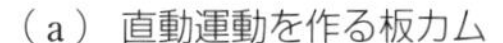
（a）直動運動を作る板カム

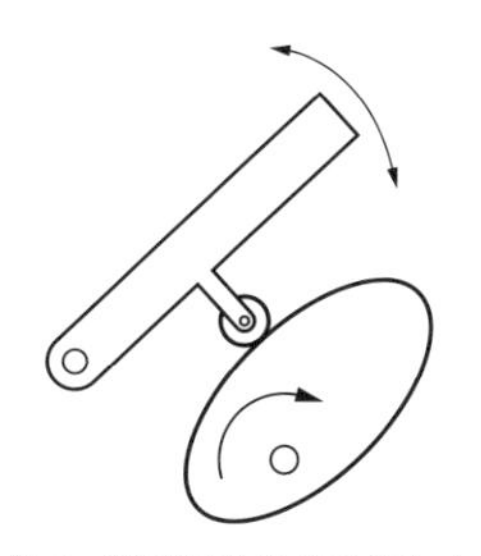
（b）揺動運動を作る板カム

図6·20　板カム

表6·3　カムの分類

<table>
<tr><th colspan="2">カムの種類</th><th>カムの運動</th><th>出力節の運動</th></tr>
<tr><td rowspan="3">平面カム</td><td>平板カム</td><td>直動運動</td><td>直動運動
揺動運動</td></tr>
<tr><td>板カム</td><td>回転運動</td><td>直動運動</td></tr>
<tr><td>溝カム</td><td>直動運動
回転運動</td><td>揺動運動
間欠運動</td></tr>
<tr><td rowspan="3">立体カム</td><td>端面カム</td><td rowspan="3">回転運動</td><td>直動運動</td></tr>
<tr><td>円筒溝カム</td><td>揺動運動</td></tr>
<tr><td>リブカム</td><td>間欠運動</td></tr>
</table>

なってくると，出力節がカムから離れてしまうなどの問題が起こる．溝カムでは，カム表面に溝を設けて，ローラーなどの出力節の先端はその溝の中にはまり込む構造にして拘束し，この問題を解決している．

図 6·21 に，溝カムを含む各種のカムの例を示す．

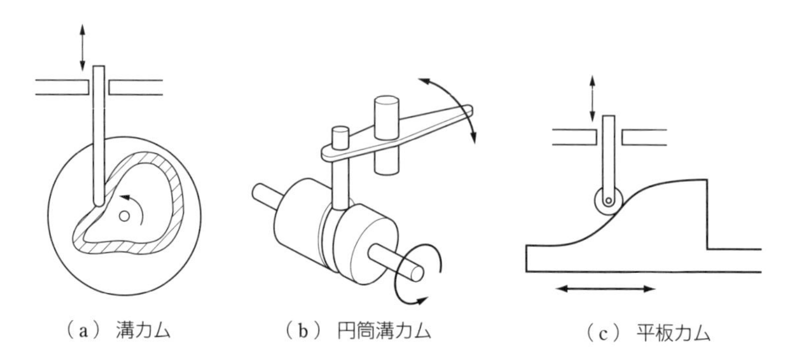

図 6・21　種々のカム

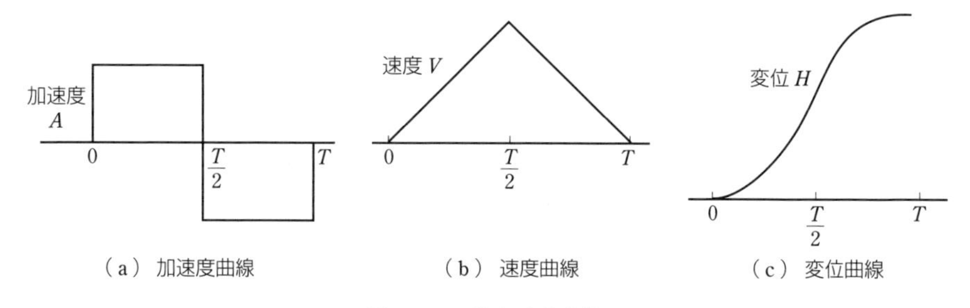

図 6・22　等加速度曲線

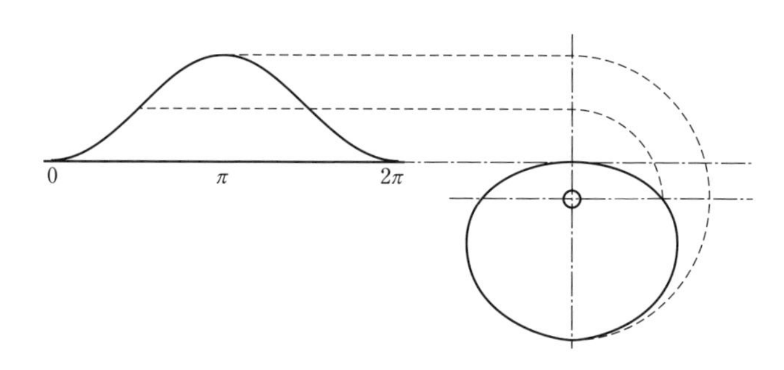

図 6・23　板カムの輪郭

カム機構においては，出力節がどのような曲線を描いて運動するのか（運動させるのか）が重要であり，この曲線を**カム曲線**と呼ぶ．カムの輪郭（外形）は，カム曲線によって決まるが，カム曲線そのものとカムの輪郭は異なることに注意する．

図 6·22 は代表的なカム曲線の一つで**等加速度曲線**と呼ばれる．等加速度曲線では，加速度 A が 1 周期の前半と後半で符号の異なる一定値を保つ．変位 H は図 (c) のようになるので，これを板カムで製作するには図 **6·23** のように輪郭を設計する．

カムは任意の運動を実現できる機構であるが，リンク機構と同様に，一度作られたら，その運動を変更することはできない．

6·6 ボールねじ

ねじ送り機構は，ねじを回転させることにより，ナットを直動運動させる（**図 6·24**）．ねじのピッチを p，ねじ軸の回転角を θ とすると，ナットの移動距離 l は

$$l = \frac{p\theta}{2\pi}$$

である．

ボールねじはねじ送り機構の一種で，おねじ，めねじの溝の間に鋼球（ボール）を入れ，ボールの転がり運動でナットを移動させる．転がり運動を用いているため摩擦は小さく，高い伝動効率（0.9 程度）を実現できる．ボールは**図 6·25** のようにナットの内部を循環している．

ボールねじは高い位置決め精度を実現できるため，精密機械においてよく用い

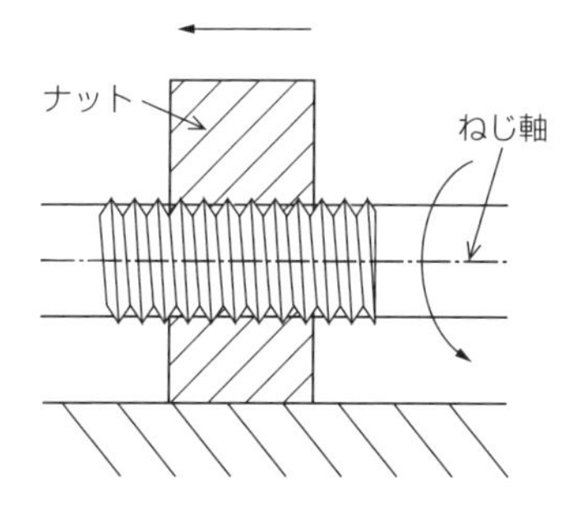

図 6·24　ねじ送り機構（滑りねじ）

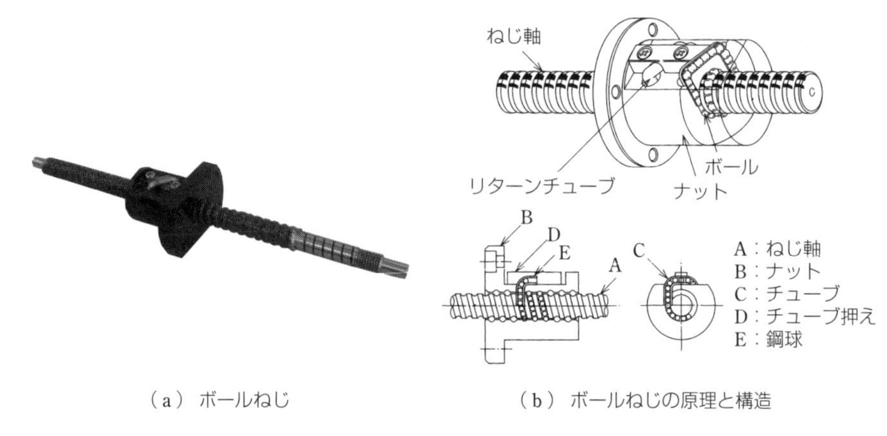

（a）ボールねじ　（b）ボールねじの原理と構造

図6·25　ボールねじとボールの循環

られている．工作機械や計測器などの産業用機械はもちろん，コピー機などのオフィス機器や，プリンタなどのコンピュータ周辺機器などでも見かける．

6·7　軸と軸受

軸と**軸受**（ベアリング）は，機械の中で回転と動力を伝えるための重要な要素である．軸は，その使われ方で**表6·4**のように分類できる．

軸受は，摩擦を低減してなめらかな回転を実現し，軸を保持するために必要不可欠な要素であり，その構造により滑り軸受と転がり軸受に分類される．

1　滑り軸受

軸受と接触している軸の部分を**ジャーナル**と呼ぶ．**滑り軸受**では，軸受とジャーナルの接触面に油やグリースなどの潤滑膜を作ってなめらかな回転をさせる．ジャーナルの磨耗を防ぐために，軸受本体との間に**ブシュ**を用いたりする．

滑り軸受は使用される箇所に応じて設計されることも多い．軸との接触部分には，耐摩耗性に優れ，焼き付きにくい材料を用いることが必要である．多くの場合は金属であるが，低速，軽荷重な用途ではナイロンなどの非金属材料が用いられることもある．

軸受の外部から圧力をかけた油を供給する滑り軸受を特に**静圧軸受**と呼ぶ．静圧軸受は回転精度が高く，支持できる荷重も大きい．油の代わりに空気を供給す

表 6·4　軸と使われ方

軸	機　能	受ける力
伝動軸	軸自体が回転して動力を伝達する	ねじり，曲げ
車軸	軸自体は回転せず，軸の周りを物体が回転する	曲げ

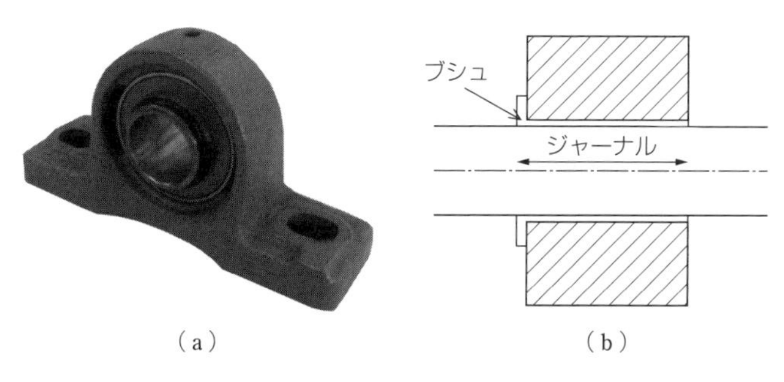

（a）　（b）

図 6·26　滑り軸受

るものもあり，これは**静圧空気軸受**と呼ばれ，摩擦が小さいという特徴がある．

② 転 が り 軸 受

鋼球やころの転がりによって回転をなめらかにしている軸受を**転がり軸受**という．転がり軸受は，**図 6·27**（b）のように内輪と外輪，その間にある鋼球やころのような転動体，保持器から構成されている．転動体の形状にはさまざまなものがあり，また 1 列ではなくて，2 列の転動体をもった軸受もある．一般に転動体が球状である玉軸受は摩擦が小さく，高速回転に適し，転動体が円筒もしくは円錐状であるころ軸受は大荷重を支えるために用いられる．

転がり軸受は形式，内径などが JIS により標準化され市販されているので，特殊な場合を除いて機械に合わせて独自に設計することはまれである．

軸受を選択あるいは設計する際には，その軸受で支える荷重の方向をまず考えなければならない．市販の転がり軸受を用いるとき，軸線方向の力を受ける**スラスト軸受**（図 6·27（a））と半径方向の力を受ける**ラジアル軸受**（図 6·27（b））を混同してはならない．また，軸と軸受，軸受と機械本体とのはめあいには注意する．はめあいについての詳細な説明は割愛するが，過度にゆるければ振動や発熱の原因となり，軸や機械の破壊にまでいたることは想像できるだろう．市販の転

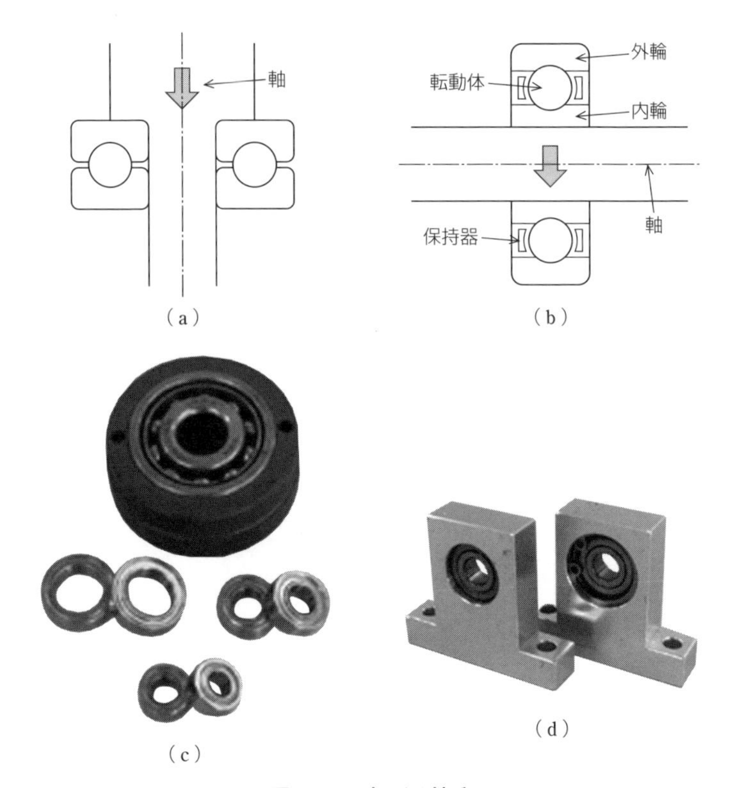

図 6・27　転がり軸受

がり軸受の場合，製造メーカーが軸と軸受の適切なはめあいを指定しているので，それを守ればよい．

潤滑膜が必要な滑り軸受はもとより，転がり軸受でも軸と軸受の接触部には適切な潤滑を行って摩擦を軽減する必要がある．潤滑が十分行われないと，摩擦が増大し，磨耗や焼き付きなどの問題が発生する．また潤滑には接触面の冷却，さび止めなどの効果もある．

3　軸　継　手

軸と軸の連結や，モータなどのアクチュエータの出力軸と軸との接続には軸継手（カップリング）を用いる．径の小さい軸では**図 6・28**（a），（b）のような**軸継手**が，大径の軸では図（c）のような継手が用いられる．2 軸の中心線が一致しないような配置では，図（d）のような**自在継手（ユニバーサルジョイント）**が用いられる．自在継手を用いると2軸がある角度を保ったまま回転を伝達することができるが，一般には交差角度は30°程度までにとどめる．

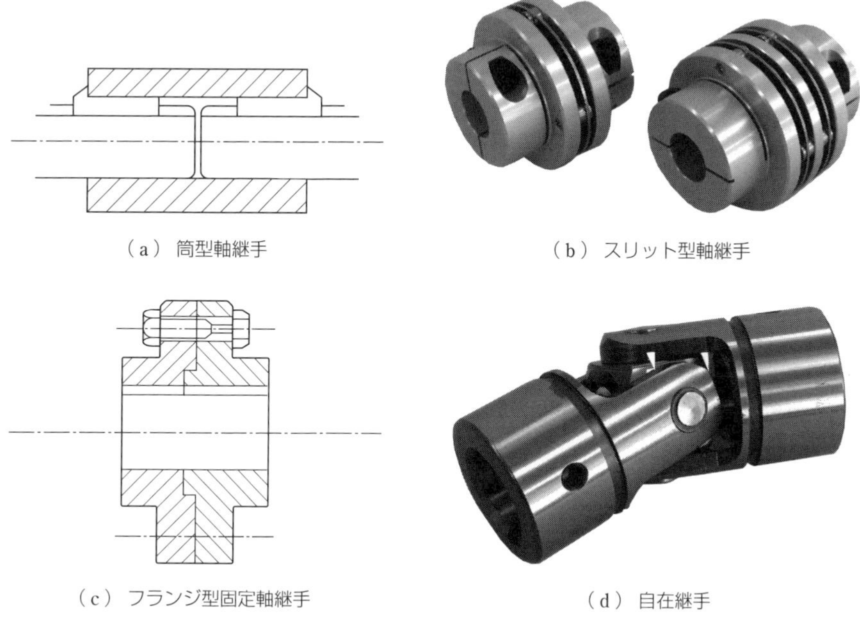

（a） 筒型軸継手

（b） スリット型軸継手

（c） フランジ型固定軸継手

（d） 自在継手

図 6・28 軸継手

（a） スリット型軸継手

（b） 自在継手

図 6・29 軸継手の使用例

演習問題

【6.1】 式（6･11）で表せるように，歯車伝動機構の伝達効率は1ではない．これはなぜか．また失われるエネルギーは何になって消費されるのか考えよ．

【6.2】 図のような歯車の組合せで，歯車1をトルクT，角速度ωで駆動するとき，歯車4でのトルクと角速度はどうなるか求めよ．ただし，各歯車の歯数をZ_1，Z_2，Z_3，Z_4とし，各歯車間の伝達効率はすべてηとする．

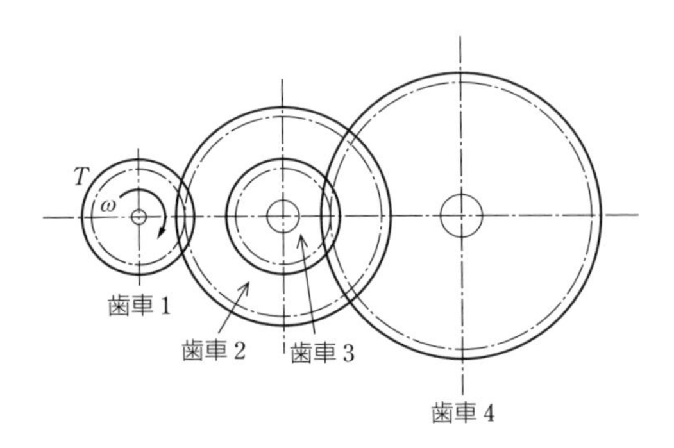

【6.3】 適当なピッチ円直径を決め，インボリュート歯形を描いてみよ．

【6.4】 図のようなリンク機構で，節1を入力節として回転させたとき，節3の先端A点の動く軌跡を図示してみよ．ただし節1～4の長さをそれぞれ，40，80，60，70とする．

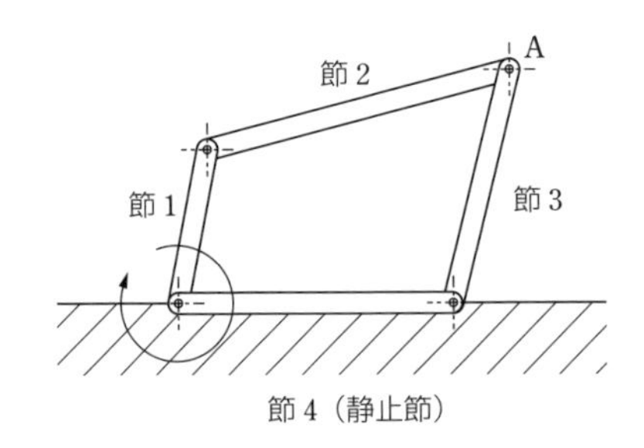

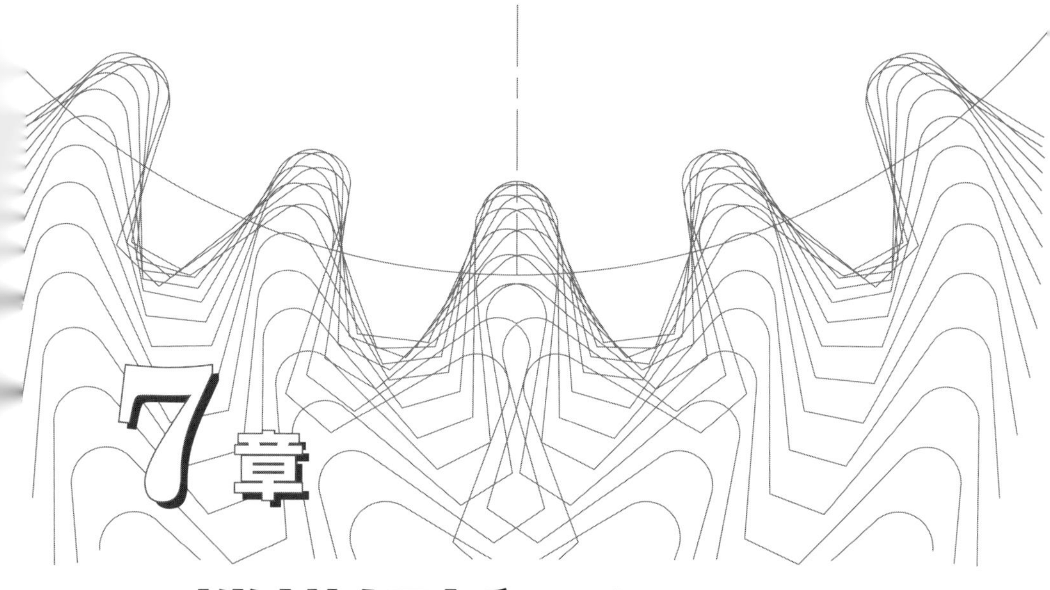

7章 機構解析のための数学的基礎

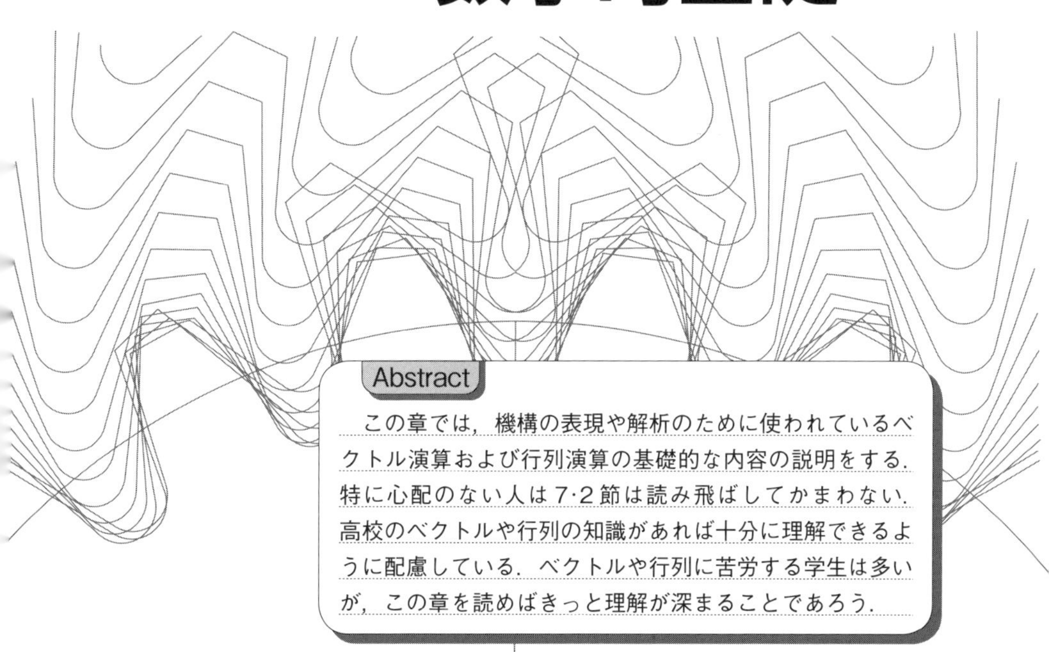

Abstract

この章では，機構の表現や解析のために使われているベクトル演算および行列演算の基礎的な内容の説明をする．特に心配のない人は7·2節は読み飛ばしてかまわない．高校のベクトルや行列の知識があれば十分に理解できるように配慮している．ベクトルや行列に苦労する学生は多いが，この章を読めばきっと理解が深まることであろう．

7･1　位置姿勢の表現

ロボットにはいろいろな機構がある．直角座標型，極座標型などがあることはすでに学習した．それらは関節の種類の組合せ方が違うが，ロボット先端の位置を表すのに

・関節の角度や位置をそのまま使う方法

・*XYZ* 座標を使う方法

の二つの方法がある．

位置というと *XYZ* の直角座標を使うだけと思うかもしれないが，ロボットの関節の角度や位置（関節角という）を指定すれば先端の場所が決まるので，このほうがロボットの制御をするときには直接的である．ロボットの先端の位置姿勢を決定したとき，直角座標による表現と関節角による表現には1対多の写像関係があることはすでに学習した．

直角座標として，*XYZ* の位置（x　y　z）の三つのパラメータだけではなくて，X 軸周りの回転，Y 軸周りの回転，Z 軸周りの回転があるので，それらの角度を（α β γ）で表せば，3次元空間内で位置ベクトルを表すには（x y z α β γ）の六つのパラメータが必要になることがわかる．腕型ロボットや脚型ロボットでは，この表現が必要である．

一方，2次元平面内で位置ベクトルを表すには（x　y）の二つのパラメータに加えて，姿勢角（方向）を示すパラメータ θ が必要で，（x　y　θ）の三つのパラメータが必要である．平面を動き回る車輪型移動ロボットではこの表現が必要である．このようなパラメータの数は空間の自由度と呼ばれる．なお，念のため記すと，使う記号は別の記号でもよい．

7･2　ベクトルと行列

この本の読者は，ベクトルと行列について一度は習ったことがあるはずである．ただ苦戦する人が多いのも事実である．この節では，できるだけロボットの世界でどのように使われるのかを意識しながら，その意味と使い方を説明したい．必要に応じて線形代数の本を読み返すとよい．

1 ベクトル

位置ベクトルや速度ベクトルを表現するときには，参照している座標系の座標値を順番に並べて $(x\ y\ z)$，$(x\ y\ z\ \alpha\ \beta\ \gamma)$，$(r\ \theta\ \varphi)$，$(v_x\ v_y\ v_z)$ のように書く．これは行ベクトルによる表現で，横方向に数値を並べたものである．列ベクトルで表現すると

$$\begin{pmatrix} x \\ y \\ z \end{pmatrix}, \quad \begin{pmatrix} r \\ \theta \\ \varphi \end{pmatrix}$$

のように縦方向に数値が並ぶ．ロボットの世界では，位置ベクトルは列ベクトルで表すことが多い．行ベクトルも列ベクトルも，数値や記号を並べてそれをひとまとまりにしたものである†．なお，座標値を表すときには (x, y) のようにコンマを使って表記するが，行列やベクトルではコンマは使わない．

ただ，列ベクトルを使うと印刷物では余分なスペースができるので，スペースを節約するために $(x\ y\ z)^T$ と書くことが多い．添え字の T は転置（transpose）を表し，行列の行と列を入れ替える操作を表す．すなわち，転置を使うと，列ベクトルを行ベクトルで表すことができる．行ベクトルの転置は当然，列ベクトルになる．

(a) ベクトルの内積

ベクトルの内積は同じ要素どうしを掛けて，後はその結果を足し合わせるという演算である．結果はスカラーになる．内積計算は行ベクトルで与えられていても列ベクトルで考えたほうがわかりやすいので，**図 7·1** を見ながら理解しよう．

列ベクトルで要素を並べた場合，同じ行の要素どうしを掛け，後は上下（列方向）に足せばよい．このように図形的に演算をすれば間違いを減らせる．

$\boldsymbol{a} = \begin{pmatrix} a_1 \\ a_2 \\ a_3 \end{pmatrix}, \quad \boldsymbol{b} = \begin{pmatrix} b_1 \\ b_2 \\ b_3 \end{pmatrix}$ に対して，内積は $\boldsymbol{a}\cdot\boldsymbol{b}$ または $(\boldsymbol{a}, \boldsymbol{b})$ と表記され

$$\boldsymbol{a}\cdot\boldsymbol{b} = (\boldsymbol{a}, \boldsymbol{b}) = a_1 b_1 + a_2 b_2 + a_3 b_3 \tag{7·1}$$

である．

なお，問題が行ベクトルで与えられたときには，二つのベクトルを上下に並べ

† 横方向を行，縦方向を列と呼ぶことになっている．

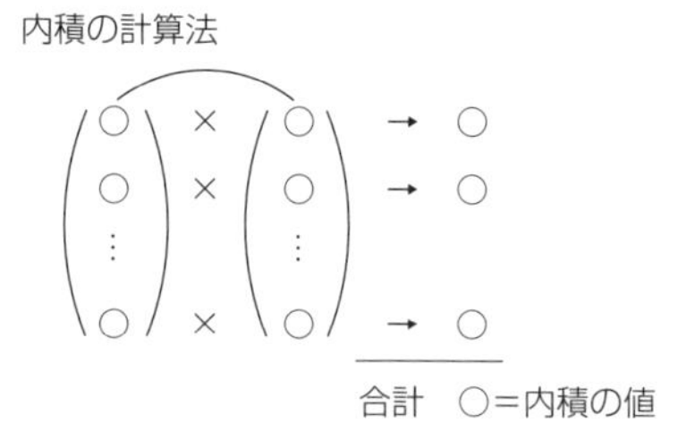

図 7・1　内積の計算法

て，それぞれの要素どうしの掛け算の結果を下に書き，後で足し合わせればよい．

（b）　ベクトルの外積

外積はフレミングの左手の法則や右手の法則，あるいは右ねじの方向といった電磁気学でよく使われる演算である．内積の計算結果はスカラーであるが，外積の計算結果はベクトルとなる．3 要素からなるベクトル

$$\boldsymbol{a}=\begin{pmatrix}a_1\\a_2\\a_3\end{pmatrix},\quad \boldsymbol{b}=\begin{pmatrix}b_1\\b_2\\b_3\end{pmatrix}$$

に対しての外積を計算するとき，外積は $\boldsymbol{a}\times\boldsymbol{b}$ と表記する．この計算においてはまず単位ベクトル $\boldsymbol{e}_1=\begin{pmatrix}1\\0\\0\end{pmatrix}$，$\boldsymbol{e}_2=\begin{pmatrix}0\\1\\0\end{pmatrix}$，$\boldsymbol{e}_3=\begin{pmatrix}0\\0\\1\end{pmatrix}$ を定義したうえで

$$\boldsymbol{a}\times\boldsymbol{b}=\begin{vmatrix}a_2 & b_2\\a_3 & b_3\end{vmatrix}\boldsymbol{e}_1+\begin{vmatrix}a_3 & b_3\\a_1 & b_1\end{vmatrix}\boldsymbol{e}_2+\begin{vmatrix}a_1 & b_1\\a_2 & b_2\end{vmatrix}\boldsymbol{e}_3 \tag{7·2}$$

と計算する．縦棒は行列式を表す．2 × 2 の行列の行列式の計算は，$\begin{vmatrix}a & b\\c & d\end{vmatrix}=ad-bc$ のようになる．外積の計算方法を理解する秘訣を以下に説明する．

（1） $\boldsymbol{e}_1$ の係数は $\begin{vmatrix}a_2 & b_2\\a_3 & b_3\end{vmatrix}$ であることをまず確認する．単位ベクトル $\boldsymbol{e}_1$ の添え字が 1 のときには，与えられたベクトルの第 2 行の要素と第 3 行の要素を並べる．すなわち 1 → 2 → 3 と並べる（**図 7·2**）．

（2） 同様に，単位ベクトル $\boldsymbol{e}_2$ に対しては，添え字 2 に対して，行列式はベクトルの第 3 行と第 1 行の要素を並べる．すなわち 2 → 3 → 1 と並べる．

（3） 同様に，単位ベクトル $\boldsymbol{e}_3$ に対しては，添え字 3 に対して，行列式はベクトルの第 1 行と第 2 行の要素を並べる．すなわち 3 → 1 → 2 と並べる．

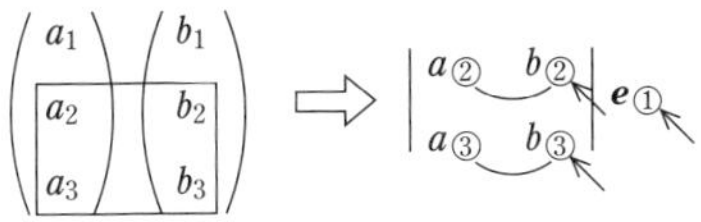

図 7・2　外積の計算法（部分）

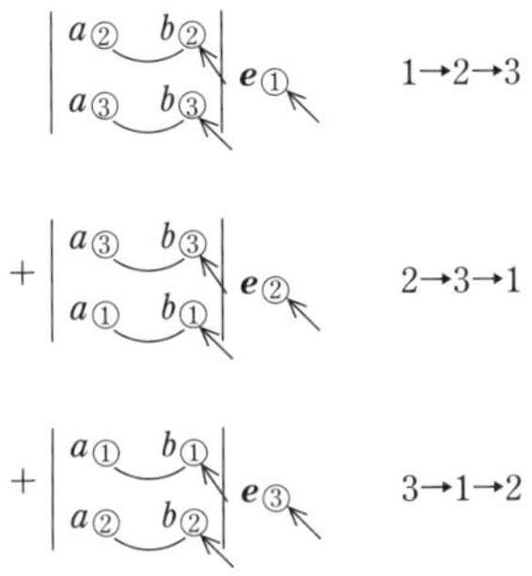

1→2→3

2→3→1

3→1→2

図 7・3　外積の計算法（全体）

(4) 最後に，これらのベクトルを足し合わせる．

図 7·3 は外積の計算法の全体を説明する図である．適用ルールが一定であることを理解してほしい．

例えば，$\boldsymbol{a}=\begin{pmatrix}1\\-1\\3\end{pmatrix}$，　$\boldsymbol{b}=\begin{pmatrix}2\\1\\1\end{pmatrix}$ に対して

$$\boldsymbol{a}\times\boldsymbol{b}=\begin{vmatrix}-1 & 1\\ 3 & 1\end{vmatrix}\boldsymbol{e}_1+\begin{vmatrix}3 & 1\\ 1 & 2\end{vmatrix}\boldsymbol{e}_2+\begin{vmatrix}1 & 2\\ -1 & 1\end{vmatrix}\boldsymbol{e}_3=-4\boldsymbol{e}_1+5\boldsymbol{e}_2+3\boldsymbol{e}_3=\begin{pmatrix}-4\\5\\3\end{pmatrix}$$

である．

なお，ベクトルが行ベクトルで与えられた場合には，単位ベクトルも行ベクトルで表現し，二つのベクトルを上下に並べたうえで，後は同様の計算をすればよい．

2　行　　列

行列 $\boldsymbol{A}$ と行列 $\boldsymbol{B}$ の演算について説明する．説明の例としては 2×2 の行列を用

いて，$\boldsymbol{a}=\begin{pmatrix} a_{11} & a_{12} \\ a_{21} & a_{22} \end{pmatrix}$，$\boldsymbol{b}=\begin{pmatrix} b_{11} & b_{12} \\ b_{21} & b_{22} \end{pmatrix}$ とおく．ロボットの場合には，3×3の行列までが多用されるが，2×2の行列が基本なので，まずは2×2の行列の演算を確実に理解しておこう．添え字の2桁は i 行 j 列を表す（たとえば a_{12} は1行2列要素となる）．$\boldsymbol{A}$ の（i, j）要素を a_{ij} と書いて，行列全体を $\boldsymbol{A}=\{a_{ij}\}$ のように書くことがある．これは要素が数値ではなくて記号として表現されるときに用いられる．この添え字の表現に慣れておくと，行列の計算をプログラム言語で書くときに有利である．

行列の和は同じ要素どうしを足すことである．

$$\boldsymbol{A}+\boldsymbol{B}=\begin{pmatrix} a_{11} & a_{12} \\ a_{21} & a_{22} \end{pmatrix}+\begin{pmatrix} b_{11} & b_{12} \\ b_{21} & b_{22} \end{pmatrix}=\begin{pmatrix} a_{11}+b_{11} & a_{12}+b_{12} \\ a_{21}+b_{21} & a_{22}+b_{22} \end{pmatrix} \tag{7·3}$$

この結果から，足し算の順番を変えても結果は変わらないことがわかる．

$$\boldsymbol{A}+\boldsymbol{B}=\boldsymbol{B}+\boldsymbol{A} \tag{7·4}$$

行列の積は注意が必要である．まず，掛け算の計算ができるかどうかを確認しよう．行列 $\boldsymbol{A}$ が l 行 m 列で，行列 $\boldsymbol{B}$ が m 行 n 列の場合にのみ積の計算ができる．すなわち「積の左側の行列の列の数」と「積の右側の行列の行の数」が一致している必要がある．積の結果の行列 $\boldsymbol{AB}=\boldsymbol{C}$ は l 行 n 列になる．

（l 行 $\underline{m\text{ 列}}$の行列）×（$\underline{m\text{ 行}}$ n 列の行列）=（l 行 n 列の行列）

つまり行列の積の定義は以下のようになる．

$$c_{ij}=\sum_{k=1}^{m} a_{ik}\,b_{kj} \tag{7·5}$$

しかし，これはわかりやすい表現ではないだろう．慣れが必要である．そこで，**図7·4**に示すように，計算の定義を図形的にイメージしよう．

行列 $\boldsymbol{A}$ の i 行と行列 $\boldsymbol{B}$ の j 列を抜き出して**図7·5**のように縦に並べてみると，ちょうど内積と同じような計算をすることによって，c_{ij} の値が求められる．

例えば $\boldsymbol{C}=\boldsymbol{AB}$ の（2，1）要素を計算するには，左側の行列 $\boldsymbol{A}$ の2行目と右側の行列 $\boldsymbol{B}$ の1列目に注目して，

$$a_{21}b_{11}+a_{22}b_{21}$$

となる．この計算で a の添え字の左側は常に2（（2，1）要素の2），b の添え字の右側が常に1（（2，1）要素の1）になっていることがわかればよい．

結果として，積の演算は

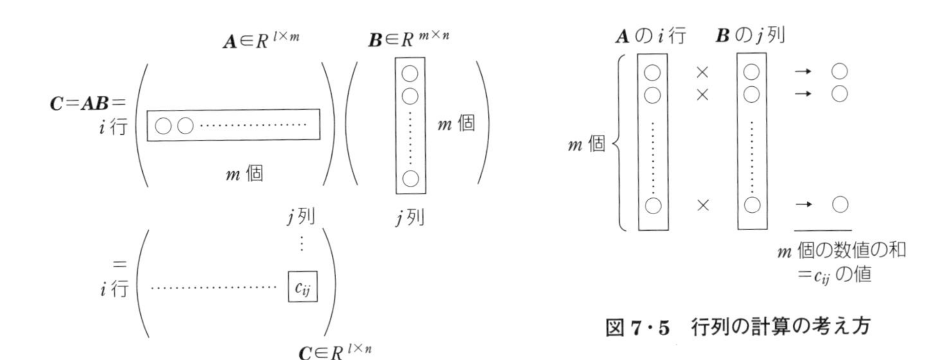

図 7・5　行列の計算の考え方

図 7・4　行列の積の計算の定義

$$AB = \begin{pmatrix} a_{11} & a_{12} \\ a_{21} & a_{22} \end{pmatrix} \begin{pmatrix} b_{11} & b_{12} \\ b_{21} & b_{22} \end{pmatrix} = \begin{pmatrix} a_{11}b_{11}+a_{12}b_{21} & a_{11}b_{12}+a_{12}b_{22} \\ a_{21}b_{11}+a_{22}b_{21} & a_{21}b_{12}+a_{22}b_{22} \end{pmatrix} \tag{7·6}$$

となる．同様に積 $\boldsymbol{BA}$ の計算をすると

$$BA = \begin{pmatrix} b_{11} & b_{12} \\ b_{21} & b_{22} \end{pmatrix} \begin{pmatrix} a_{11} & a_{12} \\ a_{21} & a_{22} \end{pmatrix} = \begin{pmatrix} b_{11}a_{11}+b_{12}a_{21} & b_{11}a_{12}+b_{12}a_{22} \\ b_{21}a_{11}+b_{22}a_{21} & b_{21}a_{12}+b_{22}a_{22} \end{pmatrix} \tag{7·7}$$

となり，$\boldsymbol{AB} \neq \boldsymbol{BA}$ であることが確認できる．すなわち，行列の積において掛け算の順番を変えると結果が異なることが確認できる．数学的には「行列の積においては必ずしも交換法則は成立しない」と表現される．

また，すでに述べたベクトルの内積は，図 7·4 および図 7·5 を参考にすると，ベクトル $\boldsymbol{a}$，$\boldsymbol{b}$ を列ベクトルとするとき

$$\boldsymbol{a}\cdot\boldsymbol{b} = \boldsymbol{a}^T\boldsymbol{b} = \boldsymbol{b}^T\boldsymbol{a} \tag{7·8}$$

と表現できることがわかる．つまり，ベクトルは行列の一部と考えればよい．また，行列の積の転置行列 $(\boldsymbol{AB})^T$ は以下のように定義される．転置すると積の順番が逆になることに注意しよう．

$$(\boldsymbol{AB})^T = \boldsymbol{B}^T\boldsymbol{A}^T \tag{7·9}$$

【例題 7-1】

行列 $\boldsymbol{A} = \begin{pmatrix} 3 & 2 \\ -1 & 0 \end{pmatrix}$ と行列 $\boldsymbol{B} = \begin{pmatrix} -4 & 1 \\ 5 & 2 \end{pmatrix}$ に対して，積 $\boldsymbol{AB}$ と $\boldsymbol{BA}$ を計算し，交換法則が成立しないことを確認せよ．

【解】　$\boldsymbol{AB}=\begin{pmatrix}-2 & 7\\ 4 & -1\end{pmatrix}$，$\boldsymbol{BA}=\begin{pmatrix}-13 & -8\\ 13 & 10\end{pmatrix}$ となり，$\boldsymbol{AB}\neq\boldsymbol{BA}$ となるため交換法則は成立しない．

【例題 7-2】

前と同じ行列に対して転置行列 $\boldsymbol{A}^T$，$\boldsymbol{B}^T$ を計算し，次に $(\boldsymbol{AB})^T$，$\boldsymbol{A}^T\boldsymbol{B}^T$ および $\boldsymbol{B}^T\boldsymbol{A}^T$ を計算して，$(\boldsymbol{AB})^T=\boldsymbol{B}^T\boldsymbol{A}^T$ が成立することを確認せよ．

【解】　$\boldsymbol{A}^T=\begin{pmatrix}3 & -1\\ 2 & 0\end{pmatrix}$，$\boldsymbol{B}^T=\begin{pmatrix}-4 & 5\\ 1 & 2\end{pmatrix}$，$(\boldsymbol{AB})^T=\begin{pmatrix}-2 & 4\\ 7 & -1\end{pmatrix}$，$\boldsymbol{A}^T\boldsymbol{B}^T=\begin{pmatrix}-13 & 13\\ -8 & 10\end{pmatrix}$，

$\boldsymbol{B}^T\boldsymbol{A}^T=\begin{pmatrix}-2 & 4\\ 7 & -1\end{pmatrix}$ となるので，$(\boldsymbol{AB})^T=\boldsymbol{B}^T\boldsymbol{A}^T$ が成立する．

【例題 7-3】

列ベクトル $\boldsymbol{a}=\begin{pmatrix}1\\ 2\end{pmatrix}$ と $\boldsymbol{b}=\begin{pmatrix}-2\\ 2\end{pmatrix}$ に対し内積 $\boldsymbol{a}\cdot\boldsymbol{b}$ と転置ベクトル $\boldsymbol{a}^T$，$\boldsymbol{b}^T$ を計算し，次に $\boldsymbol{a}^T\boldsymbol{b}$，$\boldsymbol{b}^T\boldsymbol{a}$ を計算して，$\boldsymbol{a}\cdot\boldsymbol{b}=\boldsymbol{a}^T\boldsymbol{b}=\boldsymbol{b}^T\boldsymbol{a}$ が成立することを確認せよ．

【解】　$\boldsymbol{a}\cdot\boldsymbol{b}=2$，$\boldsymbol{a}^T=(1\ \ 2)$，$\boldsymbol{b}^T=(-2\ \ 2)$，$\boldsymbol{a}^T\boldsymbol{b}=2$，$\boldsymbol{b}^T\boldsymbol{a}=2$ となり，$\boldsymbol{a}\cdot\boldsymbol{b}=\boldsymbol{a}^T\boldsymbol{b}=\boldsymbol{b}^T\boldsymbol{a}$ が成立する．

3　逆　行　列

この本の読者はすでに大学の基礎教育において逆行列について学んでいると思われるので，逆行列の概念に関してじゅうぶんに理解がされている場合にはこの部分はスキップしてよい．

まず，一般的な逆変換についての説明から始める．スカラー変数 x, y に対して，スカラー定数 a を用いて

$$y=ax$$

という変換があるとする，この逆変換をすると，a が 0 でなければ

$$x=\frac{1}{a}y=a^{-1}y$$

となる．つまり a^{-1} を掛けることは逆変換を施すことを表す．

行列でも同様に，行列 $\boldsymbol{X}$，$\boldsymbol{Y}$ に対して行列 $\boldsymbol{A}$ を用いて

$$\boldsymbol{Y}=\boldsymbol{AX}$$

という関係式があるとすると，もし行列 $\boldsymbol{A}$ に逆行列が存在すれば

$$\boldsymbol{X}=\boldsymbol{A}^{-1}\boldsymbol{Y}$$

となる．行列 $\boldsymbol{A}^{-1}$ を掛けることは逆変換を施すことを表す．スカラー変数の場合でも行列の操作でも，逆変換の表記はマイナス１乗であり，概念も同様である．

次に計算方法について確認する．2×2 の行列 $\boldsymbol{A}$ が

$$\boldsymbol{A}=\begin{pmatrix} a & b \\ c & d \end{pmatrix}$$

のようになっているとき，**逆行列** $\boldsymbol{A}^{-1}$ は

$$\boldsymbol{A}^{-1}=\frac{1}{ad-bc}\begin{pmatrix} d & -b \\ -c & a \end{pmatrix}$$

と定義される．$ad-bc$ は**行列式**である．行列式は英語で determinant というので，$\det(\boldsymbol{A})$ とか $|\boldsymbol{A}|$ のように表記される．

【例題 7-4】

行列 $\boldsymbol{A}$ とその逆行列 $\boldsymbol{A}^{-1}$ の積 $\boldsymbol{A}\boldsymbol{A}^{-1}$，$\boldsymbol{A}^{-1}\boldsymbol{A}$ が共に単位行列になることを確認せよ．

【解】 省略.

【例題 7-5】

次の行列の逆行列を計算せよ．答えを求めたら必ず元の行列と掛け算をして単位行列になるかどうかを検算しよう．

(1) $\begin{pmatrix} 1 & 3 \\ 2 & 4 \end{pmatrix}$ (2) $\begin{pmatrix} p & q \\ r & s \end{pmatrix}$ (3) $\begin{pmatrix} \cos\theta & -\sin\theta \\ \sin\theta & \cos\theta \end{pmatrix}$

【解】

(1) $\begin{pmatrix} -2 & \frac{2}{3} \\ 1 & -\frac{1}{2} \end{pmatrix}$ (2) $\dfrac{1}{ps-qr}\begin{pmatrix} s & -q \\ -r & p \end{pmatrix}$ (3) $\begin{pmatrix} \cos\theta & \sin\theta \\ -\sin\theta & \cos\theta \end{pmatrix}$

なお，3×3 の行列の逆行列の求め方についてはここでは省略し，専門書に説明を譲る。ロボット応用の場合には実際には自分で逆行列を求めることは少なく，プログラム言語を使う場合には行列のライブラリーを使い，また MATLAB や Mathematica といった行列処理がパッケージになったツールを用いることが多いので特に心配は要らない．ただ，一度は計算方法を学んでおくことをおすすめする．少なくとも 2×2 の行列に関しては計算ミスしない程度にまでトレーニングしておくこと．

4 一 次 変 換

あるベクトル $\boldsymbol{x}$ と行列 $\boldsymbol{A}$ に対して $\boldsymbol{x}'=\boldsymbol{A}\boldsymbol{x}$ の計算によって，ベクトル $\boldsymbol{x}$ がベク

トル x' に変換（数学用語で**写像**という）されるとき，これを**一次変換**（または**線形変換**，**線形写像**）と呼ぶ．これを2次元平面で確かめてみよう．

最初に，線対称と点対称の変換を考えてみる．

図 7·6 に示すように，2次元平面で X 軸対称に移動する場合，(x, y) が (x', y') に変換されるとすると

$$x' = x$$

$$y' = -y$$

であるので，これを

$$x' = 1x + 0y$$

$$y' = 0x - 1y$$

とみなして

$$\begin{pmatrix} x' \\ y' \end{pmatrix} = \begin{pmatrix} 1 & 0 \\ 0 & -1 \end{pmatrix} \begin{pmatrix} x \\ y \end{pmatrix} \tag{7·10}$$

と表現できる．

同様に，Y 軸に関しての線対称の移動であれば

$$\begin{pmatrix} x' \\ y' \end{pmatrix} = \begin{pmatrix} -1 & 0 \\ 0 & 1 \end{pmatrix} \begin{pmatrix} x \\ y \end{pmatrix} \tag{7·11}$$

となり，原点に関しての点対称であれば

$$\begin{pmatrix} x' \\ y' \end{pmatrix} = \begin{pmatrix} -1 & 0 \\ 0 & -1 \end{pmatrix} \begin{pmatrix} x \\ y \end{pmatrix} \tag{7·12}$$

となる．以上から，線対称も点対称も行列を使って表記できることが確認できた．

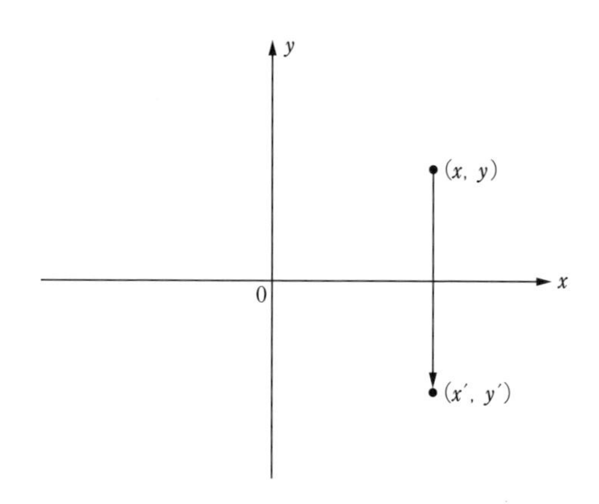

図 7·6　X 軸に関して線対称の移動

次に拡大・縮小の変換を考える．原点からの距離が n 倍になる変換は

$$\begin{pmatrix} x' \\ y' \end{pmatrix} = \begin{pmatrix} n & 0 \\ 0 & n \end{pmatrix} \begin{pmatrix} x \\ y \end{pmatrix} \tag{7·13}$$

となる．係数 n が 1 より大きければ原点からの距離が拡大し，1 より小さければ原点に近づく．

次に，ロボットで多用される回転変換について考えてみる．原点に関して角度 θ の回転をする変換（**図 7·7**）を考えることが基本である．

ここでは幾何的な解法を示す（次節では別解としてベクトルでの解法を示す）．まず，原点までの距離 r をそれぞれの座標値で表すと

$$r = \sqrt{x^2 + y^2} = \sqrt{x'^2 + y'^2} \tag{7·14}$$

となる．補助的に角度 α を図のように定義すると

$$x = r\cos\alpha$$

$$y = r\sin\alpha$$

$$x' = r\cos(\theta + \alpha)$$

$$y' = r\sin(\theta + \alpha)$$

であるので，三角関数の加法定理を用いることで

$$x' = r\cos(\theta + \alpha) = r\cos\theta\cos\alpha - r\sin\theta\sin\alpha = x\cos\theta - y\sin\theta$$

$$y' = r\sin(\theta + \alpha) = r\sin\theta\cos\alpha + r\cos\theta\sin\alpha = x\sin\theta + y\cos\theta$$

と変形できるので

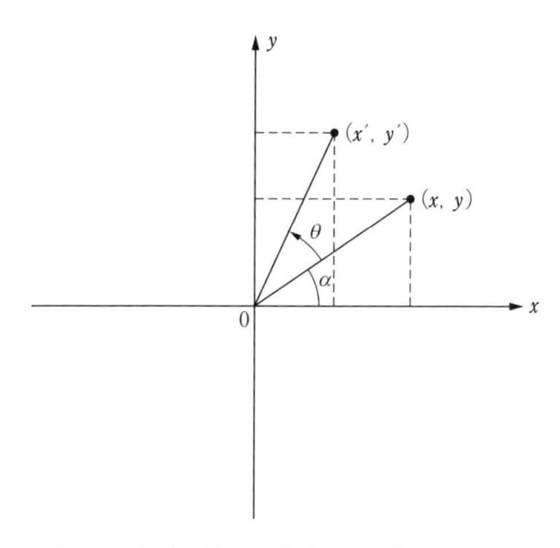

図 7·7　原点に関して角度 θ の回転をする変換

$$\begin{pmatrix} x' \\ y' \end{pmatrix} = \begin{pmatrix} \cos\theta & -\sin\theta \\ \sin\theta & \cos\theta \end{pmatrix} \begin{pmatrix} x \\ y \end{pmatrix} \tag{7·15}$$

と導くことができる．

以上から，一次変換とは，行列の掛け算で表現できることが理解できる．数学的には別の空間への写像ということなのであるが，ロボットにおける一次変換は平面内もしくは空間内での移動とみなすのがわかりやすい．

7·3 並進変換と回転変換

1 点の並進移動

ここからはロボットでよく使われる行列演算について説明する．まずは，点の並進移動から説明する．

X 軸成分が p，Y 軸成分が q だけ並進運動するときに座標値が (x, y) から (x', y') に変化したとすると

$$\begin{pmatrix} x' \\ y' \end{pmatrix} = \begin{pmatrix} x+p \\ y+q \end{pmatrix} = \begin{pmatrix} x \\ y \end{pmatrix} + \begin{pmatrix} p \\ q \end{pmatrix} \tag{7·16}$$

となる．これは前述のような一次変換にはならないことに注意しよう．

2 点の回転運動

点が原点周りに θ だけ回転すると

$$\begin{pmatrix} x' \\ y' \end{pmatrix} = \begin{pmatrix} \cos\theta & -\sin\theta \\ \sin\theta & \cos\theta \end{pmatrix} \begin{pmatrix} x \\ y \end{pmatrix} \tag{7·17}$$

のように変換される．平面での回転変換を

$$\boldsymbol{R}(\theta) = \begin{pmatrix} \cos\theta & -\sin\theta \\ \sin\theta & \cos\theta \end{pmatrix} \tag{7·18}$$

と書くとすると，逆方向の回転変換 $\boldsymbol{R}(-\theta)$ はどうなるか．θ のところを $-\theta$ に置き換えればよいので

$$\boldsymbol{R}(-\theta) = \begin{pmatrix} \cos(-\theta) & -\sin(-\theta) \\ \sin(-\theta) & \cos(-\theta) \end{pmatrix} \tag{7·19}$$

となり，$\cos(-\theta) = \cos\theta$，$\sin(-\theta) = -\sin\theta$ なので

$$\boldsymbol{R}(-\theta)=\begin{pmatrix}\cos\theta & \sin\theta \\ -\sin\theta & \cos\theta\end{pmatrix} \tag{7·20}$$

となる．これは逆方向にθ回転するのだから，θ回転した後で$-\theta$回転する操作は元の位置に戻るので，$\boldsymbol{R}(\theta)$ と$\boldsymbol{R}(-\theta)$ の積は単位行列となる．すなわち，$\boldsymbol{R}(-\theta)=\boldsymbol{R}(\theta)^{-1}$である．また元の$\boldsymbol{R}(\theta)$ と比べると$\boldsymbol{R}(\theta)$ の転置行列になっていることがわかる．すなわち，回転変換行列に対しては

$$\boldsymbol{R}(-\theta)=\boldsymbol{R}(\theta)^{-1}=\boldsymbol{R}(\theta)^{T} \tag{7·21}$$

が成立する．なお，一般の行列ではこの関係は成立しない．回転変換特有の関係であることに注意しよう．

③ 座標系の並進移動

ロボットの世界では，座標系の移動という表現が出てくる．移動とは並進運動と回転運動であり，この組合せでどんな移動も表現できる．ロボットに搭載したカメラの画像や映像はロボットの座標から見たもので，地面に固定された座標から見ると，ロボットに固定された座標系が動く，ということになる．

まず，並進移動を考える．座標系X-Yでの座標値を$\begin{pmatrix}x \\ y\end{pmatrix}$とし，座標系$X'$-$Y'$での座標値を$\begin{pmatrix}x' \\ y'\end{pmatrix}$とおき，座標系の移動について説明する．

並進移動の場合は**図 7·8** から容易に計算できる．座標系X-YがX方向にp，Y方向にqだけ並進したとして，そのときの座標系X'-Y'で観測すると

$$\begin{pmatrix}x' \\ y'\end{pmatrix}=\begin{pmatrix}x-p \\ y-q\end{pmatrix}=\begin{pmatrix}x \\ y\end{pmatrix}-\begin{pmatrix}p \\ q\end{pmatrix} \tag{7·22}$$

となる．またこれは，足し算の形式で

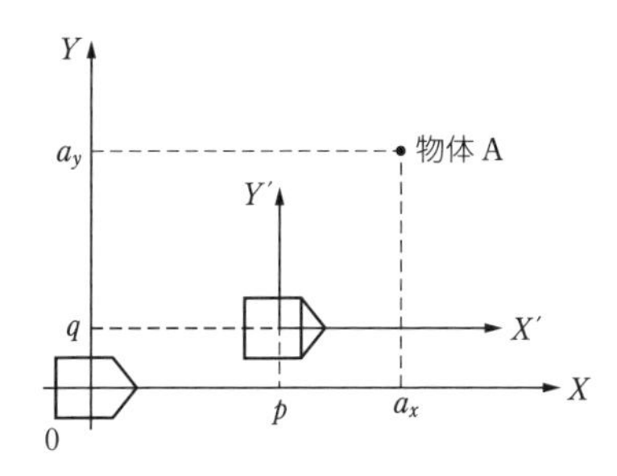

図 7·8　座標系の並進移動

$$\begin{pmatrix} x \\ y \end{pmatrix} = \begin{pmatrix} x' \\ y' \end{pmatrix} + \begin{pmatrix} p \\ q \end{pmatrix} \qquad (7\cdot23)$$

と表すことができる．

④ 座標系の回転移動

回転移動はやや複雑である．**図7·9**に示すように，座標系X-Yがその原点周りにθ回転して座標系X'-Y'が得られたとする．ここで，X軸上の単位ベクトル$\boldsymbol{i} = \begin{pmatrix} 1 \\ 0 \end{pmatrix}$，$Y$軸上の単位ベクトル$\boldsymbol{j} = \begin{pmatrix} 0 \\ 1 \end{pmatrix}$とおくとき，回転によって$\boldsymbol{i}$，$\boldsymbol{j}$はそれぞれ$\boldsymbol{i}' = \begin{pmatrix} \cos\theta \\ \sin\theta \end{pmatrix}$，$\boldsymbol{j}' = \begin{pmatrix} -\sin\theta \\ \cos\theta \end{pmatrix}$に変換される．これは当然ながら$X'$軸の単位ベクトルと$Y'$軸の単位ベクトルであり，互いに独立である．

任意の点は互いに独立な二つのベクトルを用いて表せるので，X-Y座標系で見ると（a　b）の座標値の点は，単位ベクトル$\boldsymbol{i}$と$\boldsymbol{j}$を用いて$a\boldsymbol{i} + b\boldsymbol{j}$と表現できる．同一の点であっても参照する座標系が異なれば座標値は異なり，X'-Y'座標系で見たときの座標値が（a'　b'）であれば，$a'\boldsymbol{i}' + b'\boldsymbol{j}'$と表せる．同一点である条件から等しいとおくと

$$a\boldsymbol{i} + b\boldsymbol{j} = a'\boldsymbol{i}' + b'\boldsymbol{j}' \qquad (7\cdot24)$$

となる．

ベクトルによる位置の表現$a\boldsymbol{i} + b\boldsymbol{j}$は$(\boldsymbol{i}\ \ \boldsymbol{j})\begin{pmatrix} a \\ b \end{pmatrix}$と表現形式を変えることができるので，前の式は

$$(\boldsymbol{i}\ \ \boldsymbol{j})\begin{pmatrix} a \\ b \end{pmatrix} = (\boldsymbol{i}'\ \ \boldsymbol{j}')\begin{pmatrix} a' \\ b' \end{pmatrix} \qquad (7\cdot25)$$

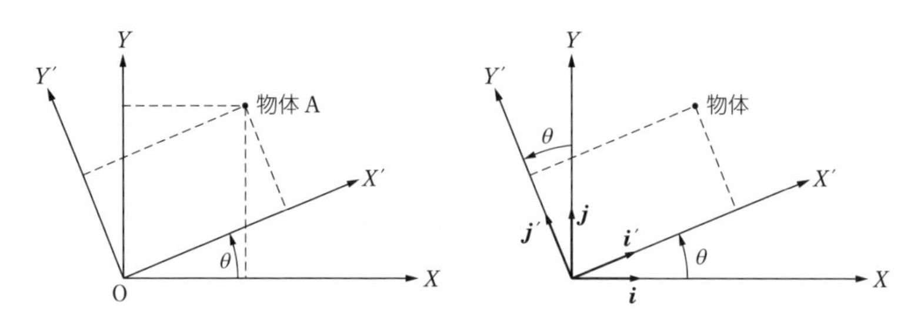

図7·9　座標系の回転

と表せる．ここに単位ベクトルの値を代入してみると

$$\begin{pmatrix} 1 & 0 \\ 0 & 1 \end{pmatrix}\begin{pmatrix} a \\ b \end{pmatrix}=\begin{pmatrix} \cos\theta & -\sin\theta \\ \sin\theta & \cos\theta \end{pmatrix}\begin{pmatrix} a' \\ b' \end{pmatrix} \tag{7·26}$$

となり

$$\begin{pmatrix} a \\ b \end{pmatrix}=\begin{pmatrix} \cos\theta & -\sin\theta \\ \sin\theta & \cos\theta \end{pmatrix}\begin{pmatrix} a' \\ b' \end{pmatrix} \tag{7·27}$$

となる．これは「座標系を回転したときの座標値の変化」を表している．また，この式を変形すると

$$\begin{pmatrix} a' \\ b' \end{pmatrix}=\begin{pmatrix} \cos\theta & \sin\theta \\ -\sin\theta & \cos\theta \end{pmatrix}\begin{pmatrix} a \\ b \end{pmatrix} \tag{7·28}$$

が得られ，座標値の点が原点周りに$-\theta$回転して座標値（a' b'）になったと解釈することができる．この行列をよく見ると，点の回転運動のときと回転方向が逆になっており，互いに逆行列であることがわかる．

この行列の特徴を見てみよう．列方向は座標軸の単位ベクトルとなっていることから長さが1である．すなわち，列方向の要素の2乗和は1になる．さらに行方向の要素の2乗和も1になっている．

点の移動と座標系の移動はちょうど逆符号になっているので，混乱することが多い．ロボットの世界では，座標値を表すときには，絶対的な基準座標だけを用いるのではなく，測定系からの相対座標を用いることが多い．これは，「地上に立ち止まっている人（カメラ）から見た世界」と「ロボットに乗った人（カメラ）から見た世界」を想定するとよい．ロボットには座標系が定義されていて，ロボットが移動するということは座標系が移動するという解釈をする．ロボットが回転すると，ロボット上の人（カメラ）から見たら周りが逆方向に回転したように観測される．同様に，ロボットが前進すると周りが後ろ向きに動いたように観測される．つまり，ロボットからは常に相対運動を観測しているということになる．

ロボットがどのように動いたとしても，元の座標系からの並進量と回転量さえわかれば，ロボット座標で観測した座標値を元の座標系で表現された座標値に変換できる．そこで，ロボットの世界では，点の移動のことは考えずに，座標系の移動のみを扱うほうが実はわかりやすいのである．すなわち，並進の場合も回転の場合も，変換後の座標値をもとに元の座標系で座標値を求めるという形式で表現すると

$$並進：\begin{pmatrix} x \\ y \end{pmatrix} = \begin{pmatrix} x' \\ y' \end{pmatrix} + \begin{pmatrix} p \\ q \end{pmatrix} \tag{7·29}$$

$$回転：\begin{pmatrix} a \\ b \end{pmatrix} = \begin{pmatrix} \cos\theta & -\sin\theta \\ \sin\theta & \cos\theta \end{pmatrix} \begin{pmatrix} a' \\ b' \end{pmatrix} \tag{7·30}$$

となる．

7·4 同次変換行列の導入

前節において，並進はベクトルを足す操作（足し算），回転はベクトルに行列を掛ける操作（掛け算）となっていることを知った．これを同一の形式で表すために，**同次変換行列**を導入する．こうすると，すべて一次変換の形式で（すなわち掛け算で）統一的に表現できる．具体的に見てみよう．

同次変換行列は，平面移動の場合は

$$\left(\begin{array}{cc|c} \cos\theta & -\sin\theta & p \\ \sin\theta & \cos\theta & q \\ \hline 0 & 0 & 1 \end{array}\right) \tag{7·31}$$

という形をしており，左上の 2×2 の小行列が回転成分を表し，右上の 2×1 小行列が並進成分を表している．左下の 1×2 小行列は必ず 0 であり，右下の (3, 3) 要素はロボットの世界では必ず 1 である（**図 7·10**）．同次変換行列は，コンピュータグラフィックスや CAD の世界でも用いられる．

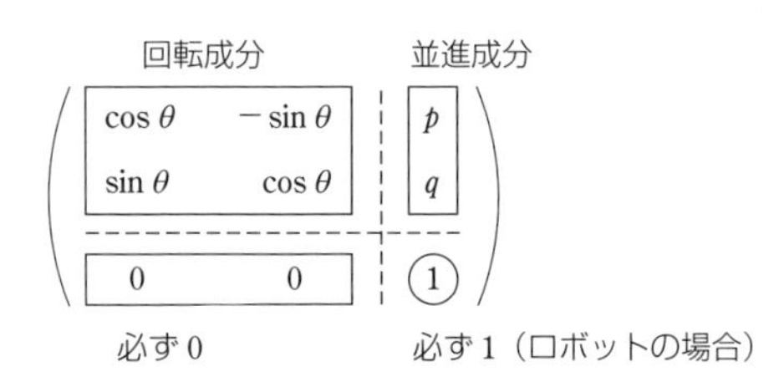

図 7·10　平面幾何の場合の同次変換行列

これを用いて

$$\begin{pmatrix} x \\ y \\ 1 \end{pmatrix} = \begin{pmatrix} \cos\theta & -\sin\theta & p \\ \sin\theta & \cos\theta & q \\ 0 & 0 & 1 \end{pmatrix} \begin{pmatrix} x' \\ y' \\ 1 \end{pmatrix} \tag{7·32}$$

と表す．この際，位置ベクトルを

$$\begin{pmatrix} x \\ y \\ 1 \end{pmatrix} \tag{7·33}$$

のように，3 行目に 1 という要素を付け加えるのを忘れないようにしよう．

この形式を用いると，(p, q) だけ移動する並進変換 Trans (p, q) は

$$\text{Trans}\,(p, q) = \begin{pmatrix} 1 & 0 & p \\ 0 & 1 & q \\ 0 & 0 & 1 \end{pmatrix} \tag{7·34}$$

となり，角度 θ だけ回転する回転変換 Rot (θ) は

$$\text{Rot}\,(\theta) = \begin{pmatrix} \cos\theta & -\sin\theta & 0 \\ \sin\theta & \cos\theta & 0 \\ 0 & 0 & 1 \end{pmatrix} \tag{7·35}$$

となる†．

次に注意すべきことは，掛け算の順番の違いである．一般に，行列の掛け算では順番が違うと結果が異なる．すなわち行列 $\boldsymbol{A}$ と $\boldsymbol{B}$ に対して，$\boldsymbol{AB} \neq \boldsymbol{BA}$ となる．具体的にロボットを例に考えてみよう．

ロボットが最初に基準座標の X 軸方向に l だけ並進し，その後，その場で θ だけ回転したとする．このときの変換は，Trans $(l, 0)\cdot$Rot (θ) であって Rot $(\theta)\cdot$ Trans $(l, 0)$ ではない．これは座標系 X-Y が最初の並進で X'-Y' となり，次の回転で X''-Y'' となったとすると，順番に関係を示していけば

$$\begin{pmatrix} x \\ y \\ 1 \end{pmatrix} = \text{Trans}\,(l, 0) \begin{pmatrix} x' \\ y' \\ 1 \end{pmatrix}, \quad \begin{pmatrix} x' \\ y' \\ 1 \end{pmatrix} = \text{Rot}\,(\theta) \begin{pmatrix} x'' \\ y'' \\ 1 \end{pmatrix} \tag{7·36}$$

から

$$\begin{pmatrix} x \\ y \\ 1 \end{pmatrix} = \text{Trans}\,(l, 0) \cdot \text{Rot}\,(\theta) \begin{pmatrix} x'' \\ y'' \\ 1 \end{pmatrix} \tag{7·37}$$

となることが導かれる．すなわち

† Trans は translation，Rot は rotation の略である．

$$\begin{pmatrix} x \\ y \\ 1 \end{pmatrix} = \begin{pmatrix} 1 & 0 & l \\ 0 & 1 & 0 \\ 0 & 0 & 1 \end{pmatrix} \begin{pmatrix} \cos\theta & -\sin\theta & 0 \\ \sin\theta & \cos\theta & 0 \\ 0 & 0 & 1 \end{pmatrix} \begin{pmatrix} x'' \\ y'' \\ 1 \end{pmatrix} = \begin{pmatrix} \cos\theta & -\sin\theta & l \\ \sin\theta & \cos\theta & 0 \\ 0 & 0 & 1 \end{pmatrix} \begin{pmatrix} x'' \\ y'' \\ 1 \end{pmatrix} \tag{7·38}$$

となる．これをもし掛け算の順番を逆にすると

$$\begin{pmatrix} x \\ y \\ 1 \end{pmatrix} = \begin{pmatrix} \cos\theta & -\sin\theta & 0 \\ \sin\theta & \cos\theta & 0 \\ 0 & 0 & 1 \end{pmatrix} \begin{pmatrix} 1 & 0 & l \\ 0 & 1 & 0 \\ 0 & 0 & 1 \end{pmatrix} \begin{pmatrix} x'' \\ y'' \\ 1 \end{pmatrix} = \begin{pmatrix} \cos\theta & -\sin\theta & l\cos\theta \\ \sin\theta & \cos\theta & l\sin\theta \\ 0 & 0 & 1 \end{pmatrix} \begin{pmatrix} x'' \\ y'' \\ 1 \end{pmatrix} \tag{7·39}$$

となり，行列の並進成分が異なる，すなわち座標系の原点の位置が異なることになるので注意しよう（**図 7·11** 参照）．

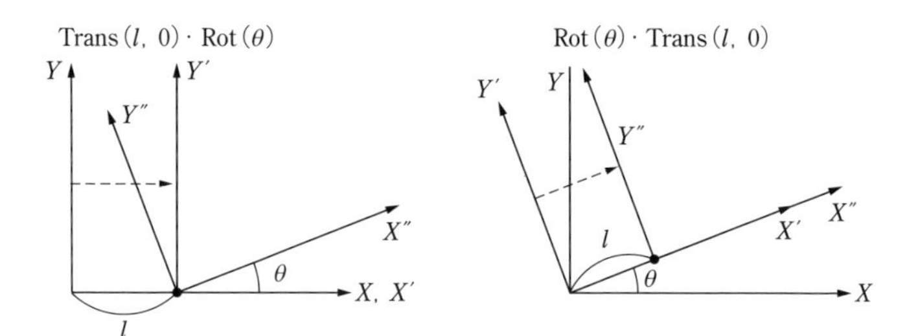

図 7·11　掛け算の順番の違いによる結果の違い

立体幾何，すなわち3次元空間での座標変換の場合でも，平面幾何，すなわち2次元平面での座標変換と考え方は同じである．平面での回転変換行列と同じように，(a, b, c) だけ平行移動する並進変換行列を $\mathrm{Trans}(a, b, c)$ と書くとすると

$$\mathrm{Trans}(a, b, c) = \begin{pmatrix} 1 & 0 & 0 & a \\ 0 & 1 & 0 & b \\ 0 & 0 & 1 & c \\ 0 & 0 & 0 & 1 \end{pmatrix} \tag{7·40}$$

となる．

X 軸周りに θ 回転する回転変換行列を $\mathrm{Rot}(x, \theta)$ と書くとすると

$$\mathrm{Rot}(x, \theta) = \begin{pmatrix} 1 & 0 & 0 & 0 \\ 0 & \cos\theta & -\sin\theta & 0 \\ 0 & \sin\theta & \cos\theta & 0 \\ 0 & 0 & 0 & 1 \end{pmatrix} \tag{7·41}$$

同様に，Y 軸周りに θ 回転する回転変換行列 $\mathrm{Rot}(y,\ \theta)$ および Z 軸周りに θ 回転する回転変換行列 $\mathrm{Rot}(z,\ \theta)$ は，それぞれ以下のようになる．

$$\mathrm{Rot}(y,\ \theta)=\begin{pmatrix}\cos\theta & 0 & \sin\theta & 0\\ 0 & 1 & 0 & 0\\ -\sin\theta & 0 & \cos\theta & 0\\ 0 & 0 & 0 & 1\end{pmatrix} \tag{7·42}$$

$$\mathrm{Rot}(z,\ \theta)=\begin{pmatrix}\cos\theta & -\sin\theta & 0 & 0\\ \sin\theta & \cos\theta & 0 & 0\\ 0 & 0 & 1 & 0\\ 0 & 0 & 0 & 1\end{pmatrix} \tag{7·43}$$

立体幾何の場合の同次変換行列は 4×4 の行列になる．この行列は左上の 3×3 小行列が回転成分を表し，右上の 3×1 小行列が並進成分を表す．左下の 1×3 小行列は常に 0 で，右下はロボットの場合には常に 1 である．また，X, Y, Z を 1, 2, 3 と数えていったとして，回転軸が X 軸なので（1, 1）成分が 1 となる．回転成分に関しては，各行の要素の 2 乗和は 1，各列の 2 乗和も 1 である．

7·5　回転変換行列の覚え方・導き方

回転変換行列の要素を覚えるのは容易ではない．そこで，一つだけ，例えば，式（7·43）の Z 軸回転の行列の回転成分 $\begin{pmatrix}\cos\theta & -\sin\theta & 0\\ \sin\theta & \cos\theta & 0\\ 0 & 0 & 1\end{pmatrix}$ だけ覚え，ほかの軸周りの回転行列は，そこから計算で導き出すとよい．さらにこの行列をよく見ると，平面の場合の回転変換行列 $\begin{pmatrix}\cos\theta & -\sin\theta\\ \sin\theta & \cos\theta\end{pmatrix}$ が含まれていて，$\begin{pmatrix}\cos\theta & -\sin\theta\\ \sin\theta & \cos\theta\end{pmatrix}$ を $\begin{pmatrix}\cos\theta & -\sin\theta & 0\\ \sin\theta & \cos\theta & 0\\ 0 & 0 & 1\end{pmatrix}$ と拡張しただけである．平面の場合の回転変換は立体の場合の Z 軸周りの回転に相当するので，当然の結果だろう．ということは，平面の場合の回転変換行列が $\begin{pmatrix}\cos\theta & -\sin\theta\\ \sin\theta & \cos\theta\end{pmatrix}$ であることと，その活用ルールさえわかっていればよい，ということになる．これらの知識を活用して，記憶すべき量

を減らそう．また検算に使うとミスが減らせる．

こういう場合には**図 7·12** に示すような，循環する関係図を使うとよい．この記号の循環，数の循環の考え方はすでに外積の説明で使っている．

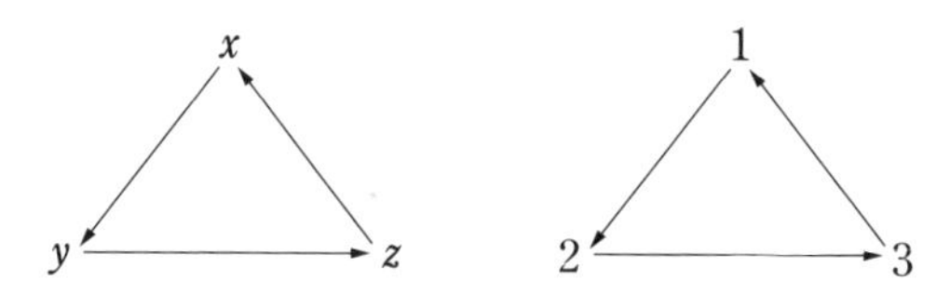

図 7・12　循環する関係

図 7·12 を見ながら，Z 軸周りの回転変換行列から X 軸周りの回転変換行列を求めてみる．$Z \rightarrow X$ は図の矢印の方向なので，同次変換行列の回転成分に関して，「右に一つ，下に一つ」動かす．端にあるものは逆の端に動かす．これは順繰りに回すイメージである．

実際に計算してみよう．Z 軸周りの回転を表す回転変換行列 $\begin{pmatrix} \cos\theta & -\sin\theta & 0 \\ \sin\theta & \cos\theta & 0 \\ 0 & 0 & 1 \end{pmatrix}$ に注目して，要素を右向きに一つ動かすと $\begin{pmatrix} 0 & \cos\theta & -\sin\theta \\ 0 & \sin\theta & \cos\theta \\ 1 & 0 & 0 \end{pmatrix}$ となり，次に下向きに一つ動かすと $\begin{pmatrix} 1 & 0 & 0 \\ 0 & \cos\theta & -\sin\theta \\ 0 & \sin\theta & \cos\theta \end{pmatrix}$ となり，これは，確かに X 軸周りの回転を表す同次変換行列の回転成分になっている．逆に Z 軸周りの回転行列から Y 軸周りの回転行列を求めるには，循環する図の矢印が逆方向なので，「左に一つ，上に一つ」動かす．

この方法は有効なのでぜひ使ってほしい．なお，回転成分においては，各行，各列の要素の 2 乗和は 1 であるので，計算の後には，このチェックを忘れずに．また同次変換行列の表現になっているときは，回転成分だけにこの操作を施すことを忘れずに．

演習問題

【7.1】 行列 $\boldsymbol{A}$ に対して，$\boldsymbol{A}^T = \boldsymbol{A}$ となるとき $\boldsymbol{A}$ を対称行列と呼び，$\boldsymbol{A}^T = -\boldsymbol{A}$ となるとき $\boldsymbol{A}$ を交代行列と呼ぶ．では，任意の行列 $\boldsymbol{A}$ に対し，$\boldsymbol{B} = \boldsymbol{A}\boldsymbol{A}^T$ を計算すると，$\boldsymbol{B}$ は対称行列であることを証明せよ．

（ヒント：対称行列の定義と，行列の積の転置行列の計算方法を適用する）

【7.2】 すべての正方行列（行と列の数が等しい行列）$\boldsymbol{C}$ に対して，$\boldsymbol{C} + \boldsymbol{C}^T$ は対称行列となり，$\boldsymbol{C} - \boldsymbol{C}^T$ は交代行列となることを確かめよ．

【7.3】 回転変換行列 $\boldsymbol{R} = \begin{pmatrix} \cos\theta & -\sin\theta \\ \sin\theta & \cos\theta \end{pmatrix}$ に対して，$R^T = R^{-1}$ となることを確認せよ．いくつか証明の方法があるが，一つの証明方法としては RR^T が単位行列となることを利用すればよい．

【7.4】 ベクトル $\boldsymbol{a}$，$\boldsymbol{b}$ を行ベクトルとするとき，ベクトルの内積は

$$\boldsymbol{a} \cdot \boldsymbol{b} = \boldsymbol{a}^T \boldsymbol{b} = \boldsymbol{b}^T \boldsymbol{a}$$

と表現できることを確認せよ．

【7.5】 立体幾何の場合の回転変換行列において，「循環する図」を思い出して，$\mathrm{Rot}(x, \theta)$ の行列から $\mathrm{Rot}(y, \theta)$ の行列の要素を求めよ．また，$\mathrm{Rot}(z, \theta)$ の行列から $\mathrm{Rot}(y, \theta)$ の行列の要素を求めよ．

MEMO

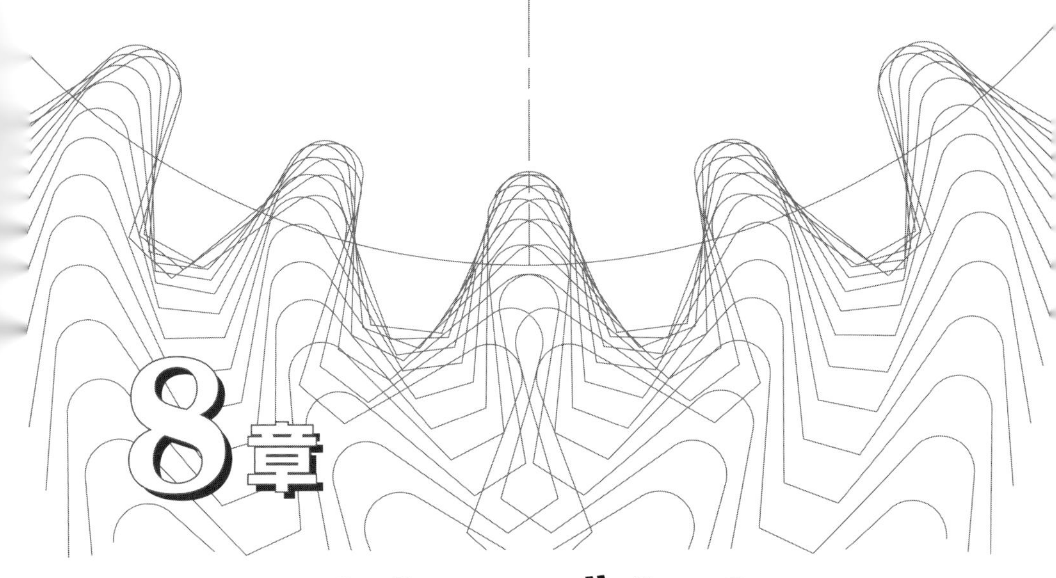

8章 メカニズムの機構解析

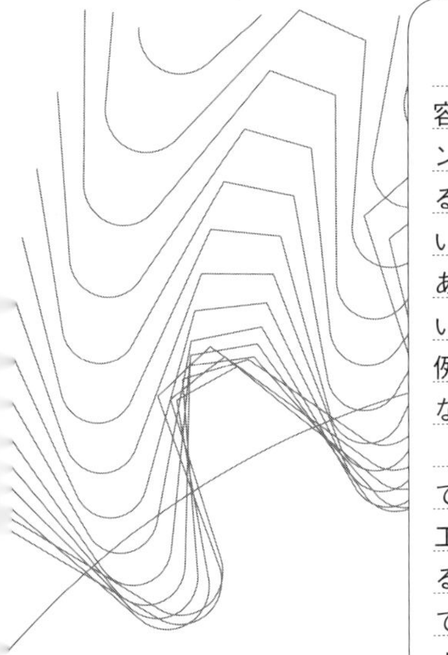

Abstract

8章は，機構解析という堅いタイトルにしているが，内容はメカニズム自体の動きやすさを調べるものである．リンク機構の解析とロボット機構の解析について説明している．一般的な表現を使って理論的に説明している書籍が多いが，一般性を持たせるがゆえにわかりにくいのも事実である．本書では，リンク機構についてもロボット機構についても，単純な構造のものを対象としてその解析の方法を例示している．もっと構造が複雑になっても考え方は同じなので，その方法論を理解してほしい．

数学的手法としては，ベクトル解析による手法（機構学でよく用いられている）と，行列を用いた手法（ロボット工学ではもっぱら，こちらが用いられる）を織り交ぜている．二つの手法の違いと共通性を理解し，どちらにも対応できるようにしておこう．機構を設計したら，ここにあるような手法で動きを解析するようにしたい．ふだんは見過ごしているものの中に面白い機構になっているものは多いので，この章を読んだ後は，その動きを観察し解析する視点を持てるようになることを希望する．きっと新たな「ものの見方」ができるようになるはずである．

8·1 四節リンクの解析

リンク機構はロボットの機構のみならず各種のメカニズムの基本である．リンク（link）は，関節（joint，axis）（機構学では**対偶**（pair）と呼ばれる）と関節を「結ぶ（link）」ものである．ここでは四節リンク（four-bar linkage）の運動のようすを調べてみよう．飛行機の脚をたたむ機構には四節リンクが使ってある．

リンク機構では，リンクの長さを変えることで，回転運動したり往復運動したりする．なお，回転の往復運動のことは**揺動**と呼ばれる．

まず，以下の用語を理解しよう．

- **回転節**：クランク（crank）　回転運動を行う節
- **揺動節**：レバー（lever）　限定された範囲を揺動する節
- **連接節**：コネクティングロッド（connecting rod）　原動節と従動節を連接する節

同じ四節リンクであっても，固定するリンクを変えると別の運動をするように見える．これを**機構の交替**と呼ぶ．また，動きの違いによって，以下のように分類される．**図 8·1** はこれを図示したものである．

- てこクランク機構：最短リンクの隣のリンクを固定したとき，一つのリンクが揺動する．
- 両クランク機構：最短リンクを固定したとき，二つのリンクが１回転する．
- 両てこ機構：最短リンクの対辺のリンクを固定したとき，二つのリンクが揺動する．

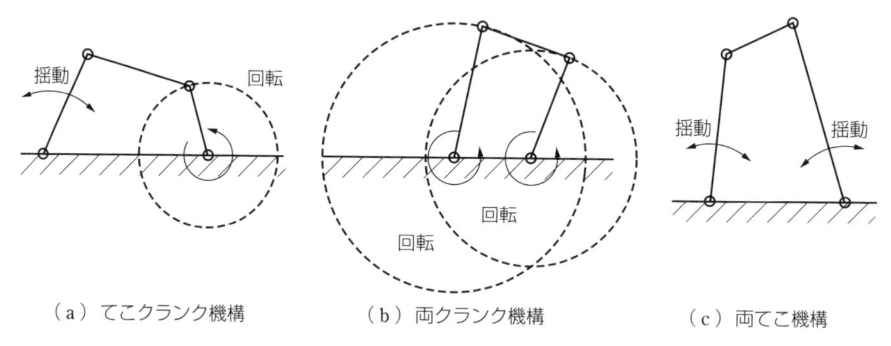

図 8·1　「機構の交替」による四節リンクの運動の変化

例えば，自動車のワイパーを動かす機構は，揺動運動なので，てこクランク機構を使って実現することができる．もちろんモータを直結して適当な加減速をつけて回転方向を反転することでも実現できるが，モータの回転方向を毎回変える運動はモータの寿命を短くするので，あまり現実的ではない．その点，リンク機構ではモータは一定方向に角速度一定で回しつづければよいので，寿命の観点からは有利である．

また，対辺の長さが等しくなるように平行四辺形の形にすれば，対辺は必ず平行のまま移動するので，これは**平行リンク**と呼ばれる．大きな遊園地には観客の乗った船が水平の向きを保ったまま回りつづけるものがあるが，これは平行リンクを使っている．

また2辺どうしの長さを同じくしたタイプの両クランク機構（**図8·2**）では，特殊な運動が実現できる．図において，モータは右下の対偶についているとすると，入力リンク（モータで駆動されるリンク）が1回転する間に，出力リンク（左下を中心に回転するリンク）は2回転する．入力と出力を取り替えれば，入力が2回転する間に出力が1回転というものも実現できる．

機構の解析にはいくつかの解法がある．ベクトル解析の手法を使うと式がきれいに書けるが，代わりに高校の数学（幾何）の知識だけでもある程度解けるので，ここではその方法で解いてみる．

図8·3のような四節リンクを対象とする．なお，モータが点Aの場所にあり，反時計回りに回転するとする（通常は，こういったリンク機構の場合には角速度が一定となるように動かすことがロボットと異なるところである）．点Oも固定して座標系をとっているので，リンクOAは存在しなくてもよい．まず，図8·3のように記号を定義する．

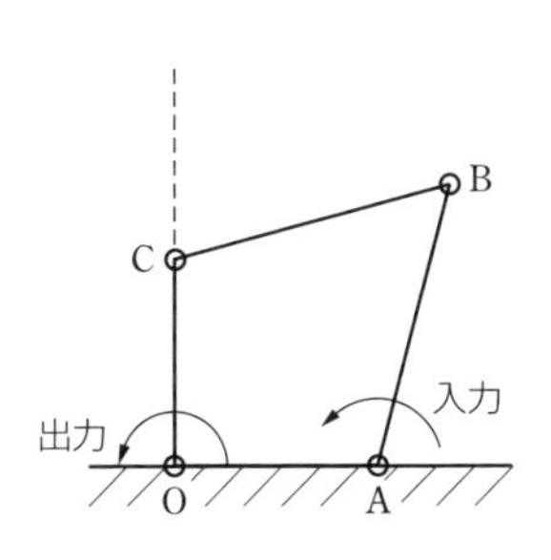

図8·2 特殊な両クランク機構（二重回転）

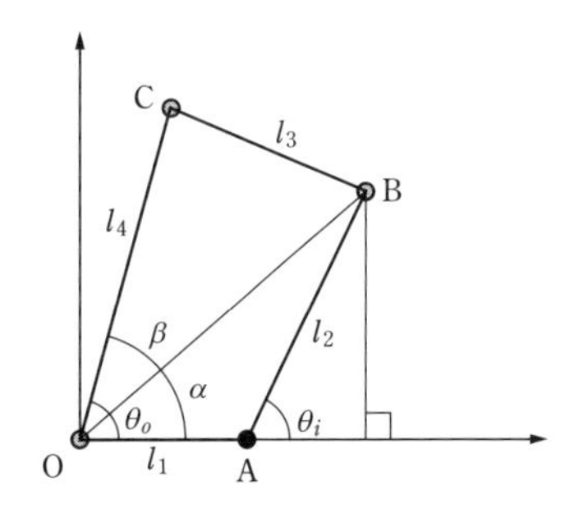

図8·3 四節リンク機構の解析

点Aの座標は（l_1, 0）である．よって点Bの座標は（$l_1+l_2\cos\theta_i$, $l_2\sin\theta_i$）となる．よって，線分OBの長さは

$$\overline{\mathrm{OB}}=\sqrt{(l_1+l_2\cos\theta_i)^2+(l_2\sin\theta_i)^2} \tag{8·1}$$

となる．よって角度αは

$$\tan\alpha=\frac{l_2\sin\theta_i}{l_1+l_2\cos\theta_i} \tag{8·2}$$

となる．これで角度αは一意に決まる．

次に，△OBCにおいて，余弦定理により

$$\cos\beta=\frac{\overline{\mathrm{OB}}^2+\overline{\mathrm{OC}}^2-\overline{\mathrm{BC}}^2}{2\cdot\overline{\mathrm{OB}}\cdot\overline{\mathrm{OC}}} \tag{8·3}$$

$$\therefore\quad \cos\beta=\frac{[(l_1+l_2\cos\theta_i)^2+(l_2\sin\theta_i)^2]+l_4^2-l_3^2}{2\cdot\sqrt{(l_1+l_2\cos\theta_i)^2+(l_2\sin\theta_i)^2}\cdot l_4} \tag{8·4}$$

これで角度βは決まる．ただし，正負の二つの解があることに注意しよう．結局のところ

$$\theta_o=\alpha+\beta \tag{8·5}$$

なので，θ_oはθ_i，l_1，l_2，l_3，l_4を使って表現できることがわかる．

ここで，モータが一定速度で回転するとき，$\dot{\theta}_i=\omega$（一定）から，$\theta_i=\omega\cdot t$とおいて，θ_oを時間tの関数として表現できる．点Cの座標は，（$l_4\cos\theta_o$, $l_4\sin\theta_o$）であることから，これで点Cの座標をω，l_1，l_2，l_3，l_4を使って時間tの関数として表現できることがわかる．速度に関しては，これを時間微分することで得られる．ただし，実際には手計算では大変なので，何らかのプログラム言語やExcelなどを使って数値計算するのがよい．

8·2 スライダクランク機構の解析

図8·4に示すスライダクランク（slider crank）機構について説明する．これは回転運動を並進の往復運動に変換する機構である．

1 幾何的な解法

これをまず幾何的に解いてみる．

図8·5のように長さと角度を定義する．長さの関係式から

$$r\sin\theta=l\sin\varphi$$

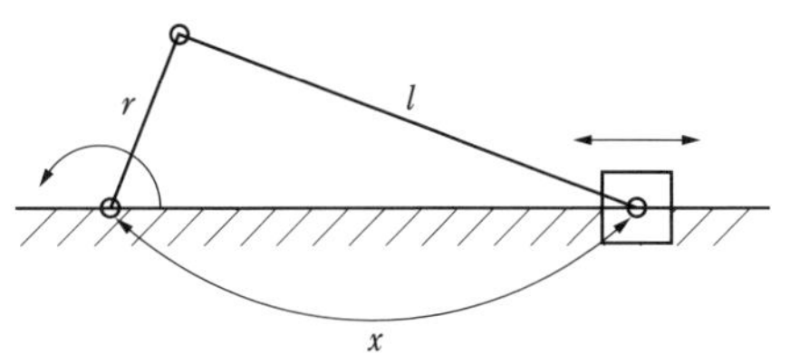

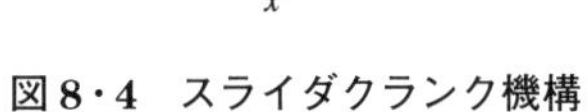

図 8・4　スライダクランク機構

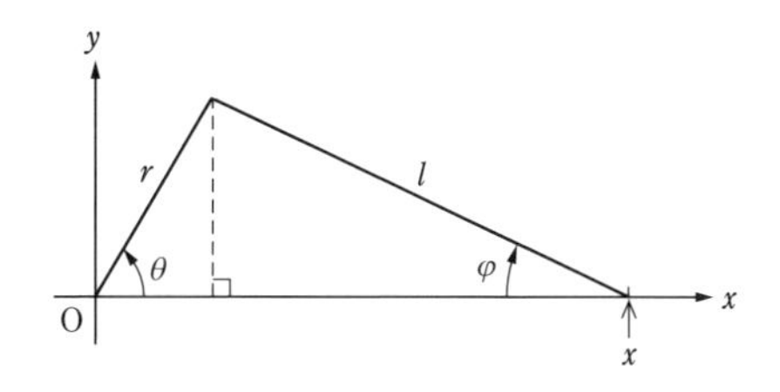

図 8・5　スライダクランク機構の解析

$$\therefore \quad \sin\varphi = \frac{r}{l}\sin\theta \tag{8·6}$$

また両辺を時間微分してみると

$$\cos\varphi\cdot\dot{\varphi} = \frac{r}{l}\cos\theta\cdot\dot{\theta} \tag{8·7}$$

となり

$$\dot{\varphi} = \frac{r\cos\theta}{l\cos\varphi}\dot{\theta} \tag{8·8}$$

を得る．

また，リンクの回転の制約から $|\varphi| \leqq \pi/2$ となるので，この結果，常に $\cos\varphi \geqq 0$ であることが保証され

$$\cos\varphi = \sqrt{1-\left(\frac{r}{l}\sin\theta\right)^2} \tag{8·9}$$

となる．よって

$$\begin{aligned} x &= r\cos\theta + l\cos\varphi \\ &= r\cos\theta + l\sqrt{1-\left(\frac{r}{l}\sin\theta\right)^2} \end{aligned} \tag{8·10}$$

が得られる．ここで，θ は時間の関数なので，速度を計算すると，まず

$$\dot{x} = -r\sin\theta\cdot\dot{\theta} - l\sin\varphi\cdot\dot{\varphi} \tag{8·11}$$

であり，これを θ だけで表現すると

$$\dot{x} = \frac{dx}{dt} = \frac{dx}{d\theta}\cdot\frac{d\theta}{dt} = \left(-r\sin\theta - l\cdot\frac{\left(\frac{r}{l}\right)^2\cdot 2\sin\theta\cos\theta}{2\sqrt{1-\left(\frac{r}{l}\sin\theta\right)^2}}\right)\cdot\dot{\theta} \tag{8·12}$$

となる．通常はモータを一定速度で回転させるので，$\dot{\theta} = \omega$（一定）である．

② ベクトルと複素数による解法

この関係式をベクトルの複素数表現を使って導いてみよう．複素数がわからない場合には読み飛ばしてかまわないが，数式としてきれいに表現できることだけは理解してほしい．

ベクトル $\boldsymbol{r}$ を**図8·6**に示すように，長さ r と偏角 θ を使って複素数表現で $r(\cos\theta + i\ \sin\theta)$ と表現する．ただし，i は虚数単位（$i^2 = -1$）である．なお，工学の世界では電流との混同を避けて虚数単位の記号に j を使うこともあるので覚えておくとよい．この複素数の実数部分が X 座標に相当し，虚数部分が Y 座標に相当する．これはオイラー表現で $re^{i\theta} = r(\cos\theta + i\sin\theta)$ と表現する．指数関数を使った方法では，微分操作が簡単にできる．例えば $\dfrac{d(e^{ax})}{dx} = a\cdot e^{ax}$ である．

次に，これを使って，スライダクランクを表現してみる．**図8·7**によると

$$\overrightarrow{\mathrm{OA}} = \overrightarrow{\mathrm{OB}} + \overrightarrow{\mathrm{BA}} = \overrightarrow{\mathrm{OB}} - \overrightarrow{\mathrm{AB}} \tag{8·13}$$

であり

$$\overrightarrow{\mathrm{OB}} = re^{i\theta} = r(\cos\theta + i\sin\theta) \tag{8·14}$$

である．また

$$\left.\begin{aligned}\overrightarrow{\mathrm{BA}} &= le^{-i\varphi}\\ \overrightarrow{\mathrm{AB}} &= le^{i(\pi-\varphi)}\end{aligned}\right\} \tag{8·15}$$

であり，どちらの表現をとるか迷うところであるが，実は

$$e^{i\pi} = \cos\pi + i\sin\pi = -1 + i\times 0 = -1 \tag{8·16}$$

なので

$$e^{i(\pi-\varphi)} = e^{i\pi}\cdot e^{-i\varphi} = -e^{-i\varphi} \tag{8·17}$$

となり，$\overrightarrow{\mathrm{BA}}$ と $\overrightarrow{\mathrm{AB}}$ は確かに向きが逆であることが確認できる．

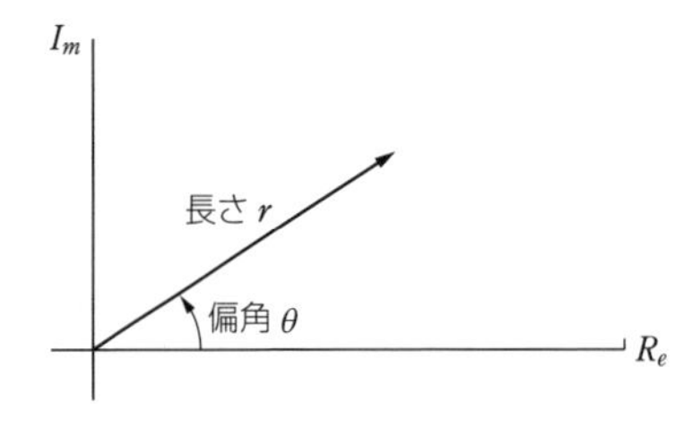

図8·6　ベクトルの複素数表現

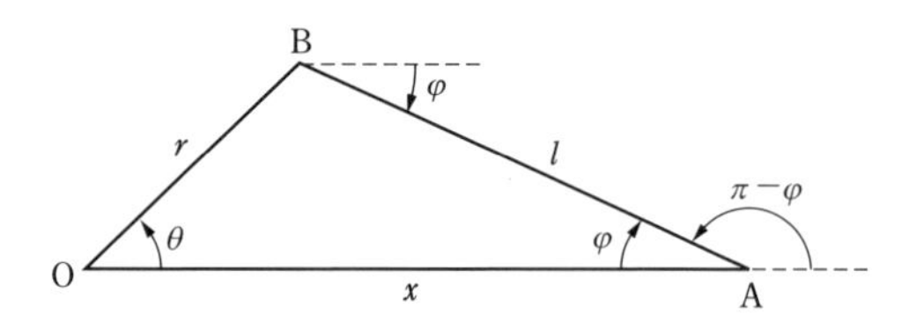

図8·7　スライダクランクのベクトル表現

よって，求めるベクトル $\overrightarrow{\mathrm{OA}}$ は

$$\overrightarrow{\mathrm{OA}}=x=xe^{i0}=re^{i\theta}+le^{-i\varphi} \tag{8·18}$$

となる．速度に関しては

$$\dot{x}=rie^{i\theta}\cdot\dot{\theta}+l(-i)e^{-i\varphi}\cdot\dot{\varphi} \tag{8·19}$$

となり，$\dot{x}$ には虚数成分は存在しないことから，左辺と右辺の虚数成分を比較すると

$$0=r\dot{\theta}\cos\theta-l\dot{\varphi}\cos\varphi \tag{8·20}$$

となり

$$\dot{\varphi}=\frac{r\cos\theta}{l\cos\varphi}\dot{\theta} \tag{8·21}$$

を得る．また，実数部分の比較から

$$\dot{x}=-r\dot{\theta}\sin\theta-l\dot{\varphi}\sin\varphi \tag{8·22}$$

となる．幾何的な方法と結果が一致していることを確認しよう．

8·3　CAE で作成したリンク機構の例

ここではいくつかのリンク機構を示す．図 8·8～図 8·10 は MSC ソフトウェア社から発売されている CAE ソフトである visualNastranDesktop を使って作成したビデオ画像から取り出したものである．

(a)　チェビシェフリンク機構

これは基本的に四節リンクであるが，長さの比をうまくとると，擬似的な直線運動を実現することができる．**図 8·8** はそれを示したものでチェビシェフリンク機構と呼ばれる，図中の細線が先端の軌跡を示している．よく見ると完全な直

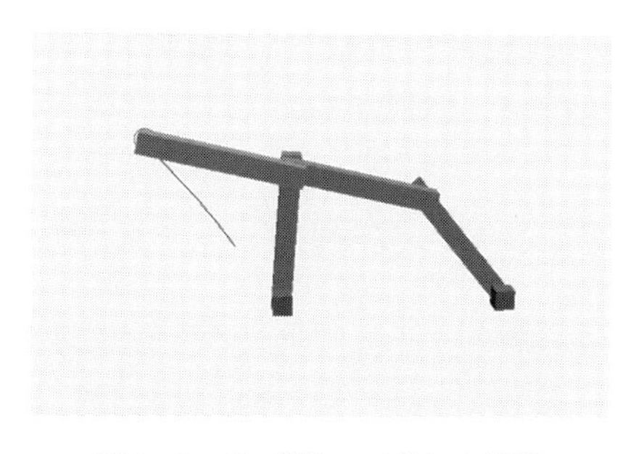

図 8·8　チェビシェフリンク機構

図8･9　スライダクランク機構

図8･10　スライダクランク機構の組合せ

線ではないことがわかるが，だいたいの範囲では直線に近いので擬似直線運動を生成しているといえる．

（b）　スライダクランク機構

図8･9はスライダクランク機構の実現の仕方の一例を示している．回転運動はリンクでなく円板でよいということが，この図から確認できる．

（c）　スライダクランク機構の組合せ

図8･10はスライダクランク機構の組合せである．円板の運動が入力となって，左下の滑り対偶が往復運動を行う．

8･4　ロボット機構の動きやすさ

1　可動領域の図示

最初に，ロボット機構が動ける空間を図示してみよう．例として，水平2リンクマニピュレータ（**図8･11**）を対象とし，関節の可動範囲を指定した時のマニピュレータ先端の位置が到達できる領域（動ける領域）を求めてみる．

ロボット向けの用語の定義（JIS B 0134）では，エンドエフェクタを含むかどうかによって空間の呼び方が異なっているが，今の場合は，単純化のために，エンドエフェクタを含まずマニピュレータの先端の位置のみに注目し，動ける領域を**可動領域**と称している．

マニピュレータ先端の位置は

$$
\begin{aligned}
x &= l_1 \cos\theta_1 + l_2 \cos(\theta_1 + \theta_2) \\
y &= l_1 \sin\theta_1 + l_2 \sin(\theta_1 + \theta_2)
\end{aligned}
\tag{8･23}
$$

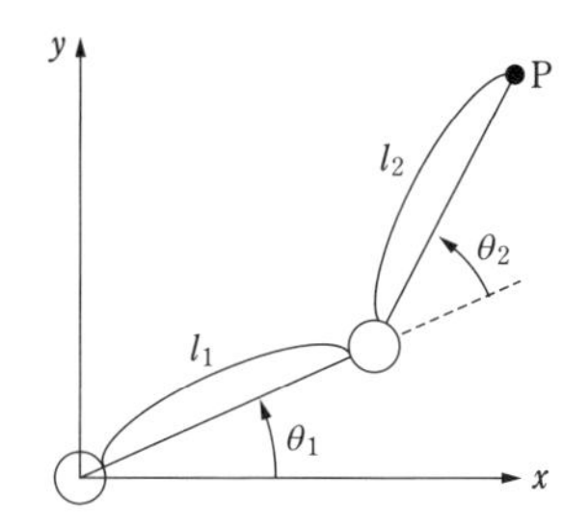

図 8・11　水平 2 リンクマニピュレータ

となる．ここで，2つのリンクの長さが等しいと仮定して（$l_1 = l_2$），関節角の可動範囲を $0 \leqq \theta_1 \leqq 180°$，$0 \leqq \theta_2 \leqq 180°$ とし，角度を 10° ごとにマニピュレータの先端の位置をプロットすると，**図 8・12** のようになる．なお，この図の作成に当たっては，Excel にて x 座標値と y 座標値の式を埋め込み，関節角の値を変化させてデータを得てそれをグラフ化しているが，可動領域の図示にあたっては，コンパスを使って（あるいはフリーハンドで）描画できるので手作業でもトライすることをおすすめする．なお，なお，これ以降の説明では，コンピュータ描画を意識して，角度の単位は度ではなくラジアンを用いる．例えば角度が 0°～180° は 0～π となる．

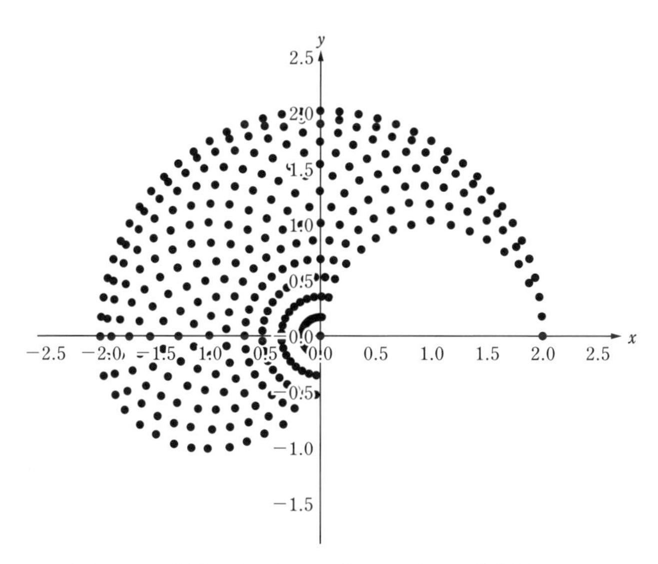

図 8・12　水平 2 リンクマニピュレータの可動領域
（$l_1 = l_2 = 1$，$0° \leqq \theta_1 \leqq 180°$，$0° \leqq \theta_2 \leqq 180°$ のとき）

関節角が1回転の半分しか回転しない場合には，可動領域は意外に狭いことが理解できる．また，点の密なところは細かい位置決めが可能であるが一方で動きにくい方向があることを示しており，点の疎なところは細かい位置決めには適さないが動きやすい（速度が大きい）ことを意味している．

この可動領域の中で，応用作業に使う領域はその一部であり，通常は可動領域の端を避け中央付近に取る．その理由は後述の**特異点**の説明を参照してほしい．また，今の例では動ける範囲が2次元だったので「領域」という表現にしているが，一般的には動ける範囲は3次元なので「空間」という表現を用い，JIS B 0134では，動ける最大の空間を**最大空間**，応用作業に用いる空間を**運転空間**（**作業空間**ではない）と呼んでいる．

【例題】

関節の可動範囲を変えたり，リンクの長さの比を変えたりして（通常は$l_1 \geqq l_2$），可動範囲を図示してみよ．手描きでもコンピュータ描画でもよい（解省略）．

2　ヤコビ行列の定義

可動領域を図示した際，関節角度は等間隔に取ったとしても，2次元平面に描画すると，点は等間隔になっていないことを確認した．式（8･23）でもわかるように，関係式は非線形だからである。

さて，この式はxもyもθ_1とθ_2に関する2変数関数となっていることに注意しよう．

いま，関節が微小量動いたとき，先端の位置がどの程度動くかを解析する．この理論は3章でも説明しているが，ここでは簡単な例を通して理解を深めよう．

関節角の微小変化を$d\theta_1$，$d\theta_2$，先端の位置の微小変化をdx，dyとおくと，全微分の定義によって

$$\begin{aligned} dx &= \frac{\partial x}{\partial \theta_1} d\theta_1 + \frac{\partial x}{\partial \theta_2} d\theta_2 \\ dy &= \frac{\partial y}{\partial \theta_1} d\theta_1 + \frac{\partial y}{\partial \theta_2} d\theta_2 \end{aligned} \qquad (8\cdot24)$$

と定義される．偏微分の部分はわかりにくいかもしれないが，1変数のときの常微分と同じく「傾きを表す」とみなせる．地図の等高線を見ると傾きによって等高線の間隔が異なることを想像するとよい．すなわち，$\partial x/\partial\theta_1$は$x$に対する$\theta_1$方向の傾きであり，$\partial x/\partial\theta_2$は$x$に対する$\theta_2$方向の傾きとみなす．$\partial y/\partial\theta_1$と

$\partial y/\partial\theta_2$ に関しても同様である．これら偏微分は，変数 θ_1 と θ_2 の変化に関して x と y がどのくらい変化するかの感度を表している．

次に，この式を行列の表現に変換すると

$$\begin{pmatrix} dx \\ dy \end{pmatrix} = \begin{pmatrix} \dfrac{\partial x}{\partial\theta_1} & \dfrac{\partial x}{\partial\theta_2} \\ \dfrac{\partial y}{\partial\theta_1} & \dfrac{\partial y}{\partial\theta_2} \end{pmatrix} \begin{pmatrix} d\theta_1 \\ d\theta_2 \end{pmatrix} \tag{8·25}$$

と表せる．両辺を微小時間 dt で割れば

$$\begin{pmatrix} \dfrac{dx}{dt} \\ \dfrac{dy}{dt} \end{pmatrix} = \begin{pmatrix} \dfrac{\partial x}{\partial\theta_1} & \dfrac{\partial x}{\partial\theta_2} \\ \dfrac{\partial y}{\partial\theta_1} & \dfrac{\partial y}{\partial\theta_2} \end{pmatrix} \begin{pmatrix} \dfrac{d\theta_1}{dt} \\ \dfrac{d\theta_2}{dt} \end{pmatrix} \tag{8·26}$$

と表すことができ，これをベクトルと行列の記号で書くと

$$\frac{d\boldsymbol{X}}{dt} = \boldsymbol{J}\frac{d\boldsymbol{\theta}}{dt} \tag{8·27}$$

もしくは

$$\dot{\boldsymbol{X}} = \boldsymbol{J}\dot{\boldsymbol{\theta}} \tag{8·28}$$

と表現することができる．これは関節の角速度ベクトル $\dot{\boldsymbol{\theta}} = \begin{pmatrix} \dot{\theta}_1 \\ \dot{\theta}_2 \end{pmatrix}$ とマニピュレータ先端の速度ベクトル $\dot{\boldsymbol{X}} = \begin{pmatrix} \dot{x} \\ \dot{y} \end{pmatrix}$ とが線形関係にあることを示している．また

$$\boldsymbol{J} = \begin{pmatrix} \dfrac{\partial x}{\partial\theta_1} & \dfrac{\partial x}{\partial\theta_2} \\ \dfrac{\partial y}{\partial\theta_1} & \dfrac{\partial y}{\partial\theta_2} \end{pmatrix} \tag{8·29}$$

で定義される行列はヤコビ行列またはヤコビアン（Jacobian）と呼ばれる．$\boldsymbol{J}$ は $\dot{\boldsymbol{\theta}}$ と $\dot{\boldsymbol{X}}$ との比を表すと考えてもよいし，感度を表す行列と考えてもよい．この考え方は高校で習う微分の定義，すなわち接線の傾きと同様である．なお，数学の教科書では，ここで定義した行列の転置行列をヤコビアンと定義している場合もあるので注意してほしい．本質的には違いはない．

図 8·11 で定義した 2 リンクマニピュレータに関して偏微分の計算を行うと

$$\left.\begin{aligned}\frac{\partial x}{\partial \theta_1}&=-l_1\sin\theta_1-l_2\sin(\theta_1+\theta_2)\\\frac{\partial x}{\partial \theta_2}&=\qquad\qquad\quad -l_2\sin(\theta_1+\theta_2)\\\frac{\partial y}{\partial \theta_1}&=l_1\cos\theta_1+l_2\cos(\theta_1+\theta_2)\\\frac{\partial y}{\partial \theta_2}&=\qquad\qquad\quad l_2\cos(\theta_1+\theta_2)\end{aligned}\right\}\tag{8・30}$$

となるので

$$\boldsymbol{J}=\begin{pmatrix}-l_1\sin\theta_1-l_2\sin(\theta_1+\theta_2) & -l_2\sin(\theta_1+\theta_2)\\ l_1\cos\theta_1+l_2\cos(\theta_1+\theta_2) & l_2\cos(\theta_1+\theta_2)\end{pmatrix}\tag{8・31}$$

となる．偏微分の計算においては，「注目している変数以外は定数とみなして常微分の計算方法を適用する」と理解しよう．詳しくは微分積分学の書籍を参考にしてほしい．

3 特　異　点

ヤコビ行列を使って，関節角を変化させたときのマニピュレータ先端の位置の変化を表すことができるということは前項で述べた．具体的にいくつかの例を使って理解を深めてみよう．まず，$\theta_2=0$ のとき，すなわち，肘が伸びきっている状態を考えよう．このとき

$$\boldsymbol{J}=\begin{pmatrix}-(l_1+l_2)\sin\theta_1 & -l_2\sin\theta_1\\ (l_1+l_2)\cos\theta_1 & l_2\cos\theta_1\end{pmatrix}\tag{8・32}$$

となり，$\theta_1=\pi/2$，すなわち $90°$ であるとすると

$$\boldsymbol{J}=\begin{pmatrix}-(l_1+l_2) & -l_2\\ 0 & 0\end{pmatrix}\tag{8・33}$$

となり，$\begin{pmatrix}\dot{x}\\ \dot{y}\end{pmatrix}=\boldsymbol{J}\begin{pmatrix}\dot{\theta}_1\\ \dot{\theta}_2\end{pmatrix}$ を考慮すれば，$\dot{\theta}_1$ と $\dot{\theta}_2$ がどのような値だとしても $\dot{y}=0$ となり，マニピュレータ先端は Y 方向に移動することができない．**図 8・13** を見れば，マニピュレータ先端が Y 方向に動かないことは一目瞭然であろう．

θ_1 がほかの値でも $\theta_2=0$ である限り，マニピュレータ先端は円周方向に動くことはできても放射方向に動くことはできない．また $\theta_2=\pm\pi$ のときも同様である．これを示したのが**図 8・14** である．このように，ある方向に動けない状態になる関節角の組合せ（すなわちマニピュレータ先端の位置）を**特異点**（singular

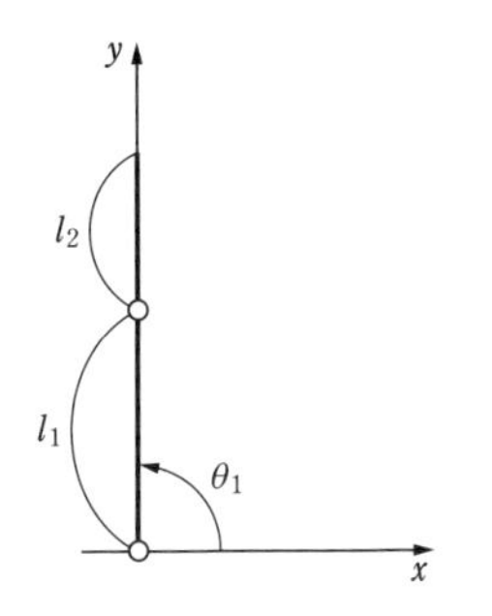

図8・13　特異点の状態の一例

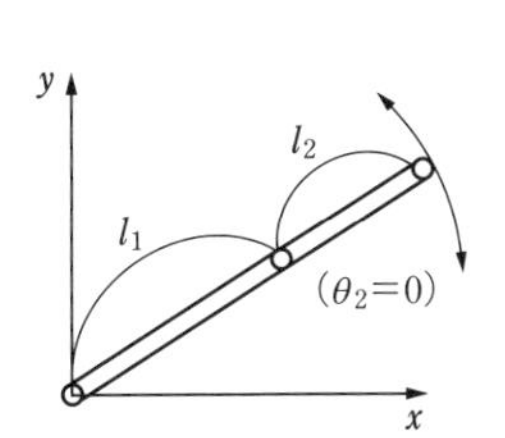

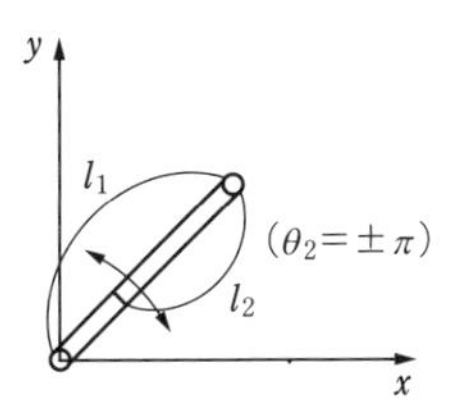

図8・14　特異点の例

point）と呼ぶ．

この説明でわかるように，$\theta_2 = 0$ を保ったまま θ_1 を動かしたり，$\theta_2 = \pm\pi$ を保ったまま θ_1 を動かしたりしても特異点となるので，可動領域の端は特異点となることがわかる．例えば $0 \leqq \theta_1 \leqq \pi$，$-\pi \leqq \theta_2 \leqq \pi$ の間で変化させるとすると，可動領域は**図8・15**のアミかけ部分になるが，肘を伸ばしきった点と完全に折り曲げた点は特異点になるということから，特異点は予想よりたくさんあることがわかるのではなかろうか．

次は特異点を数学的に定義してみよう．$\dot{\boldsymbol{X}} = \boldsymbol{J}\dot{\boldsymbol{\theta}}$ の式において，もし $\boldsymbol{J}$ に逆行列 $\boldsymbol{J}^{-1}$ が存在すれば $\dot{\boldsymbol{\theta}} = \boldsymbol{J}^{-1}\dot{\boldsymbol{X}}$ と表現できる．$\boldsymbol{J}^{-1}$ が存在しなければマニピュレ

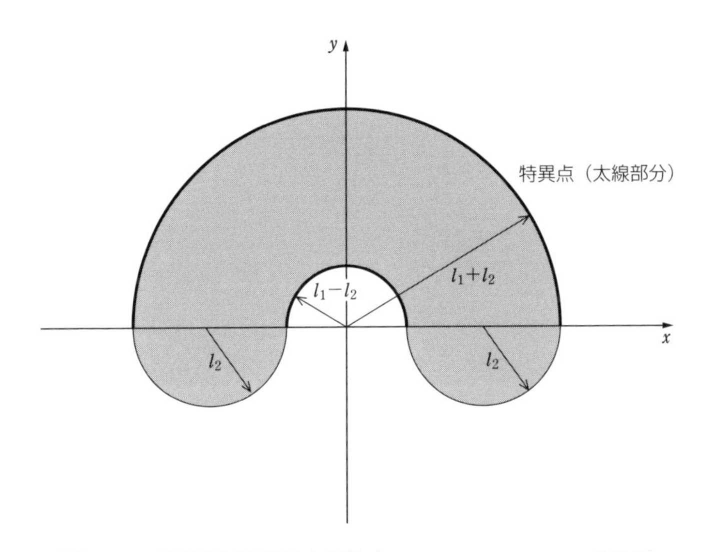

図8・15　可動領域と特異点の例（$\theta_1 = 0 \sim \pi$，$\theta_2 = -\pi \sim \pi$ の場合）

ータ先端速度$\dot{\boldsymbol{X}}$を与えても関節の角速度$\dot{\boldsymbol{\theta}}$を求めることはできないことになり，すなわち動きが定まらないことになる．このときが特異点となる．行列式の値がゼロであることを$\det(\boldsymbol{J})=0$あるいは$|\boldsymbol{J}|=0$のように表記する．

この定義を2リンクマニピュレータに適用してみよう．

$$\boldsymbol{J}=\begin{pmatrix} -l_1\sin\theta_1-l_2\sin(\theta_1+\theta_2) & -l_2\sin(\theta_1+\theta_2) \\ l_1\cos\theta_1+l_2\cos(\theta_1+\theta_2) & l_2\cos(\theta_1+\theta_2) \end{pmatrix} \tag{8·34}$$

であることから，

$$\begin{aligned}
&\det(\boldsymbol{J})\\
&=\{-l_1\sin\theta_1-l_2\sin(\theta_1+\theta_2)\}\cdot\{l_2\cos(\theta_1+\theta_2)\}\\
&\quad-\{-l_1\cos\theta_1-l_2\cos(\theta_1+\theta_2)\}\cdot\{l_2\sin(\theta_1+\theta_2)\}\\
&=l_1l_2\{-\sin\theta_1\cos(\theta_1+\theta_2)+\cos\theta_1\sin(\theta_1+\theta_2)\}\\
&=l_1l_2\{\sin(\theta_1+\theta_2)\cos\theta_1-\cos(\theta_1+\theta_2)\sin\theta_1\}\\
&=l_1l_2\sin\{(\theta_1+\theta_2)-\theta_1\}\\
&=l_1l_2\sin\theta_2
\end{aligned} \tag{8·35}$$

となる．この式から，$\theta_2=0$であれば$\det(\boldsymbol{J})=0$となることが確認できる．

次に特異点の近傍，すなわち可動領域の端に近い点ではどのような挙動をするか考えてみよう．**図8·16**に示すように，$\theta_1=0$，$\theta_2=\delta$（微小値，$\delta\neq0$）とおくと，δが微小値なので$\sin\delta=\delta$，$\cos\delta=1$と近似でき

$$\boldsymbol{J}=\begin{pmatrix} -l_2\delta & -l_2\delta \\ l_1+l_2 & l_2 \end{pmatrix} \tag{8·36}$$

となる．この行列式の値は$l_1l_2\delta$となり，確かに0ではない小さな値である．これを用いて，逆行列$\boldsymbol{J}^{-1}$は

$$\boldsymbol{J}^{-1}=\frac{1}{l_1l_2\delta}\begin{pmatrix} l_2 & l_2\delta \\ -(l_1+l_2) & -l_2\delta \end{pmatrix} \tag{8·37}$$

となり，1行1列の要素と2行1列の要素は絶対値がきわめて大きい値であるこ

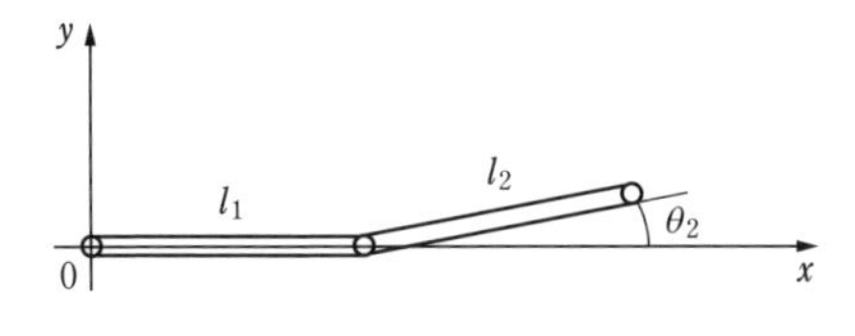

図8·16　特異点の近傍

とがわかる．これを $\begin{pmatrix}\dot{\theta}_1\\ \dot{\theta}_2\end{pmatrix}=\boldsymbol{J}^{-1}\begin{pmatrix}\dot{x}\\ \dot{y}\end{pmatrix}$ に代入して考えると，小さな $\dot{x}$ の値に対してもの $\dot{\theta}_1$，$\dot{\theta}_2$ ともに大きな値となることがわかる．これは x 方向に少しでも動くと，θ_1 も θ_2 も大きく動くことを意味している．このように，特異点近傍ではマニピュレータ先端が少しでも動くと関節角が大きく移動することがあり，安全面で注意が必要であるということがわかる．

一方，$|\sin\theta_2|=1$ となるとき，すなわち $\theta_2=\pm(\pi/2)$ のとき，行列式の値は $\det(\boldsymbol{J})=l_1 l_2$ なる最大値をとる．特異点とは逆に，このときはどの方向にも動きやすくなる．すなわち外力に対しての抵抗が小さいこと，すなわち柔らかく動くことを意味している．これはちょうど，肘を直角にした状態であり，字を書くときや食事をするときに，肘を直角にした状態であればあらゆる方向に動きやすく，かつ，力を使わないので疲れないということになる．これを示したのが**図 8·17** である．

④ 可 操 作 度

これまでに，ヤコビ行列の解析によって，動きやすい場所と動きにくい場所があることが理解できた．これをもう少し解析してみよう．

関節角度の微小変化をそれぞれ $\Delta\theta_1$，$\Delta\theta_2$ とし，$\sqrt{(\Delta\theta_1)^2+(\Delta\theta_2)^2}\leqq 1$ の条件で $\Delta\theta_1$，$\Delta\theta_2$ を変化させ，式 (8·24)，式 (8·25) における $d\theta_1$，$d\theta_2$ に代入すると，結果として算出された dx，dy を Δx，Δy と読み替えて図を描くと，**図 8·18** に示すような楕円体となる．これは動きやすさの指標を表すので**可操作性楕円体**と呼ばれる．またこの楕円の面積（一般的には体積）は**可操作度**と呼ばれる指標となる．この楕円体の主軸方向（長軸と短軸の方向）はヤコビ行列の特異値分解で

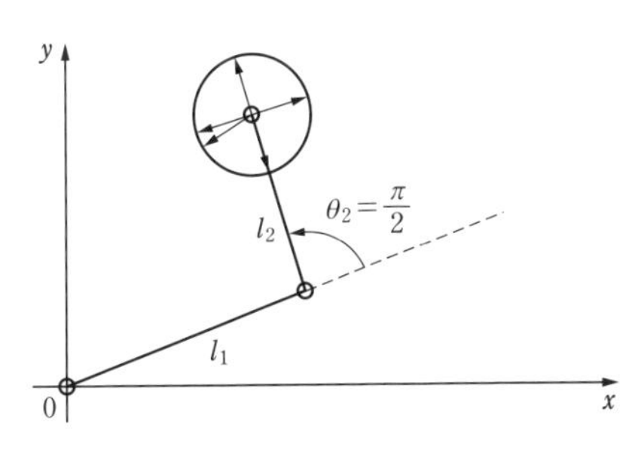

図 8·17　肘を直角に曲げた状態

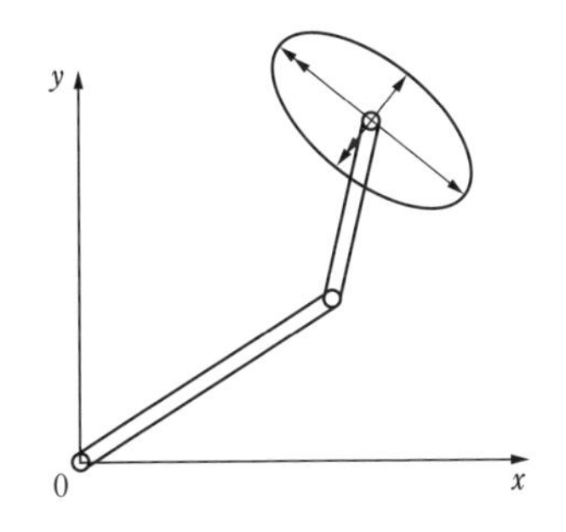

図 8·18　動きやすさの方向を示す楕円体

得られるが，それは他文献に譲ってここでは省略する．可操作度は

$$w = |\det(\boldsymbol{J})| \quad \text{（ヤコビ行列が正方行列のとき）}$$

$$w = \sqrt{det(\boldsymbol{J}\boldsymbol{J}^T)} \quad \text{（ヤコビ行列が正方行列でないとき）} \qquad (8\cdot38)$$

と定義される．

図8·18で明らかなように，可操作楕円体の長軸方向には動きやすく，短軸方向には動きにくいということになる．動きやすさは外力に対しての弱さとも解釈できるので，外力に対しては，長軸方向は弱く短軸方向には強い．ロボットマニピュレータに限らず，この種の感度解析は2リンクマニピュレータの場合には式（8·35）で示したように $w = l_1 l_2 |\sin\theta_2|$ であるので，特異点のときには，図8·14で示したように円弧状となり，可動領域の真ん中に近づくとだんだん図8·17のように楕円の短軸の長さが長くなり，$\theta_2 = \pm(\pi/2)$ のときに図8·16で示したように可操作楕円体は真円になり，可操作度 w は最大となる．またリンクの長さを $l_1 + l_2 =$ 一定という条件で変化させるときには $l_1 = l_2$ のときに可操作度 w は最大となる．人間の上腕と前腕の長さがほぼ同じであることから，可操作度が高くなるようなリンク長となっていることがわかる．

5　静力学との関連

図8·19のようにマニピュレータ先端に外力 $\boldsymbol{P}$ が作用していると仮定する．マニピュレータが動かずにそのまま静止状態を保つためには，この力に釣り合うような力（向きは反対方向）$\boldsymbol{F}$ を発生できればよい．では，マニピュレータ先端で力 $\boldsymbol{F}$ を発生するには，いかなる関節トルクを与えればよいだろうか．

いま，力 $\boldsymbol{F} = \begin{pmatrix} F_x \\ F_y \end{pmatrix}$，関節トルク $\boldsymbol{\tau} = \begin{pmatrix} \tau_1 \\ \tau_2 \end{pmatrix}$（ただし，$\tau_1$ は関節1のトルク，τ_2 は関節2のトルク）

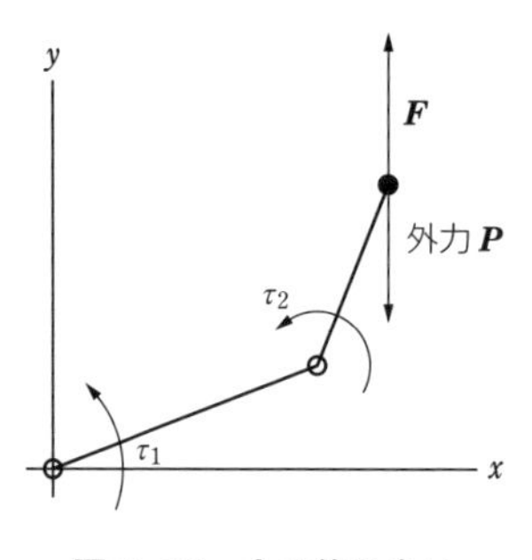

図8·19　力の釣り合い

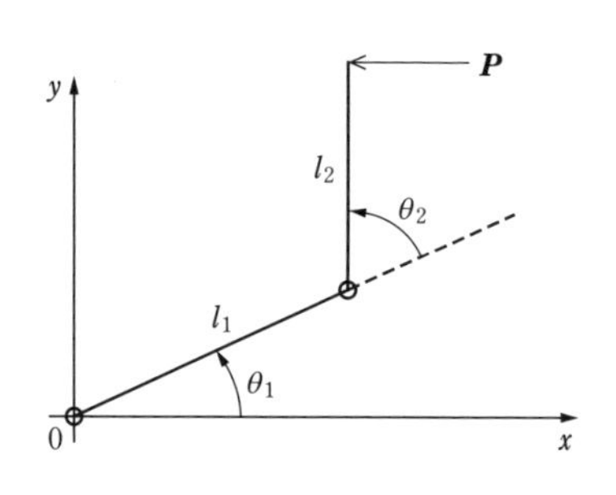

図8·20　静力学の計算例

とするとき，これらは

$$\boldsymbol{\tau} = \boldsymbol{J}^T \boldsymbol{F}$$

の関係で表される．証明は省略する（仮想仕事の原理を使って証明するのが普通）．ヤコビ行列の転置行列を使っていることに注意しよう．

図 8·20 に示すように，$\theta_1 = \pi/6$，$\theta_2 = \pi/3$ で外力が $\boldsymbol{P} = \begin{pmatrix} -p \\ 0 \end{pmatrix}$ だと仮定する．この場合 $\boldsymbol{F} = \begin{pmatrix} p \\ 0 \end{pmatrix}$ を先端で発生すればよいので

$$\boldsymbol{J} = \begin{pmatrix} -l_1 \sin\frac{\pi}{6} - l_2 \sin\left(\frac{\pi}{6} + \frac{\pi}{3}\right) & -l_2 \sin\left(\frac{\pi}{6} + \frac{\pi}{3}\right) \\ l_1 \cos\frac{\pi}{6} + l_2 \cos\left(\frac{\pi}{6} + \frac{\pi}{3}\right) & l_2 \cos\left(\frac{\pi}{6} + \frac{\pi}{3}\right) \end{pmatrix} = \begin{pmatrix} -\frac{1}{2} l_1 - l_2 & -l_2 \\ \frac{\sqrt{3}}{2} l_1 & 0 \end{pmatrix}$$

を $\boldsymbol{\tau} = \boldsymbol{J}^T \boldsymbol{F}$ に代入して

$$\begin{pmatrix} \tau_1 \\ \tau_2 \end{pmatrix} = \begin{pmatrix} -\frac{1}{2} l_1 - l_2 & \frac{\sqrt{3}}{2} l_1 \\ -l_2 & 0 \end{pmatrix} \begin{pmatrix} p \\ 0 \end{pmatrix} = \begin{pmatrix} -\left(\frac{1}{2} l_1 + l_2\right) p \\ -l_2 p \end{pmatrix}$$

を得る．これはヤコビ行列の知識がなくても，高校の物理の知識でもこの結果は計算できるので，確認しておこう．また，トルクは角度のとり方と同様に，反時計回りを正とするので，この場合，負のトルクになる．

次に，先ほどの特異点の状態を考えてみよう．**図 8·21** に示すように，$\theta_1 = \pi/2$，$\theta_2 = 0$ の状態を考える．外力がアーム先端に左向きに p，すなわち $\boldsymbol{P} = \begin{pmatrix} -p \\ 0 \end{pmatrix}$ だと

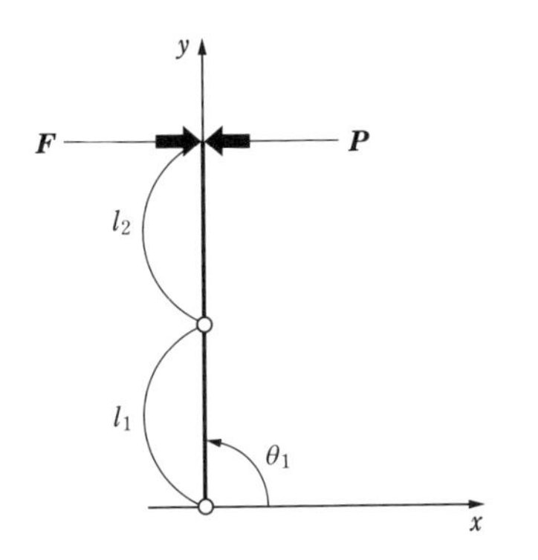

図 8・21　特異点における円周方向の力

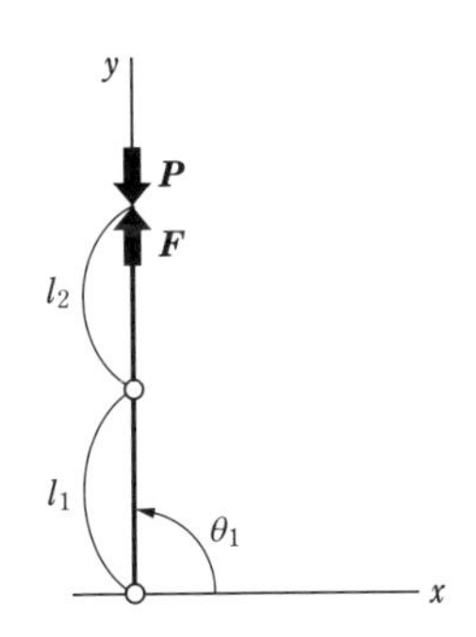

図 8・22　特異点における放射方向の力

すると，$\boldsymbol{F}=\begin{pmatrix} p \\ 0 \end{pmatrix}$ を発生すればよいので，これを代入して

$$\begin{pmatrix} \tau_1 \\ \tau_2 \end{pmatrix}=\begin{pmatrix} -(l_1+l_2) & 0 \\ -l_2 & 0 \end{pmatrix}\begin{pmatrix} p \\ 0 \end{pmatrix}=\begin{pmatrix} -(l_1+l_2)p \\ -l_2 p \end{pmatrix}$$

となる．これはモーメントを考えてみれば，すぐにわかるだろう．

次に，同じ大きさの外力がリンクの放射方向にかかっているような**図8･22**の場合を考えてみよう．このときは $\boldsymbol{P}=\begin{pmatrix} 0 \\ -p \end{pmatrix}$ であるので $\boldsymbol{F}=\begin{pmatrix} 0 \\ p \end{pmatrix}$ となり

$$\begin{pmatrix} \tau_1 \\ \tau_2 \end{pmatrix}=\begin{pmatrix} -(l_1+l_2) & 0 \\ -l_2 & 0 \end{pmatrix}\begin{pmatrix} 0 \\ p \end{pmatrix}=\begin{pmatrix} 0 \\ 0 \end{pmatrix}$$

となり，関節トルクは不要であるということがわかる．これは，肘が伸び切った腕，あるいは膝が伸び切った脚を想像すればよく，この状態であれば，腕の方向や脚の方向に力がかかっても筋肉の力が要らないということになる．われわれが外からの力に反して体を支えるときに，意識せずに肘を伸ばしていることがあるが，これは力学的に理にかなっていることがわかる．

以上から，特異点においては，円周方向は動きやすく放射方向には動きにくいということが，このことからも確認できた．

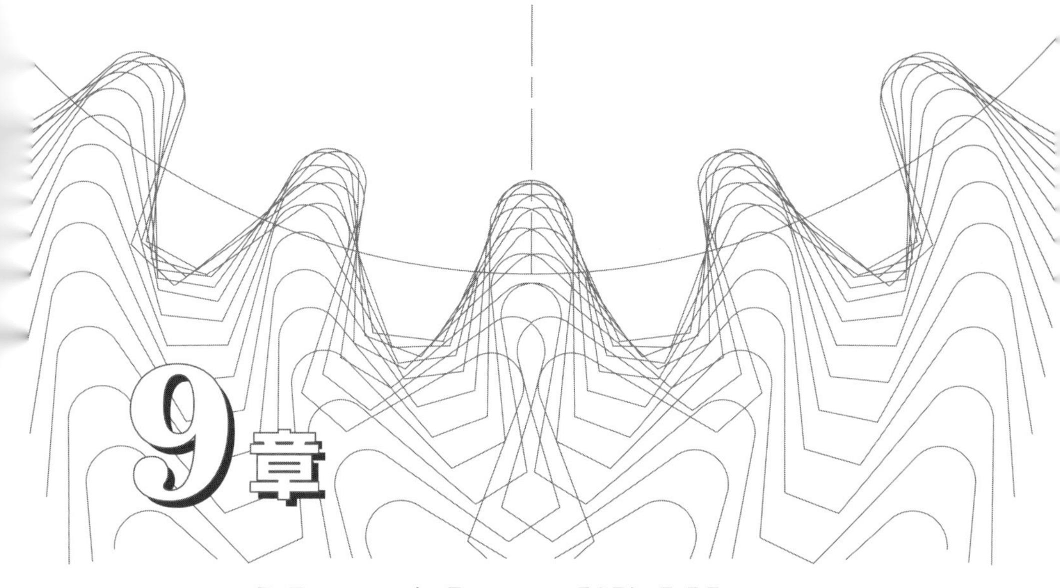

9章 位置決め機構の構築

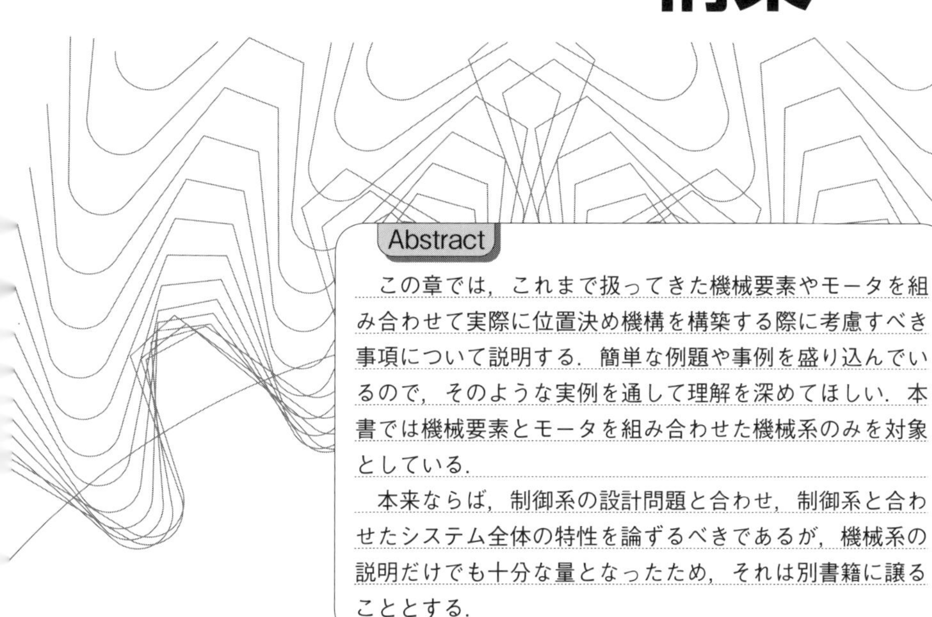

Abstract

この章では，これまで扱ってきた機械要素やモータを組み合わせて実際に位置決め機構を構築する際に考慮すべき事項について説明する．簡単な例題や事例を盛り込んでいるので，そのような実例を通して理解を深めてほしい．本書では機械要素とモータを組み合わせた機械系のみを対象としている．

本来ならば，制御系の設計問題と合わせ，制御系と合わせたシステム全体の特性を論ずるべきであるが，機械系の説明だけでも十分な量となったため，それは別書籍に譲ることとする．

9·1 位置決め機構の設計

この節では，モータとほかの機械要素を組み合わせての複合問題について，例を挙げながら説明する．

 エンコーダの選び方

【例題 9-1】ボールねじの位置決め精度

基本例題として，**図 9·1** に示すように，ボールねじを使ってテーブルを移動して位置決めする問題を考える．

ボールねじのねじが 1 条ねじと仮定して，ピッチを 10 mm とする．すなわち 1 回転したらテーブルは 10 mm 並進する．このボールねじを使って，10 μm の分解能で位置決めしたい．そのためには 1 回転何パルスのエンコーダを使えばよいだろうか．

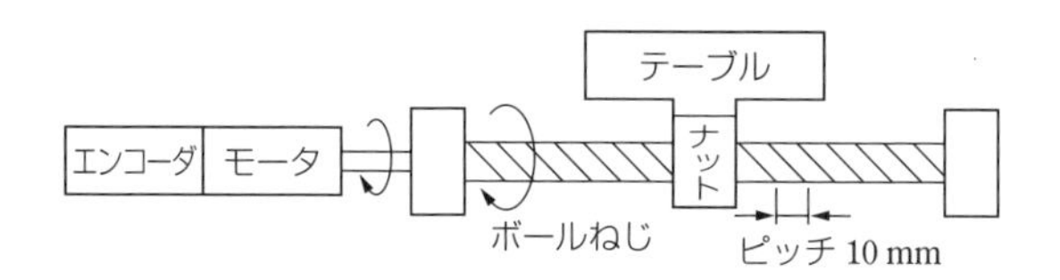

図 9·1　ボールねじの位置決め分解能

［答］　ピッチとは，ねじ 1 回転当りの並進量なので単位を〔mm/rev〕と表記すると，エンコーダ 1 パルスに対して 10 μm 以下の並進量となればよい．1 mm = 1 000 μm であるので

$$\frac{10\ \text{〔mm/rev〕}}{x\ \text{〔pulse/rev〕}} \leqq 10\ \text{〔}\mu\text{m/pulse〕}$$

$$\therefore \quad x \geqq 1000\ \text{〔pulse/rev〕}$$

よって 1 回転 1 000 パルス以上のエンコーダを使えばよい．

【例題 9-2】エンコーダの配置による分解能の違い

図 9·2 のように，モータの運動が減速機を介して車輪に伝えられるとする．減速比を 10 と仮定する．すなわち，モータが 10 回転したら車輪が 1 回転する．モータに接続されたエンコーダ 1 と車輪に接続されたエンコーダ 2 はともに同じ

性能とし，ここでは1回転300パルス（300〔pulse/rev〕）と仮定する．このときの角度分解能を調べてみよう．

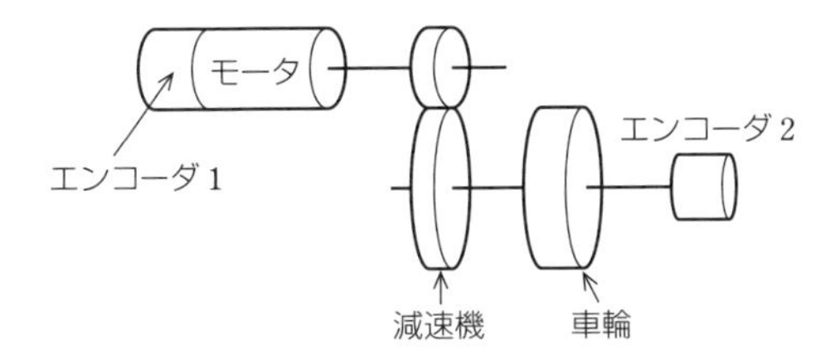

図9·2　エンコーダはどこに配置すべきか

［答］　車輪が1回転するときモータは10回転する．すなわちエンコーダ1は10回転する．するとエンコーダ1は300 × 10 = 3 000パルス発生する．このとき，分解能は

$$\frac{360\,〔°/\text{rev}〕}{300\times 10\,〔\text{pulse/rev}〕}=0.12\,〔°/\text{pulse}〕$$

となる．一方，エンコーダ2を使うと，エンコーダの回転量と車輪の回転量とは同じなので，車輪1回転に対してエンコーダは300パルス発生する．

$$\frac{360\,〔°/\text{rev}〕}{300\,〔\text{pulse/rev}〕}=1.2\,〔°/\text{pulse}〕$$

すなわち，減速機を用いる場合には，エンコーダを減速機から見てモータ側に配置したほうが，分解能は見かけ上高くなる．分解能の高いエンコーダは高価なので，エンコーダを減速機のモータ側に配置することのメリットが理解できるだろう．

【例題9-3】モータの角速度からエンコーダパルスの発生速度を算出する

例題9-2と同じ設定で，モータを1 000 rpmで回転させる（〔rpm〕=〔rev/min〕）．このとき，車輪の角速度を求め，〔rad/s〕単位で答えよ．また，このときモータに一体化されたエンコーダ（1回転600パルスとする）のパルスの発生速度〔pulse/s〕はどうなるか．

［答］　まず〔rpm〕を〔rad/s〕に単位変換する．〔rpm〕は1分当たりの回転数なので，1秒当たりの回転数に直し，またラジアン単位に変換する（1回転 = 2π〔rad〕）．次に減速比10の減速機で速度は10分の1に減速されるので

$$1\,000\,[\mathrm{rpm}] \times \frac{2\pi\,[\mathrm{rad/rev}]}{60\,[\mathrm{s/min}]} \times \frac{1}{10} = \frac{10}{3}\pi = 10.5\,[\mathrm{rad/s}]$$

ここでπの値を使用しているので，結果を有効数字3桁に丸めている．またエンコーダのパルス発生速度は1 000〔rev/min〕= 1 000/60〔rev/s〕から

$$\frac{1\,000}{60}\,[\mathrm{rev/s}] \times 600\,[\mathrm{pulse/rev}] = 10\,000\,[\mathrm{pulse/s}]$$

となる．このように，めんどうでも分数形式で書くことと単位を付記することで，間違いは確実に減る．

【例題9-4】　減速機によるトルクの変化

前と同じ設定で，車輪が一定速度で回転していると仮定して，負荷トルクが0.5〔Nm〕かかっているとき，モータで発生すべきトルクはいくつ以上とすればよいか．

［答］　この場合，車輪が一定速度で回転しているので加速度は0であり，慣性力（トルク）の影響はない．したがって，この減速機によってモータのトルクは10倍になることを考慮すると，負荷トルクをそのまま減速比だけ小さくすればよい．

減速比10なので

$$0.5\,[\mathrm{Nm}] \div 10 = 0.05\,[\mathrm{Nm}] = 50\,[\mathrm{mNm}]$$

となる．単位は，ミリニュートンメートルである．ちなみに，理想状態では，モータが一定速度で回っているときには発生トルクは0であり，したがって，モータには電流は流れない．実際には若干のトルク損失があるので，一定回転数を保つためにはトルク損失を補うためにわずかな電流が流れる．

②　モータおよび減速比の選び方

そもそも，なぜ減速機を使うのか？　通常の電動式のモータは出力トルクが小さいのが特徴なので，モータをより速く回転させて減速機を使って減速することで，減速比の分だけトルクを稼ぐためである．低速で高トルクのモータは少ない．その特徴を持つ「ダイレクトドライブモータ」は，その名前のとおり減速機を必要としないが，直径が大きく重量も大きくかつ高価なので，ロボット用としては限られた用途でのみ使われる．

ここでは減速機を介して電動モータから負荷を駆動することを想定し，減速比を選定するときに考慮すべき事項について説明する（**図9·3**）．

まず，負荷（load）の慣性モーメントを J_L〔kg·m²〕，角速度を ω_L〔rad/s〕，負荷トルクを T_L〔Nm〕とし，モータの慣性モーメントを J_M〔kg·m²〕，モータの角速度を ω_M〔rad/s〕，発生トルクを T_M〔Nm〕とする．また，減速機の減速比を R とする．慣性モーメントに関しては厳密には減速機と回転軸も考慮すべきであるが，半径が小さいため影響度が少ないので，ここでは省略する．

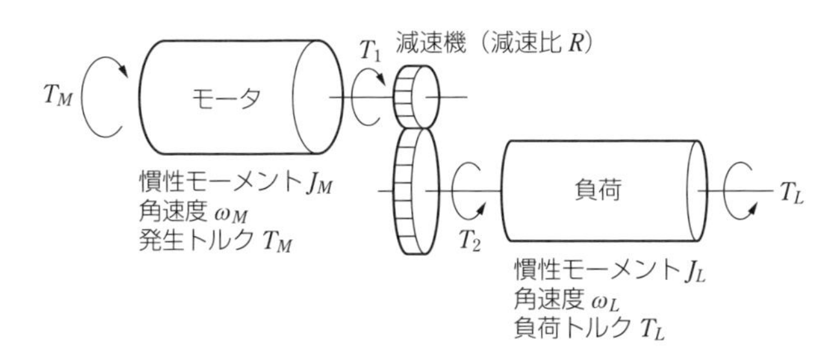

図 9·3　減速機を介して負荷を動かす

まず，減速比の定義から

$$\omega_M = R\omega_L \tag{9·1}$$

である．また，エネルギー保存則から，減速機によるトルク伝達は

$$T_2 = RT_1 \tag{9·2}$$

となる．

減速比の定義から角速度 ω_L の最大値 $\omega_{L,\max}$ を R 倍した値がモータの最大角速度 $\omega_{M,\max}$ より小さい必要があるので

$$\omega_{M,\max} \geqq R\omega_{L,\max} \tag{9·3}$$

から R の最大値が求められる．

次に，角速度 ω_L の最大値 $\omega_{L,\max}$ では角加速度 $\dot{\omega}_L = 0$ であることと，負荷トルクの最大値 $T_{L,\max}$ に対しても，この式による右辺の値がモータの最大トルク $T_{M,\max}$ を下回る必要があることから

$$RT_{M,\max} \geqq T_{L,\max} \tag{9·4}$$

から R の最小値が求められる．

以上から，減速比 R は

$$\frac{T_{L,\max}}{T_{M,\max}} \leqq R \leqq \frac{\omega_{M,\max}}{\omega_{L,\max}} \tag{9·5}$$

の範囲で選ぶことになる．もちろん，現時点ではモータの最大トルクも最大回転

数も決まっていないので決定できない．

次に，モータと車輪側でそれぞれ運動方程式を立てて，モータに必要なトルクを求める．

モータのロータ軸に作用する負荷トルクを T_1〔Nm〕，負荷の軸周りに作用するモータからのトルクを T_2〔Nm〕とすると，モータの発生トルクはモータ自身を回すのと負荷を回すのに使われるので，モータの運動方程式は

$$J_M\dot{\omega}_M + T_1 = T_M \qquad (9\cdot6)$$

となる．伝達されたトルクは，負荷自身を回すのと負荷トルクに使われるので，負荷の運動方程式は

$$J_L\dot{\omega}_L + T_L = T_2 \qquad (9\cdot7)$$

となる．

またエネルギー保存則から，減速機によるトルク伝達は

$$T_2 = RT_1 \qquad (9\cdot2：再掲)$$

となる．よって，これらの式から，モータの発生トルク T_M は

$$T_M = J_M\dot{\omega}_M + \frac{T_2}{R} = J_M R\dot{\omega}_L + \frac{J_L\dot{\omega}_L + T_L}{R} = \frac{(J_M R^2 + J_L)\dot{\omega}_L + T_L}{R} \qquad (9\cdot8)$$

となる．本来は，この式を用いてモータのトルクを選ぶが，この時点では慣性モーメント J_M の値は決められない．そこでモータの慣性モーメント J_M が負荷の慣性モーメント J_L に比べて十分小さいと考えて $J_M = 0$ と仮定すると，減速比も最初は適当な値（例えば3）を仮定してトルク T_M を試算すると

$$T_M = \frac{J_L\dot{\omega}_L + T_L}{R} \qquad (9\cdot9)$$

と簡略化される．減速比にはこのように，最初は式（9・5）の範囲内の適当な値を仮定してトルク T_M を試算するとよい．

次にモータのカタログを見ながら慣性モーメントや最大角速度を当てはめていき，減速比 R とトルク T_M を決めていく．当然，大きさと質量，および予算が許す限り，余力があるものを選ぶ．減速比のだいたいの値が決まれば，入出力の軸の方向の関係から歯車の種類を選び，上記の条件を満たす範囲で，カタログから適切な歯数を決定する．最後に伝達効率のチェックをして，要求仕様を満たすかを確認する．

なお，式（9・8）において，$J_M R^2 + J_L$ という項があるが，これは $J_M R^2 = J_L$ のときに，最小にすることができる．これは負荷トルク $T_L = 0$ という条件で，

[Column] 減速機の伝達効率

トルク伝達は，本来は伝達効率（減速効率，ギヤ効率などとも呼ばれる）η を使って $T_2 = \eta RT_1$ となる．η の値には，平歯車の場合には1段減速ごとに0.9を掛けると想定するのが一般的である．例えば1段減速なら $\eta = 0.9$，2段減速なら $\eta = 0.81$ となる．一般に高減速比の減速機は伝達効率が小さく，数十％程度のものもある．効率は歯車の歯への力のかかり方で決まるが，複雑なので，詳細は歯車の専門書（現在は少ない）か機械設計便覧を参照のこと．ここでの概算値としては1.0，すなわち伝達時のロスはないと仮定してよい．設計時はこうしておいて，計算値より大きめのトルクをもつモータを選定すればよい．これは材料力学における安全係数と類似した考え方といえる．

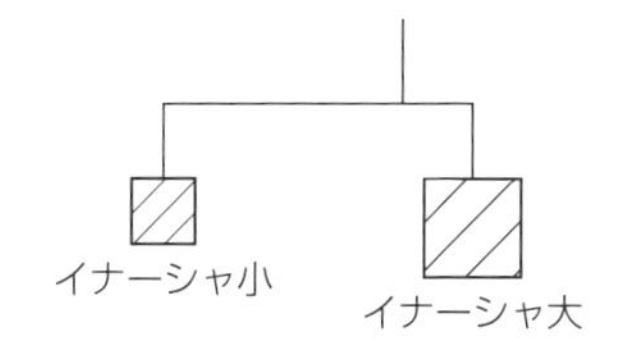

図9·4　機械インピーダンスマッチングのイメージ（てこと同じ）

$d \cdot \omega L/dR = 0$ を満たすときの減速比 R を求めるとわかる（計算してみよう）．すなわち，$R = \sqrt{J_L/J_M}$ のときに負荷の加速度 $\dot{\omega}_L$ を最大にすることができるので最短時間制御を実現できる．これは**機械インピーダンスマッチング**と呼ばれ，減速機の両側で同等の慣性モーメントとなることを意味する．重さの違うてこが釣り合っているイメージを想像するとよい（**図9·4**）．減速比をこの値に近づけることができれば効率が良くなるので，効率の向上を図りたければ，減速比の値が $\sqrt{J_L/J_M}$ に近いかどうか確かめてみよう．

③ フィードバックのとり方

例えば，図9·1で扱ったボールねじを使ってのテーブル位置決め問題において，位置決めが正確に行われているかどうかを確認する必要があろう．このテーブル位置決め問題は，NC工作機械でも直角座標ロボットでもまたプリンタのヘッドの位置決め問題も同じである．また，ボールねじなので運動は並進運動であるが，回転運動に関しても本質的には変わりはない．

5章において，DCモータの速度情報をフィードバックすることについては説明した．いまの課題は位置決めなので，位置情報についてもフィードバックするかどうかを議論しよう．もし位置フィードバックをするとしたら，速度フィードバックの外側でフィードバックすることになる．その可能性は以下の3点に分類される．

① フルクローズドフィードバック（full-closed feedback）

② セミクローズドフィードバック（semi-closed feedback）

③ オープンループ（open loop）

図9·5は，それをブロック線図で示したものである．

フルクローズドフィードバックは単にクローズドフィードバックと呼ばれることもある（図9·5では①で示している）．これは制御対象である実際の機械の動きを測定し，それをフィードバック情報とする方法である．制御対象の特性（例えば機械の変形も考慮できる）を含んでフィードバックするので，制御性能が高くなる．ただし，機械系の特性と制御系の特性が両方含まれるので2次以上の系となり，振動が発生しやすくなるので注意が必要である（図5·8における一般的な場合では，オーバーシュートが発生していることに注目せよ）．

セミクローズドフィードバックは，制御対象の動きの代わりにモータの動きをフィードバックするもので，図9·5②では位置フィードバックとしているが，これを速度フィードバックで代用するという簡略化もある．制御対象のモデル化が不要であるので結果として上記の振動の問題が発生しにくく，システム構築が容易なので，実際には多用される．図9·1のようなテーブル位置決め制御の場合，テーブルの位置情報でもなくモータの位置情報でもなく，テーブルを駆動するボールねじの位置情報をフィードバックするような折衷型もある．

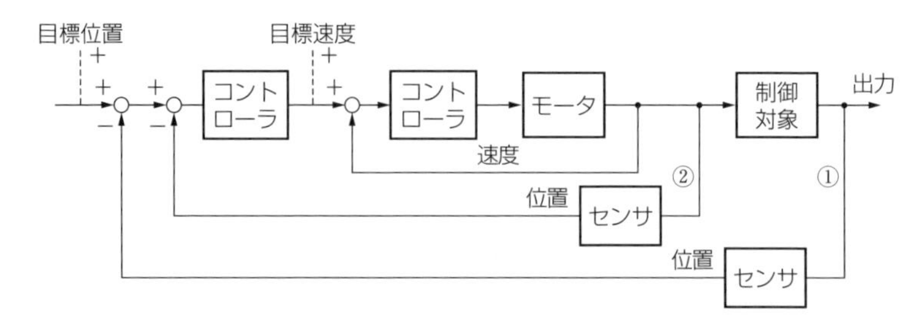

図9·5　位置決め制御におけるフィードバックの種類

オープンループはフィードバックを用いない方法である．位置決め機構で位置情報をフィードバックしないということは信頼性に欠けるが，DC モータではなくてステッピングモータ（パルスモータ）のような位置制御型のモータを使う場合には，フィードバックを使わないことが多い．システムが簡略化できるのが特徴である．

これらの方法はケースバイケースで選ばれるべきであるが，DC モータを使う限りは，速度フィードバックだけはハードウェアで実現しておき，位置フィードバックはハードウェアで実現してもよいし，ソフトウェアで実現してもよい．

9·2　加減速の決め方（カム曲線から計算機制御へ）

1　加速と減速の基本

まず，簡単な例題を考えてみよう．移動ロボットが**図 9·6** のような速度変化をしたとする．このとき

① 総移動量はいくつか．

② 位置の変化のグラフを描け．

といった問題について考えてみる．与えられた図は移動ロボットならではの速度値になっているが，ほかのロボット，ほかの機構でも同等の考え方ができるので，この考え方をぜひ理解してほしい．

この場合，総移動量はグラフと横軸で囲まれる三角形の面積であるので，50 m であることがわかる．また位置は速度の積分であるので，速度が直線，すなわち 1 次曲線であれば，位置は 2 次曲線となることは明らかであるので，位置の変化のグラフは**図 9·7** となる．

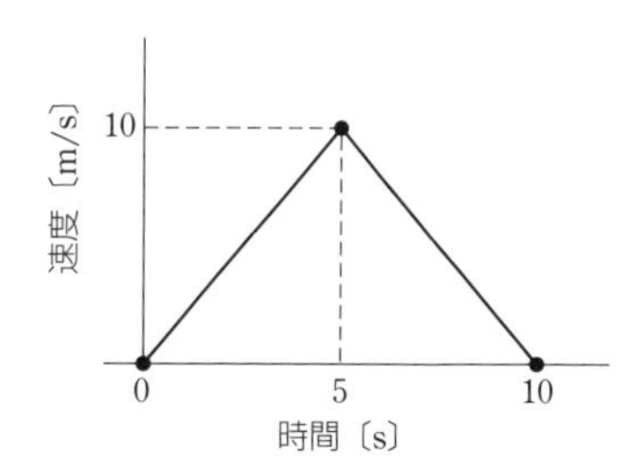

図 9·6　速度の変化の一例

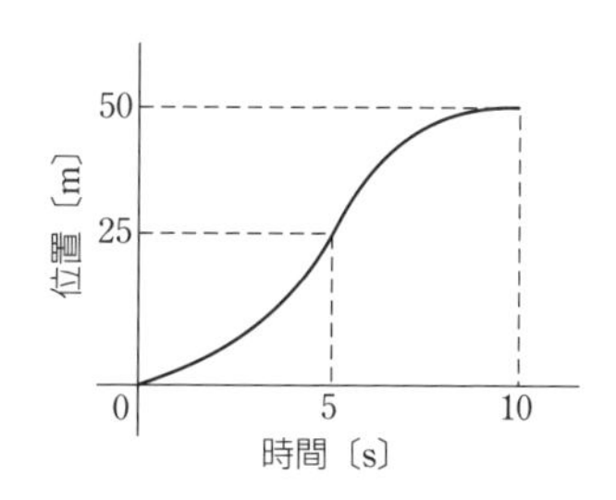

図 9·7　位置の変化のグラフ

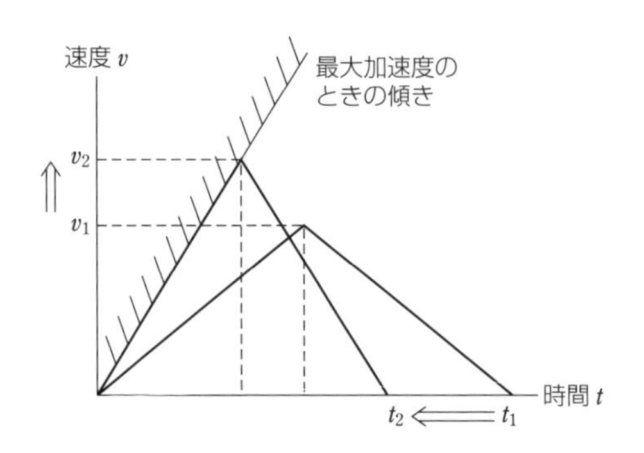

図 9·8　最短時間制御の実現（最大加速・最大減速）

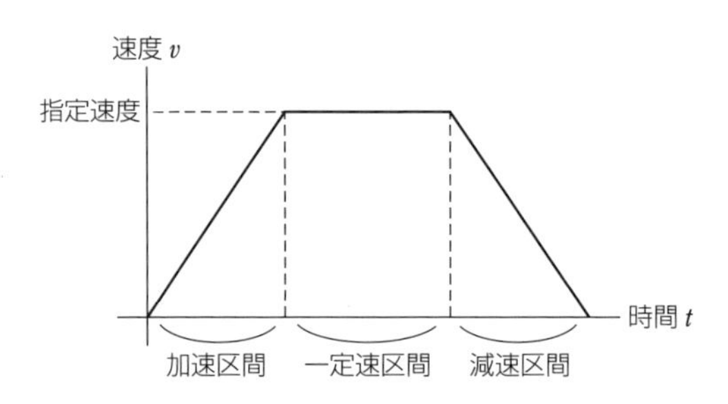

図 9·9　一般的な速度制御曲線

これは，一定時間加速，一定時間減速の場合の速度の変化および位置の変化を表している．もし最大加速度で動いたら速度曲線の傾きが最大となるので，面積一定という条件から最短時間制御が実現できる．**図 9·8** はそれを表している．時間 t_1 で位置決めしているときの最大速度を v_1 とし，加速度と減速度は同じであると仮定する（すなわち傾きの絶対値は同じ）．時間 t_1 で移動するときの加速度を上げて最大加速度で移動するときの時間を t_2 とし，そのときの最大速度を v_2 とする．総移動距離は三角形の面積であり，この場合，総移動距離 $= (1/2) v_1 t_1 = (1/2) v_2 t_2$ である．これが一定であるならば，$v_2 > v_1$ なら $t_2 < t_1$ となる．つまり傾きが最大のときには移動時間は最短となり，このときが最短時間制御となる．

一般的には加速してすぐ減速することは少なく，一定速の区間を設けることのほうが多い．それを**図 9·9** に示す．グラフの形から，この曲線は**台形曲線**と呼ばれる．

② 加減速パターンの実現方法

ロボットを動かす際には，このような速度曲線を実現すればよいのだが，本書の2章から4章まででで学んだように，ロボットアームの先端や移動ロボットの動きを，このような台形曲線で規定される運動にしたい場合，逆運動学によってこれがモータの運動に変換される．この変換は一般的には非線形変換なので，モータの運動は必ずしもこのような単純な動きにならないことに注意しよう．しかし，これはモータへの速度指令が複雑になるので，実際にはモータを上記のような台形曲線で速度制御することで簡易化している場合もある．これは応用作業の要求によってこの選択がなされる．

ロボットを含む一般的な機械では，機械運動の速度指令をするために大きく分けて以下のような方法がある．

(1) 機械式カムを使って，カムの形状で指定された速度制御を行う方法（ハードウェアによる速度制御．上位コンピュータは不要．この場合，カムを回転するモータは一定速度で回るだけであり，加減速はしない）．

(2) モータコントローラで決められた速度曲線のパターン（多くは図9·9の方式の固定パターン）で速度制御する方法（指令値を記憶することで上位コンピュータを使わなくてもすむ場合と，上位コンピュータから指令値を随時受け取る場合とがある）．

(3) コンピュータで任意の速度曲線を計算し，生成された速度の値をモータに指令する方法（純粋なソフトウェア制御）．

簡単にいえば，(1) はモータの加減速を行わないが，(2) と (3) はモータの加減速を必要とする，という違いである．ロボット製作者はコンピュータを得意とする場合が多いので (3) のソフトウェア制御の方式，または (2) のコンピュータとモータコントローラを併用する方式を採用することが多い．基本的にコンピュータ制御に分類されるこれらの方法は，負荷の変動にもソフトウェアの工夫で対応することができるので，フレキシビリティが高いのが特徴である．なお，力制御を伴う場合にはモータの速度ではなくモータの発生トルクに注目するため，モータへは電圧指令ではなくて電流指令を使うことになるが，速度の実現という観点では (3) の特殊形とみなす．

一方，(1) の方法はコンピュータ制御が使われる前から行われてきた方法で，生産現場では実績が多い．加減速の仕方はカムの輪郭線を設計する際に考慮されるので，別の加減速パターンを使いたい場合には別のカムを使わなければならない．この点でフレキシビリティには欠けるが，モータは加減速の際に時定数の影響で位置決め時間の遅れが発生する可能性がある一方，カムを使った方法ではモータの加減速を行わないのでその心配がなく，結果として位置決めの信頼性が高いといえる．

3 いろいろな加減速パターン

先に学んだ速度曲線についてもう少し解析してみよう．

位置は速度の積分，加速度は速度の微分なので，これらのグラフを並べて描いてみると運動の性質が見えてくる．なお，以下のグラフでは，位置・速度・加速度を示すが，回転運動における角度・角速度・角加速度でも同様であるので，ここでは一般化された座標として解釈してほしい．

(a) 等速運動（速度が不連続）

図9·10に示すように，モータを停止状態から一定速度で動かすという指令である．多くの初心者は，モータを動かそうとするときには，ここにあるように一定電圧をかける．また，このような指示をすると物体はそのとおりに動くと思っている．実際，数学的にはこれが最も単純であり，わかりやすい．

しかしながら問題点がいくつかある．まず，動き出す瞬間と停止する瞬間は，理論的には無限大の加速度が生じ，これが衝撃力となりうる．しかし，実際には無限大の加速度は発生しない．モータを動かす際には，負荷とモータ自身による

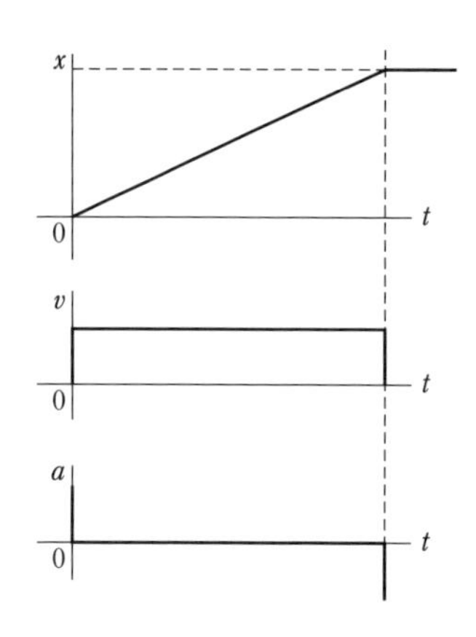

図9·10　等速運動における位置・速度・加速度の変化

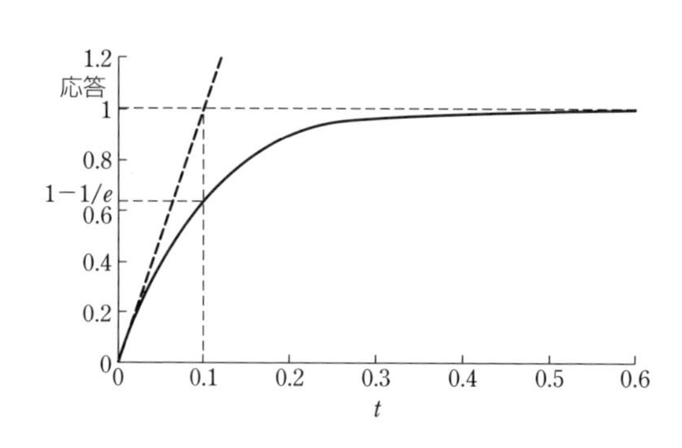

図9·11　応答の遅れ（時定数が0.1のとき）

慣性モーメントの影響で，指令に対しての応答は遅れる．これは制御工学にてステップ応答として学ぶ内容である．一般的に，物体は「動け」と指令してから実際にその動き（この場合は指定速度）になるまでは若干の遅れ時間がある（**図9·11**）．加速度は速度曲線の傾きであるので，これに伴って加速度の大きさは有限値となる．詳細は制御工学の書籍を参照してほしい．

(b)　等加速度運動（加速度が不連続）

等加速度運動のうち，**図9·12** (a) に一定速度区間がない場合，図 (b) に一定速度区間のある場合を示す．(a) が ① に示した速度曲線であることを思い出そう．ただし，後述の無次元化をしてグラフ化している．

この方法は実際の使用例が多いが，問題がないわけではない．前と違って速度は連続に変化しているものの，図9·12において点線で囲んだ部分は加速度が不連続となっている．加速度が不連続ということは衝撃力が発生することを意味している．自動車が急停止した直後にガクッと後ろに体が動くような感覚がまさにその加速度の不連続性を示している．またモータの加減速を行う場合には応答の遅れの問題は先の場合と同様に避けられない．しかし，モータの応答の遅れのせいで加速度がある程度連続的に変化しているので，加速時にはこの不連続性の問題は多少緩和されている．その分，減速して停止する際により大きな衝撃がくる．

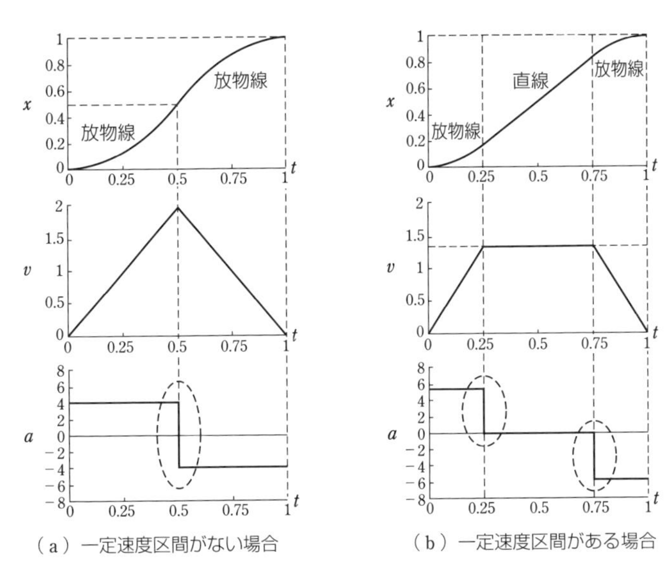

（a）一定速度区間がない場合　（b）一定速度区間がある場合

図9·12　等加速度運動における位置・速度・加速度の変化

イナーシャ（並進では質量，回転では慣性モーメント）の大きい物体ほど，この問題に注意しなければならない．すなわち，加速は簡単だが減速には気をつけなければならない．そこで，このような速度制御をする場合には，加速時間と減速時間を同じにするのではなく，減速時間を多少長めに設定するとよい．

図 9·12 に示したグラフの元となった数式を以下に示そう．

最初に，移動時間や移動距離に関係なく数式を立てるために**無次元化**を行う．実際の位置決めのための移動距離が X_d で，移動時間が T_d であるとき（当然単位付きである），変位の変数 X と時間の変数 T は

$$0 \leqq X \leqq X_d$$

$$0 \leqq T \leqq T_d$$

で式を表すことになるが，これを

$$0 \leqq \frac{X}{X_d} \leqq 1$$

$$0 \leqq \frac{T}{T_d} \leqq 1$$

と変形し，さらに $x = \dfrac{X}{X_d}$，$t = \dfrac{T}{T_d}$ と置き換えると

$$0 \leqq x \leqq 1$$

$$0 \leqq t \leqq 1$$

となる．変数 x，t は無次元化されて単位がなくなっていることに注意しよう．以降，いろいろな定式化は無次元化した状態で行う．実際の移動時間 T_d，移動距離 X_d に関しては，これらを掛けたり割ったりする換算が必要なので，お忘れなく．

まず図 9·12 (a) に関しての定式化を行う．

$0 \leqq t \leqq \dfrac{1}{2}$ の区間では，最大加速度の値 a を未知数として，加速度 $\ddot{x}$ は

$$\ddot{x} = a$$

$\dfrac{1}{2} \leqq t \leqq 1$ の区間では

$$\ddot{x} = -a$$

となる．

次に 1 回積分して，速度 $\dot{x}$ を求める．

$0 \leqq t \leqq \dfrac{1}{2}$ の区間では，$t = 0$ のとき $\dot{x} = 0$ であることを利用して

$$\dot{x} = at$$

$\frac{1}{2} \leqq t \leqq 1$ の区間では，$t=1$ のとき $\dot{x}=0$ であることを利用して

$$\dot{x}=a(1-t)$$

となる．ここでは速度が左右対称であることを利用して，$1-t$ という表現を用いている．

次にもう 1 回積分して，変位（位置）x は

$0 \leqq t \leqq \frac{1}{2}$ の区間では，$t=0$ のとき $x=0$ であることを利用して

$$x=\frac{1}{2}at^2$$

$\frac{1}{2} \leqq t \leqq 1$ の区間では，$t=1$ のとき $x=1$ であることを利用して

$$x=-\frac{1}{2}a(1-t)^2+1$$

となる．

ここで，$t=\frac{1}{2}$ のときの第 1 区間の値と第 2 区間の値は等しいので（区間の連続性），$t=\frac{1}{2}$ を代入し

$$\frac{1}{8}a=-\frac{1}{8}a+1$$

となり

$$a=4$$

を得る．まとめると

$0 \leqq t \leqq \frac{1}{2}$ の区間では

$$\ddot{x}=4$$

$$\dot{x}=4t$$

$$x=2t^2$$

$\frac{1}{2} \leqq t \leqq 1$ の区間では

$$\ddot{x}=-4$$

$$\dot{x}=4(1-t)$$

$$x=-2(1-t)^2+1$$

となる．ここから最大加速度は4，最大速度は2（$t=\dfrac{1}{2}$のとき）となることがわかる．再度，図9･12 (a）を確認してほしい．

次に，図9･12 (b）に関しての定式化を行う．前と同様に区間分けをするが，ここでは速度の左右対称性を考慮し，加速時間と減速時間をそれぞれ 0.25=1/4 と設定して定式化する．

$0 \leqq t \leqq \dfrac{1}{4}$の区間では，最大加速度の値$a$を未知数として，加速度$\ddot{x}$は

$$\ddot{x} = a$$

$\dfrac{1}{4} \leqq t \leqq \dfrac{3}{4}$の区間では

$$\ddot{x} = 0$$

$\dfrac{3}{4} \leqq t \leqq 1$の区間では

$$\ddot{x} = -a$$

となる．

次に，1回積分して速度$\dot{x}$を求める．

$0 \leqq t \leqq \dfrac{1}{4}$の区間では，$t=0$のとき$\dot{x}=0$であることを利用して

$$\dot{x} = at$$

$\dfrac{1}{4} \leqq t \leqq \dfrac{3}{4}$のとき，$t=\dfrac{1}{4}$における前の区間の値が$\dfrac{1}{4}a$であることを利用して

$$\dot{x} = \frac{1}{4}a$$

$\dfrac{3}{4} \leqq t \leqq 1$のとき，$t=1$のときに$\dot{x}=0$であること利用して

$$\dot{x} = -a(t-1)$$

となる．

次にもう一度積分して変位（位置）xを求める．

$0 \leqq t \leqq \dfrac{1}{4}$の区間では，$t=0$のとき$x=0$であることを利用して

$$x = \frac{1}{2}at^2$$

$\frac{1}{4} \leqq t \leqq \frac{3}{4}$ の区間では，$t = \frac{1}{2}$ のとき $x = \frac{1}{2}$ であることを利用して

$$x = \frac{1}{4} a \left(t - \frac{1}{2} \right) + \frac{1}{2}$$

$\frac{3}{4} \leqq t \leqq 1$ のとき，$t = 1$ のとき $x = 1$ であることを利用して

$$x = -\frac{1}{2} a (t-1)^2 + 1$$

とおける．未知数 a を決定するために区間の接続点での連続性を確認してみる．$t = \frac{1}{4}$ のときの第 1 区間と第 2 区間の値を比較すると

$$\frac{1}{32} a = -\frac{1}{16} a + \frac{1}{2}$$

から

$$a = \frac{16}{3}$$

となり，$t = \frac{3}{4}$ のときの第 2 区間と第 3 区間の値を比較すると

$$\frac{1}{16} a + \frac{1}{2} = -\frac{1}{32} a + 1$$

からも

$$a = \frac{16}{3}$$

となるので，定式化が正しいことが確認できた．まとめると

$0 \leqq t \leqq \frac{1}{4}$ のとき

$$\ddot{x} = \frac{16}{3}$$

$$\dot{x} = \frac{16}{3} t$$

$$x = \frac{8}{3} t^2$$

$\frac{1}{4} \leqq t \leqq \frac{3}{4}$ のとき

$$\ddot{x} = 0$$

$$\dot{x} = \frac{4}{3}$$

$$x = \frac{4}{3}\left(t - \frac{1}{2}\right) + \frac{1}{2}$$

$\frac{3}{4} \leqq t \leqq 1$ のとき

$$\ddot{x} = -\frac{16}{3}$$

$$\dot{x} = -\frac{16}{3}(t-1)$$

$$x = -\frac{4}{3}(t-1)^2 + 1$$

となり，最大加速度は $\frac{16}{3} \cong 5.33$，最大速度は $\frac{4}{3} \cong 1.33$（$\frac{1}{4} \leqq t \leqq \frac{3}{4}$ のとき）となることがわかる．再度，図 9·12（b）を確認してほしい．

（c） 加速度が連続な運動（図 9·13）

次に加速度が連続な運動について，いくつかの可能性を検討しよう．なお，ここでは応答の遅れの問題は扱わず，純粋に数学の問題として考えてみよう．

これまでの説明からわかるように，なめらかな運動を実現するには，速度の連続性とともに加速度の連続性が必要であることがわかる．そこで，ここではまず加速度の曲線 $a(t)$ を先に考えて，積分をすることで結果として速度 $v(t)$ や位置 $x(t)$ を決めることにする．すなわち，$v(t) = \dot{x}(t)$，$a(t) = \dot{v}(t)$ である．この微分方程式を解く条件としては

・移動開始時に加速度・速度・位置が 0 であること（位置は相対座標でとる）

・停止時に加速度・速度が 0 であり，位置が目標の距離になっていること

が必要であり，この結果，六つの初期条件が得られる．

この条件を満たす曲線は多数あるが，図 9·13 に四つだけ示す．区間を分けて接続点での値の連続を条件として数式を立てることにトライしてみるとよい勉強になる．どれも位置の曲線はあまり違いが見えないので，この種の位置決め制御曲線を比較検討する際には速度曲線に注目するとよい．

カム機構では加速度の連続性を考慮してカム形状が作成されており，ここには長年の経験が利用されている．これにならってロボットの機構でも，このような加減速をすればなめらかな位置決めができるだろう．

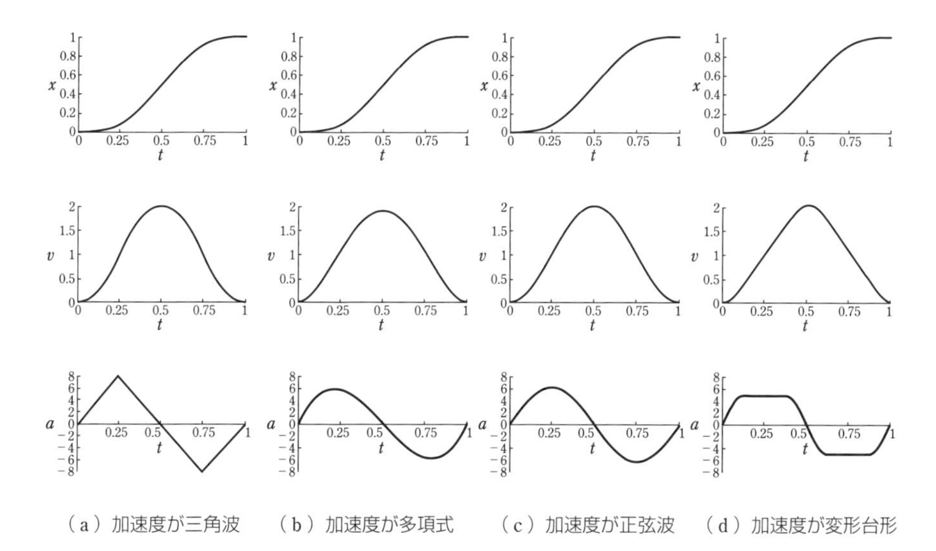

（a）加速度が三角波　（b）加速度が多項式　（c）加速度が正弦波　（d）加速度が変形台形

図 9・13　加速度が連続な位置決め制御曲線の例

「なめらかな運動」とは加速度が連続であることを示し，「すばやい運動」とは速度というよりはむしろ加速度の大きい運動を指す．加速度を大きくするということは慣性力が大きくなることを意味していること，およびモータの加速度を大きくするためには大きな電流を流す必要があること，を考慮しなければならない．モータの最大トルクもモータコントローラの許容最大電流で制約を受ける可能性もあるので，加減速の設計問題は単に数学の話題にとどまらず，力学の問題やモータやモータコントローラの選択の問題に通じるということだけは覚えておこう．

9·3 機械システム開発のためのヒント

筆者（松元）はいろいろな種類の車輪型移動ロボットを設計開発してきたが，目的の機能や要求仕様を

・機構で実現するか

・制御で実現するか

がシステム設計上，永遠の課題である．どちらがよいとは言い切れない．目的や条件，あるいは開発者や使用者の希望や好み，あるいは保守性やコストなどによ

って使い分けるべきである．そこにはさまざまな指標が存在する．

ロボットの世界では，コンピュータや制御工学が得意な人が多いので，モデルを立てて，コンピュータ制御をするという，モデルベースで進めるケースが多い．すなわち「制御で実現する」方法である．もちろんそれは良いことだし，筆者もその方法を学んでいる．ただ最近，その限界も感じないわけではない．そこで原点に戻って，機構学の書物をひも解いてカムやリンクの理論を学ぶと，制御の遅れはないことや信頼性が高いといったメリットがあることを知り，いろいろな技術やその背景にある考え方を知ることの重要さを再認識する．

9·2節で扱った加減速曲線については，カムで実現することもできるし，モータを使って実現することもできる．これも機構で実現するか，制御で実現するかの問題の一つとみなすことができる．どの手法も長所と短所がある．まずはいろいろな方法論が存在することを知り，次にそれらの長所と短所を理解すれば，システム設計時にいろいろな選択肢を持つことになり，それは技術者としての武器になるだろう．

筆者が学生とともに設計開発した全方向移動ロボットを**図9·14**から**図9·18**に示す．すべてRoboCupというロボットサッカー大会に使用したロボットである．ここでの経験を一部紹介する．

これらはすべて全方向移動機能をもつ．すなわち，どの方向にも移動でき，姿勢角（方向）は位置に依存しない．例えば，円軌道を描くときに，中心を向きながら動くことも，一定の方向，例えば東を向き続けながら動くこともできる．そのために，車輪には「ころ」をたくさん配置した特殊な車輪を使っている．**図9·19**は2代目，3代目で使用した特殊車輪（特注）である．この特殊車輪は，車輪の回転を伝えるのは普通の車輪と同じだが，車輪の軸方向に力がかかったときは，「ころ」が転がることで，その運動を拘束しないようになっている．製品としては直径20 cmと12 cmのものを使用した．性能は良いのだがこれ以上の小型化は図れないということで，4代目以降では，オムニホイールと呼ばれる市販品を使うことで小型化と低価格化を図った．

図9·14の1代目と図9·15の2代目は3モータ四輪型であり，これは運動伝達のためにディファレンシャルギヤを含む運動伝達機構をもつ．すなわち全方向移動機能を「機構で実現」している．運動学の式は

図 9・14　初代の全方向移動ロボット（3 モータ四輪）

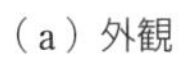

（a）外観

（b）車体を裏返したところ

図 9・15　2 代目の全方向移動ロボット（3 モータ四輪の軽量化版）

（a）外観

（b）車体を裏返したところ

図 9・16　3 代目の全方向移動ロボット（4 モータ四輪）

（a）外観

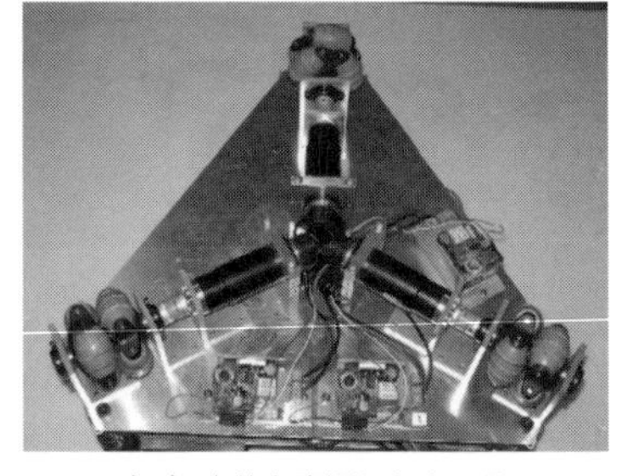

（b）車体を裏返したところ

図 9・17　4 代目の全方向移動ロボット（3 モータ三輪，小型化車輪を使用）

図 9・18　5 代目の全方向移動ロボット（4 モータ四輪，小型化車輪を使用）

図 9・19　全方向移動を実現する特殊な車輪
（ロボカップロボットの 2 代目，3 代目で使用したもの）

$$\begin{pmatrix} \dot{x} \\ \dot{y} \\ \dot{\theta} \end{pmatrix} = \begin{pmatrix} a & 0 & 0 \\ 0 & a & 0 \\ 0 & 0 & b \end{pmatrix} \begin{pmatrix} \dot{\varphi}_1 \\ \dot{\varphi}_2 \\ \dot{\varphi}_3 \end{pmatrix} \tag{9·10}$$

（ここで，$\dot{\varphi}_1$，$\dot{\varphi}_2$，$\dot{\varphi}_3$ はモータの角速度，a，b は $a \neq 0$，$b \neq 0$ なる定数）

といった形式となっており，ヤコビ行列が対角成分しかないことからわかるように，X 方向，Y 方向，θ 方向すべてが別々のモータで独立に制御できるので，軌道指令が容易で使いやすい．ただし，運動の自由度が別々のモータで負担されていることから各モータに大きなトルクを必要とし，また車体の下の空間がメカニズムで占有されていることと，運動伝達機構が重くまた保守性がやや悪いのが欠点であった．

これに対して3代目以降（図9·16～図9·18）は，それぞれの車輪を別々のモータで駆動する方式を採用した．これらは全方向移動機能を「制御で実現」したものである．これによって車体の下の空間に余裕が生まれ，例えば3代目では図9·16(b)に示すように，キック用のエアタンクを収納することができた．さらに4代目以降（図9·17と図9·18）では市販のオムニホイールを使うことで車輪径を小さくし，ロボット全体の小型・軽量化が図れた．3代目および5代目の運動学の式は

$$\begin{pmatrix} \dot{x} \\ \dot{y} \\ \dot{\theta} \end{pmatrix} = \begin{pmatrix} a & 0 & -a & 0 \\ 0 & b & 0 & -b \\ c & c & c & c \end{pmatrix} \begin{pmatrix} \dot{\varphi}_1 \\ \dot{\varphi}_2 \\ \dot{\varphi}_3 \\ \dot{\varphi}_4 \end{pmatrix} \tag{9·11}$$

（ここで，$\dot{\varphi}_1$，$\dot{\varphi}_2$，$\dot{\varphi}_3$，$\dot{\varphi}_4$ はモータの角速度，a，b，c は $a \neq 0$，$b \neq 0$，$c \neq 0$ なる定数）

であり，4代目の運動学の式は

$$\begin{pmatrix} \dot{x} \\ \dot{y} \\ \dot{\theta} \end{pmatrix} = \begin{pmatrix} a & b & c \\ d & e & f \\ g & h & i \end{pmatrix} \begin{pmatrix} \dot{\varphi}_1 \\ \dot{\varphi}_2 \\ \dot{\varphi}_3 \end{pmatrix} \tag{9·12}$$

（ここで，$\dot{\varphi}_1$，$\dot{\varphi}_2$，$\dot{\varphi}_3$ はモータの角速度，行列内の各要素は0でない定数）

のような形式になっており，ともにソフトウェアで逆運動学の式を計算してモータ制御を行っている．自由度は上がったがソフト面の負担は増えた．式(9·11)の行列は正方行列でないので冗長性があるため計算は複雑である．すなわち平面移動の自由度は三つあればよいので車輪が四つでは冗長である．そこで冗長性を

なくそうと4代目のように車輪を三つとしたが，車輪機構の直進性は下がった．なお，RoboCupの大会では直進性は犠牲にして小型・軽量化による高速性を重視し，三輪型を採用したロボットは少なくない．

以下に，設計製作時に考慮したポイントについて，いくつかまとめる．

(1) 車輪を何輪にするか，車輪に何を使うか．

これまでも示したように，全方向移動の場合，通常の車輪ではなく上記のような特殊車輪を使う必要がある．その際，平面走行のためには3輪あればよい．4輪であれば直線走行性は安定するが，その分，モータと伝達機構でスペースをとられるし，費用もかさむことを考慮すべきである．

(2) 全方向移動は必要か否か．

必ずしも全方向移動機構でなくてもよいが，軌道計画の点では全方向移動機構を使うほうが単純であるのは事実であるし，RoboCupという応用においては全方向移動のほうが優位性がある．ただし，四輪タイプでは直線性に優れているものの冗長性があり，三輪タイプでは滑り駆動となることが多いので，エネルギーロスが大きく，また床面の平面度や摩擦係数に依存する点に注意すべきである．

(3) 減速機に何を使うか．減速比をどのくらいにするか．

モータの出力トルクしだいであるが，小型のモータを使わざるをえないので，トルクを稼ぐために高速回転で運転し大きな減速比をとるという通常の方法を採用する．減速機には遊星歯車，ハーモニックドライブ，ベルトドライブを用いるのが一般的である．なお，RoboCupの場合，ロボットどうしの衝撃があるので，車輪に対する外力をモータに直接伝達しないように，ベルトドライブを間に入れるのは良い考えである．

(4) 車輪のサスペンションを採用するか否か．

床面の平行度が保たれない場合にはサスペンションを用いるのは有利であり，4輪の場合にはサスペンションをつけたほうがよいというのが常識であるが，われわれは別の経験もした．サスペンションの実現のためにユニバーサルジョイントを使ったが，これによって車輪は上下だけでなくわずかにではあるが左右にも動くことにより，ハーモニックドライブを破損したという経験がある．常識を鵜呑みにしてはいけない．

(5) コンピュータでモータを制御するためのインタフェースの選択．

DCモータをコンピュータで駆動するときは，インタフェースとして，D/A

コンバータ，A/D コンバータ，カウンタを使うのが原始的な構成である．インタフェースボードが必要なので，ボードコンピュータ，あるいはデスクトップパソコン（のマザーボード）をそのまま利用することになる．速度フィードバックのために，コンピュータとモータの間に「モータドライバ」という回路を使うことが多い．カウンタ出力を F/V 変換してタコジェネ出力と等価になるようにしてくれる機能をもつドライバもあるので，エンコーダしかつかない小型モータの場合は便利である．またドライバとコンピュータの間のインタフェースとして USB のものが最近発売されており，ケーブル取りまわしの容易さと信頼性の点で優位性がある．特にノートパソコンをロボットに搭載する場合にはこの方法しかなく，われわれは最近ではノートパソコンを利用するケースが多い．ノートパソコンを利用するもう一つのメリットは，それ自身がバッテリーを持っていることであり，モータ電源を切っても頭脳部であるパソコンは起き続けているのがありがたい．

以上の経験が読者の参考になれば幸いである．

9·4　精密位置決めのためのヒント

位置決め精度は機械制御システムにおいて重要な要求仕様の一つである．学生の手作りであれば 100 μm，すなわち 0.1 mm 程度の精度を出せれば上出来だと思うが，企業の製品であれば，その 1 桁上，すなわち位置決め精度が 50 μm～10 μm 程度を出すことが目標であろう（もちろん目的に応じて要求される位置決め精度は異なる）．そのためには

- 機械設計時に剛性の高い形状となるよう考慮する
- 加工精度や組立精度に留意する
- 計測制御のために高精度のエンコーダやビット数の多い A/D コンバータを使う

などが必要である．機械設計時には材料力学の知識を利用して設計の計算を行うが，最近では CAE（Computer Aided Engineering）と称して，設計者が自分のオフィスにいながら応力解析できるようなツールがあるので利用を検討するとよい．**図 9·20** は筆者の研究室で使っている CAE ソフト visualNastranDesktop を使っての片持ち梁の応力解析の例である．

通常の機械技術を使って 10 μm 以下の精度を出すためには，かなりの技術が

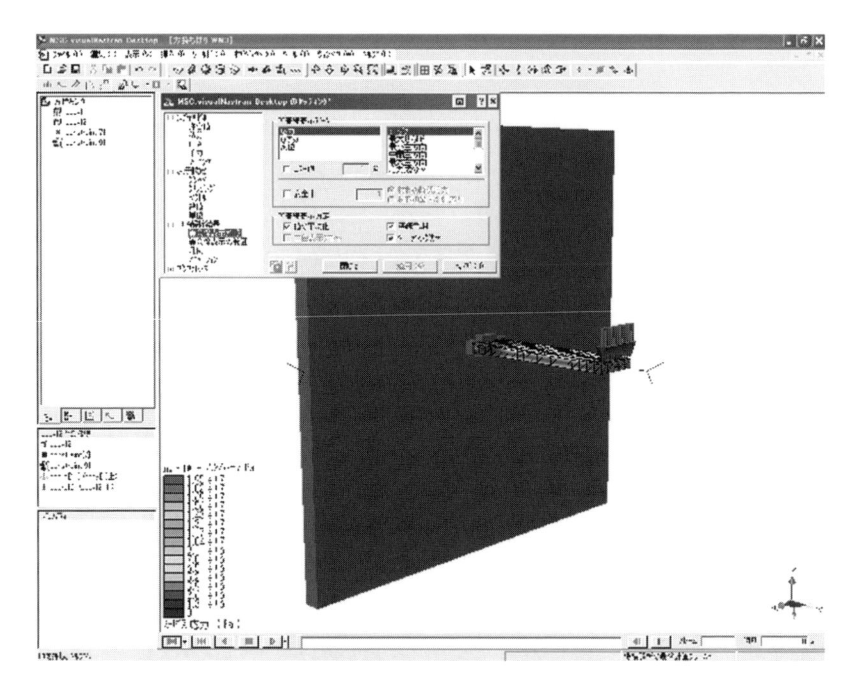

図 9・20　片持ち梁の応力解析の例

必要である．こういう高い位置決め精度を要求する場合には

・機械全体の振動の問題，すなわち機械を設置するベースの振動の問題

・温度による熱膨張の問題

を考慮しなければならなくなる．例として，物体の形状を正確に測定する機械として3次元測定機（**図 9・21**）と呼ばれる機械では，測定精度が数 μm 程度のため，機械設計，機械加工，組立時にかなりの注意が必要である．かつ，それを使用する際には振動を防止する防振装置や温度を一定に保つ恒温室が必要になるというのが常識である．

ただ，この常識を超えるような試みを行った事例を紹介したい．ここでは著者が横浜市にある AJI 株式会社（開発当時はアデプトジャパン株式会社）と共同で開発した精密位置決め機構について紹介する．これは，MEMS 技術で作られた非常に小さな精密部品（1辺または直径が数百 μm 程度の大きさ）を 1 μm 程度の精度で位置決め・組み立てる機械である．100 mm 程度の広い可動領域を保ちながらこの精度を出せるものはなかなかない．100 mm のストローク（可動範

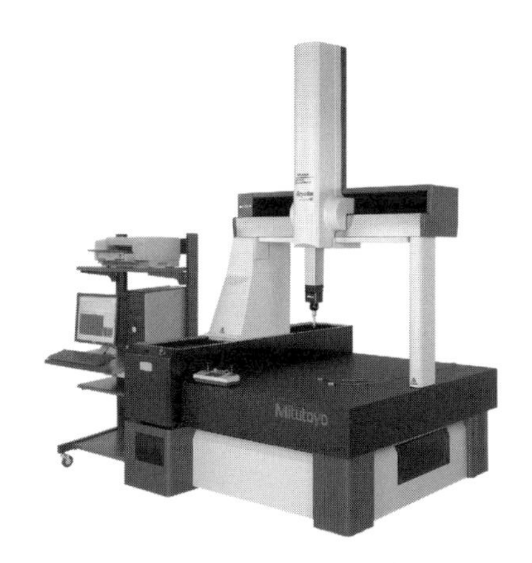

図 9・21　3 次元測定機

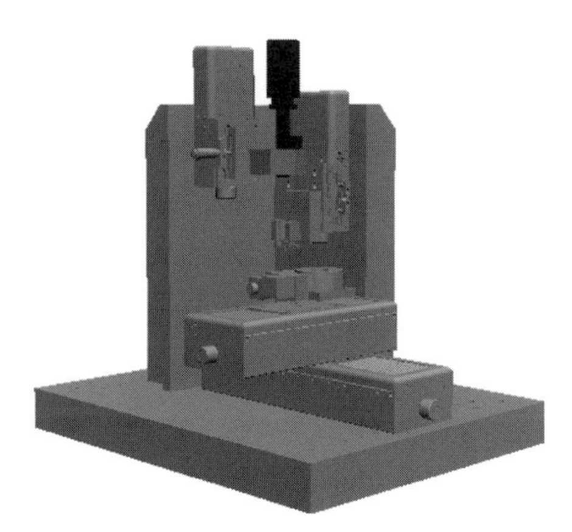

（a）設計中に使用した CAD モデルの例

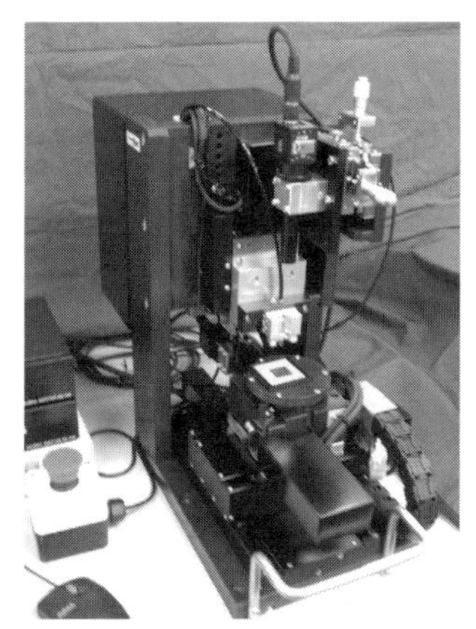

（b）製品のラインナップの一つ

図 9・22　微小組立装置の一例

囲）に対して 1 μm は 10 万分の 1 を意味する．精度だけではなくてストロークと精度の比を考慮すると比較評価がしやすい．

図 9・22 にその機械の概観を示す．図 (a) は設計中に使用した CAD モデルの一例で，図 (b) はいくつかある製品のうち，最も小型の製品で，設置面積が A4 用紙程度である．そこでは何の変哲もない X-Y-θ ステージ（X，Y の並進と，θ の回転）と X-Z 移動の並進機構を組み合わせて，作業空間を 100 mm × 50 mm

×25 mmと設定し，目標とする位置決め精度1 μmを実現した．しかも定盤や恒温室という大がかりな設備投資を必要とせずにこの精度を実現した．常識では1 μmという値は実は3次元測定器の精度より高いので，不可能ともいえる精度なのだが，ロボット技術で培った技術とトリックを使うことによって，この要求をクリアした．

ロボットの位置決め精度には，繰返し精度とも呼ばれる相対位置決め精度と，絶対位置決め精度がある．腕型の産業用ロボットでは，前者は後者より1桁以上小さな値になるのが普通である．例えば，絶対位置決め精度は100 μm，相対位置決め精度は8 μmというような値となる．ちなみに3次元測定器が使うのは絶対位置決め精度で，製品や使用条件（温度，振動）により異なるが1～5 μm程度である．ここから，相対位置決め精度の良さを利用することにした．相対位置決め精度を1 μm以下にするのは，さほど特殊な技術ではない．構造部分の機械設計には前述のCAEソフトを使って剛性解析して変形が最小となるような形状にするような工夫をしてある．また精密な機械加工と適切な材料選択により機械設計し，また分解能の高いエンコーダを使って位置決めをすることで（本製品では，エンコーダの最小分解能は100 nmもしくは50 nmとしている），相対位置決め精度が1 μm以内となるように保証している．この程度の大きさとなると，マクロ世界からミクロ世界の境目となるため，エンコーダの分解能では位置決めできず，その10倍以上の値でしか実際の位置決めは行われないようである．

次のトリックは，画像計測による位置決め精度の向上である．すなわち，画像計測によって位置誤差を測定し，それを補正するように位置決めステージを動かす．**図9·23**の（a）が補正前，（b）が補正後である．この画像に写っている視野サイズは1.2 mm×1.6 mmである．写真上部の黒い部分が部品を吸着している位置決め機構で，それを固定しておいて基板側をX-Y-θステージで移動させている．部品サイズは200 μm四方程度である．組み立てる部品とそれを置くべき場所，さらに補正用のマーカーがカメラの視野内に入っていれば，相対的な補正動作を計算できる．なお，モノクロ画像でサブピクセル以下の精度を出す技術も使っていることも付記しておく．

以上をまとめてみる．

カメラの視野内だけに注目し，そこでの相対位置関係だけに注目して位置決めすること，また画像処理の技術を使って，位置決めの補正をすることにより，位置決め精度1 μmを達成した．大切なことは，画像計測系は位置決め制御系と同

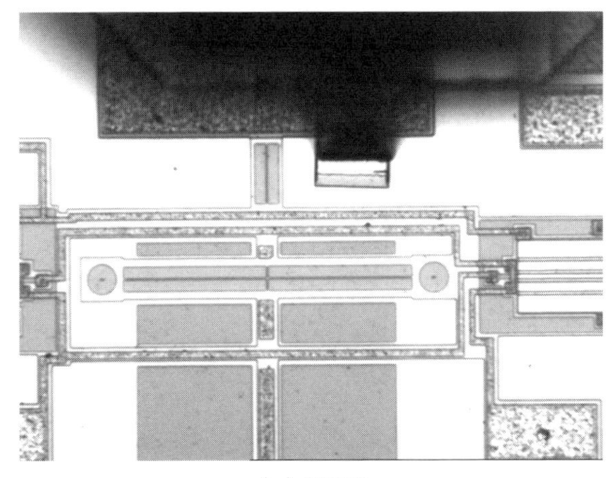

（a）補正前

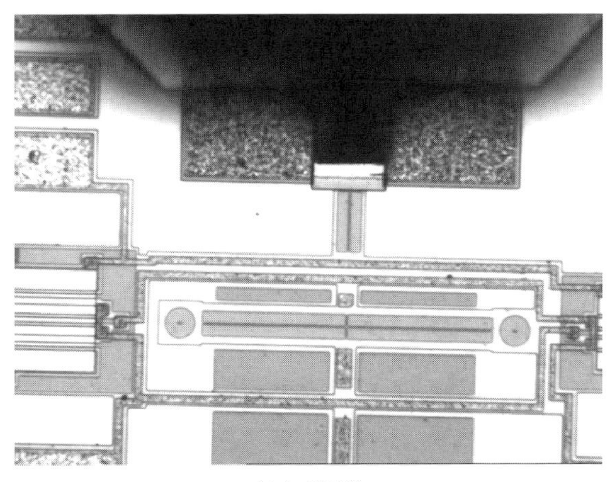

（b）補正後

図 9・23　画像計測による位置決めの補正

じベースに載っているということである．ベース自体が振動したとしても，カメラも位置決め機構も同位相で振動すれば位置を相対的に見ているだけなので影響が極めて少ないこと，また温度変化で膨張があっても，作業領域内の物体すべてが小さいので，その影響が小さいのが有利な点であり，この考えに基づいて装置を小型化することで精度も上げることができた．こういった工夫により，定盤や恒温室なしでも，デスクトップで高精度な位置決め精度を実現することができた．もちろん定盤や恒温室があるに越したことはないのはいうまでもない．

以上，確実な技術とともに発想の転換が良い結果を生んだ一例ということで紹介した．ただし課題がないわけではない．これほどの精度になると，従来のメカトロニクスでは想定しなかった事柄を考慮しなければならなくなる．例えば，可視光の波長と同程度の位置決め精度までいたったために，はんだ付けを伴う場合には200度以上に熱するのでカメラと対象物の間にある空気の屈折率の違いが光学計測に影響する問題，あるいは位置決め装置は正確でも基板に部品を押しつける際に若干のずれが発生する問題など，以前なら問題にならなかったような問題が顕在化してくる．現象としても興味深いし，この分野のニーズは高まっているので，メカトロニクス技術者の果たす役割はどんどん広がっている．読者の参考になれば幸いである．

演習問題

【9.1】 図9·13にある位置決め曲線の式を定式化せよ．

【9.2】 速度が台形曲線になる位置決め曲線（図9·12 (b)）は，モータコントローラで標準的に装備されている速度パターンである．制御の遅れを考慮すると，加速時間と減速時間を同一にするよりも，減速時間を加速時間より長めにとるのが安全である．特に高速移動の場合はそうするのがよい．では無次元化された加速時間 T_1 と減速時間 T_2 を仮定し（ただし，$T_1 < T_2$ とする．定式化には影響しない），左右非対称の場合の定式化をせよ．つまり，$0 \leqq t \leqq T_1$，$T_1 \leqq t \leqq T_2$，$T_2 \leqq t \leqq 1$ の3つの区間に分けて，加速度，速度，変位（位置）がどういう式になるかを求めよ．

【9.3】 9.2節では加速度が連続な場合の位置決め曲線を紹介したが，高速運動の場合には必ずしも加速度が連続でないものも開発されており，かつ，上の問題のように，速度曲線が左右非対称のものも考案されている．それを考えてみよう．その詳細は「カム曲線」で検索してほしい．現実にはカムを使うのは極めて高速処理の場合に限定され，多くはコンピュータ制御もしくはモータコントローラで規定される台形速度曲線を用いることが多い．カム曲線の開発で得られた位置決め曲線の知見は今のコンピュータ技術で十分実現可能であるので，これによりもっと位置決め静定時の振動の少ない位置決め制御が可能になると期待される．現状の方法より若干複雑な制御系となるが，効果は大きいので，ぜひチャレンジしてほしい．

参考文献

・米田　完：はじめてのロボット創造設計，講談社，2001
・大隅　久：ここが知りたいロボット創造設計，講談社，2005
・坪内孝司：これならできるロボット創造設計，講談社，2007
・水川　真，春日智恵，安藤吉伸，小川靖夫，青木政武：ロボットコントロール～C言語による制御プログラミング～（図解ロボット技術入門シリーズ），オーム社，2007
・武藤高義：アクチュエータの駆動と原理，コロナ社，1992
・井出萬盛：図解 入門よくわかる最新モータ技術の基本とメカニズム，秀和システム，2004
・土谷武士，深谷健一：メカトロニクス入門，森北出版，1994
・遠藤　正：解説 メカトロニクス，電気書院，1988
・神崎一男：基礎 メカトロニクス，共立出版，1994
・藤野義一：メカトロニクス概論，産業図書，1990
・精密工学会編：メカトロニクス，オーム社，1989
・日本機械学会編：メカトロニクス入門，技報堂出版，1984
・渡辺嘉二郎，小俣善史：ロボット入門（図解ロボット技術入門シリーズ），オーム社，2006
・牧野　洋，高野政晴：機械運動学（精密工学講座），コロナ社，1978
・鈴森康一：ロボット機構学，コロナ社，2004
・見崎正行，小峯龍男：よくわかるメカトロニクス，東京電機大学出版局，2009
・川崎晴久：ロボット工学の基礎，森北出版，1991
・宮崎文夫，升谷保博，西川　敦：ロボティクス入門，共立出版，2000
・中村恭之，高橋泰岳編著：中型ロボットの基礎技術，共立出版，2005
・三浦宏文監修：ハンディブックメカトロニクス（第2版），オーム社，2005
・金子敏夫：機械制御工学第2版，日刊工業新聞社，2003
・吉本成香，下田博一，野口昭治，岩附信行，清水茂夫：機械設計～機械の要素とシステムの設計～，理工学社，2006
・梶田秀司：ヒューマノイドロボット，オーム社，2005
・広瀬茂男：ロボット工学，裳華房，1996

演習問題解答

2章

【2.1】左右どちらかの車輪もしくは両方の車輪が横滑りする（注：縦滑り，いわゆるスリップも発生するが，ここでは車輪のタイヤ方向と進行方向とが異なることに注目する）．

【2.2】解答略（円弧の中心は，直線の垂線の足の長さが同一になる点を選ぶ．半径を決めれば円弧の中心は幾何的に決定できる）．

【2.3】例えば図2·21のようになる．ただし，問題では経路の長さを指定していないので，直線と直線のなす角は図2·21とは異なる角度になることもある．

【2.4】$1\ \mathrm{rpm} = \dfrac{2\pi}{60}\ \mathrm{rad/s}$ なので，$rN\dfrac{\pi}{30}$ となる．

【2.5】車輪が1回転したら円周の長さのぶんだけ進むので，10回転であればその10倍進む．よって $2 \times 3.14 \times 0.100 \times 10 = 6.28\ \mathrm{m}$ 進む．車輪が10回転したら $600 \times 10 = 6\,000$ パルス発生する．

【2.6】車輪が10回転するときエンコーダは 10×50 回転するので，総パルス数は $10 \times 50 \times 600 = 300\,000$ となる．総移動距離は前と同じで6.28 mである．

【2.7】寸法の単位をcmからmに変換して，式（2·7）に代入すると

$$\begin{pmatrix} \omega_R \\ \omega_L \end{pmatrix} = \begin{pmatrix} 10.0 & 2.50 \\ 10.0 & -2.50 \end{pmatrix} \begin{pmatrix} 0.500 \\ 0.200 \end{pmatrix} = \begin{pmatrix} 5.50 \\ 4.50 \end{pmatrix}$$

となる．単位は〔rad/s〕である．

【2.8】オドメトリとは，元々は走行計（odometer）を使って走行距離を計測する方法論を指す．移動ロボットでは，自己位置を求める（localizationと呼ぶ）ために，車輪についたエンコーダ情報をもとに左右の車輪の回転量を計算し，そこから経路長を計算し，最終的に自己位置を求めることを指す（注：localizationは目的であり，odometryは手段を表す）．

3 章

【3.1】

回転関節	旋　回	回り対偶
	回　転	回り対偶
直動関節	並　進	滑り対偶

【3.2】（a）3 自由度，（b）1 自由度，（c）2 自由度，（d）3 自由度

【3.3】上記問題【3.2】（d）のような，直交する二つの旋回関節と一つの回転関節を組み合わせた（RPP）ものや，下図のように回転関節二つと旋回関節一つを組み合わせた（RPR）ものなどが考えられる．

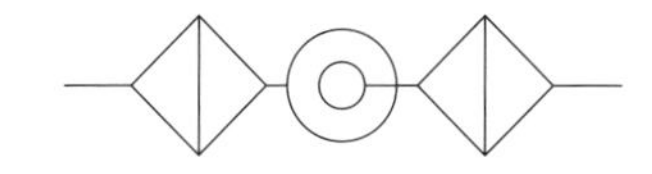

【3.4】

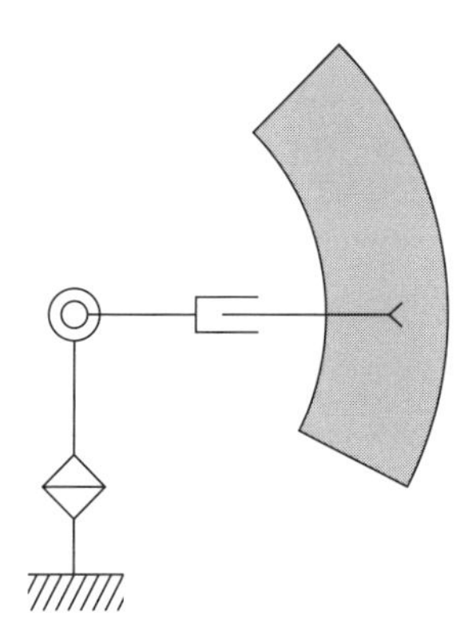

極座標系型マニピュレータの作業領域の例（側面図）

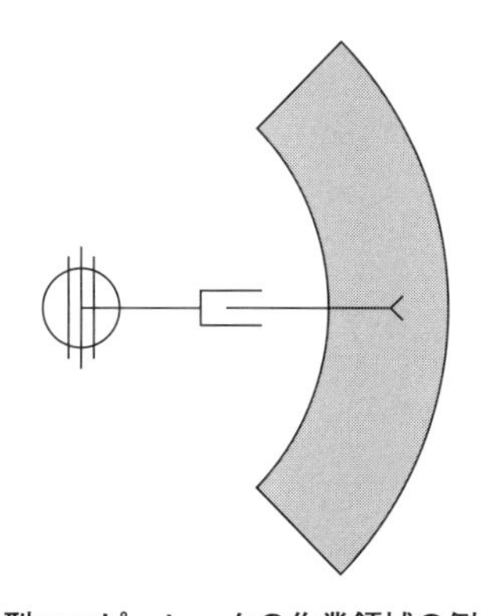

極座標系型マニピュレータの作業領域の例（平面図）

【3.5】 下図のようにマニピュレータ基部の座標系をΣ_0，その原点をO_0とし，関節位置P_1～P_3，関節座標系Σ_1～Σ_3，手先位置P_4と手先座標系Σ_4を定め，関節1，2の変位角をθ_1，θ_2，直動関節3の変位長をd_{z3}とすれば，座標系間の同時変換行列${}^0\boldsymbol{T}_1$～${}^3\boldsymbol{T}_4$は次のようになる．

$$
{}^0\boldsymbol{T}_1 = \mathrm{Trans}(\boldsymbol{l}_0)\cdot\mathrm{Rot}(z,\ \theta_1) = \begin{pmatrix} 1 & 0 & 0 & 0 \\ 0 & 1 & 0 & 0 \\ 0 & 0 & 1 & l_{z0} \\ 0 & 0 & 0 & 1 \end{pmatrix}\begin{pmatrix} \cos\theta_1 & -\sin\theta_1 & 0 & 0 \\ \sin\theta_1 & \cos\theta_1 & 0 & 0 \\ 0 & 0 & 1 & 0 \\ 0 & 0 & 0 & 1 \end{pmatrix}
$$

$$
{}^1\boldsymbol{T}_2 = \mathrm{Trans}(\boldsymbol{l}_1)\cdot\mathrm{Rot}(z,\ \theta_2) = \begin{pmatrix} 1 & 0 & 0 & l_{x1} \\ 0 & 1 & 0 & 0 \\ 0 & 0 & 1 & l_{z1} \\ 0 & 0 & 0 & 1 \end{pmatrix}\begin{pmatrix} \cos\theta_2 & -\sin\theta_2 & 0 & 0 \\ \sin\theta_2 & \cos\theta_2 & 0 & 0 \\ 0 & 0 & 1 & 0 \\ 0 & 0 & 0 & 1 \end{pmatrix}
$$

$$
{}^2\boldsymbol{T}_3 = \mathrm{Trans}(\boldsymbol{l}_2)\cdot\mathrm{Trans}(\boldsymbol{d}_3) = \begin{pmatrix} 1 & 0 & 0 & l_{x2} \\ 0 & 1 & 0 & 0 \\ 0 & 0 & 1 & l_{z2} \\ 0 & 0 & 0 & 1 \end{pmatrix}\begin{pmatrix} 1 & 0 & 0 & 0 \\ 0 & 1 & 0 & 0 \\ 0 & 0 & 1 & d_{z3} \\ 0 & 0 & 0 & 1 \end{pmatrix}
$$

$$
{}^3\boldsymbol{T}_4 = \mathrm{Trans}(\boldsymbol{l}_3) = \begin{pmatrix} 1 & 0 & 0 & 0 \\ 0 & 1 & 0 & 0 \\ 0 & 0 & 1 & l_{z3} \\ 0 & 0 & 0 & 1 \end{pmatrix}
$$

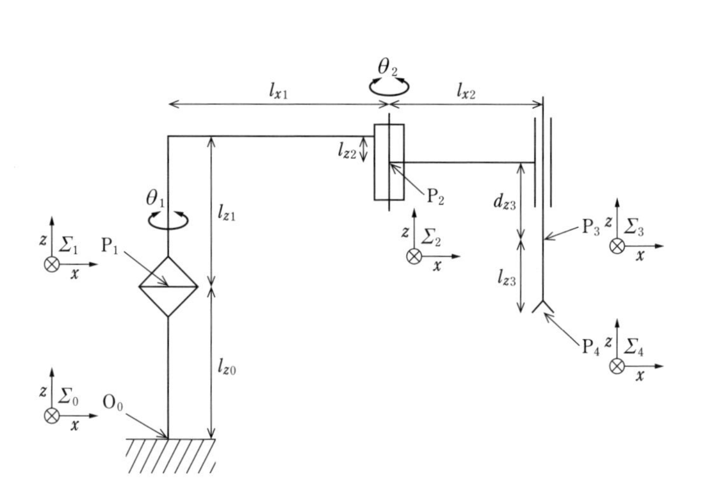

ただし，$\boldsymbol{l}_0=(0\ \ 0\ \ l_{z0}\ \ 1)^T$，$\boldsymbol{l}_1=(l_{x1}\ \ 0\ \ l_{z1}\ \ 1)^T$，$\boldsymbol{l}_2=(l_{x2}\ \ 0\ \ l_{z2}\ \ 1)^T$，

$\boldsymbol{l}_3=(0\ \ 0\ \ l_{z3}\ \ 1)^T$，$\boldsymbol{d}_3=(0\ \ 0\ \ d_{z3}\ \ 1)^T$，$l_{z2}<0$，$l_{z3}<0$.

Σ_0 と Σ_4 の間の座標変換は ${}^0\boldsymbol{T}_1\sim{}^3\boldsymbol{T}_4$ を用いて

$$\boldsymbol{T}={}^0\boldsymbol{T}_1{}^1\boldsymbol{T}_2{}^2\boldsymbol{T}_3{}^3\boldsymbol{T}_4=\begin{pmatrix} C_1C_2-S_1S_2 & -C_1S_2-S_1C_2 & 0 & l_{x2}(C_1C_2-S_1S_2)+l_{x1}C_1 \\ C_1S_2+S_1C_2 & C_1C_2-S_1S_2 & 0 & l_{x2}(C_1S_2+S_1C_2)+l_{x1}C_1 \\ 0 & 0 & 1 & l_{z0}+l_{z1}+l_{z2}+l_{z3}+d_{z3} \\ 0 & 0 & 0 & 1 \end{pmatrix}$$

$$=\begin{pmatrix} C & -S & 0 & l_{x2}C+l_{x1}C_1 \\ S & C & 0 & l_{x2}S+l_{x1}S_1 \\ 0 & 0 & 1 & l_{z0}+l_{z1}+l_{z2}+l_{z3}+d_{z3} \\ 0 & 0 & 0 & 1 \end{pmatrix}$$

と得られる．ただし，$C_1=\cos\theta_1$，$S_1=\sin\theta_1$，$C_2=\cos\theta_2$，$S_2=\sin\theta_2$，$C=\cos(\theta_1+\theta_2)$，$S=\sin(\theta_1+\theta_2)$.

よって，関節変位 $\boldsymbol{q}=(\theta_1\ \ \theta_2\ \ d_{z3})^T$ が与えられたとき，エンドエフェクタの位置・姿勢 $\boldsymbol{r}=(x\ \ y\ \ z\ \ \phi)^T$ は

$$\boldsymbol{r}=\begin{pmatrix} x \\ y \\ z \\ \phi \end{pmatrix}=\begin{pmatrix} l_{x2}C+l_{x1}C_1 \\ l_{x2}S+l_{x1}S_1 \\ l_{z0}+l_{z1}+l_{z2}+l_{z3}+d_{z3} \\ \theta_1+\theta_2 \end{pmatrix}$$

と求められる．

逆に，$\boldsymbol{r}$ が与えられたときに，その位置・姿勢を実現する $\boldsymbol{q}$ は，次のように求められる．まず関節 3 の変位長は

$$d_{z3}=z-l_{z0}-l_{z1}-l_{z2}-l_{z3}$$

と求められる．さらに

$$\begin{cases} x-l_{x2}C=l_{x1}C_1 \\ y-l_{x2}S=l_{x1}S_1 \end{cases}$$

より

$$\frac{y-l_{x2}S}{x-l_{x2}C}=\frac{S_1}{C_1}=\tan\theta_1$$

ここで

$$\begin{cases} C=\cos(\theta_1+\theta_2)=\cos\phi \\ S=\sin(\theta_1+\theta_2)=\sin\phi \end{cases}$$

であるから

$$\theta_1 = \tan^{-1} \frac{y - l_{x2} \sin \phi}{x - l_{x2} \cos \phi}$$

となり，θ_1 が求められる．θ_1 がわかれば θ_2 は

$$\theta_2 = \phi - \theta_1$$

と得られる．

【3.6】 $\phi = \dfrac{\pi}{2}$ のとき，式（3・12），（3・13）より

$$\boldsymbol{R} = \begin{pmatrix} n_x & s_x & a_x \\ n_y & s_y & a_y \\ n_z & s_z & a_z \end{pmatrix} \begin{pmatrix} 0 & -\cos\varphi & \sin\varphi \\ \cos\theta & \sin\theta\sin\varphi & \sin\theta\cos\varphi \\ -\sin\theta & \sin\theta\cos\varphi & \cos\theta\cos\varphi \end{pmatrix}$$

よって

$$\theta = \tan^{-1} \frac{-n_z}{n_y}$$

$$\varphi = \tan^{-1} \frac{a_x}{-s_x}$$

【3.7】 解答略.

5 章

【5.1】 解答略. 本文を参照.

【5.2】 解答略. 本文を参照.

【5.3】 解答略. 本文を参照.

【5.4】 左手の法則 $T = K_T i$ からトルク定数 K_T の単位は〔Nm/A〕となり，右手の法則 $E = K_E \omega$ から誘起電圧定数 K_E の単位は〔Vs〕となる（rad は正確には単位ではなく比例定数なので省略されていることに注意）．これらの係数は元々 $K_T = Blr$，$K_E = Blr$ と定義されているので単位は〔Wb/m^2〕〔m〕〔m〕=〔Wb〕となることから，これらはすべて等価であることが確認できる．

【5.5】 エンコーダの出力データはパルスなので，コンピュータに取り込む際にはパルスカウンタを用いる．タコジェネレータの出力データはアナログ値（電圧）なので，コンピュータに取り込む際には A/D コンバータを用いる．

モータコントローラのような専用の機器を使うと，上位コンピュータ側はそれらのデータのフィードバックを管理する必要がないため，システムが単純にな

る．ハードウェアとしてフィードバックを構成することになるので安全性も増す．一方，専用の機器を使わずにすべてのデータをコンピュータに取り込んで管理すると，フィードバックにおける制御系を自分で完全に管理できることがメリットである．ただし，ソフトウェアでの処理に伴う処理時間のぶんだけ時間的遅れが発生するため，高速処理が要求される場合にはその問題が顕在化することに留意すべきである．またコンピュータの不具合が発生したときのリスクも出てくることも考慮すべきである．自由度が上がるぶん，リスク管理も必要となるので，システム構築に際しては，開発時コスト，実行効率，安全性，保守の容易性など，さまざまな観点からの考慮が必要となる．

6章

【6.1】 歯と歯の接触部における摩擦によって，最終的には熱となって消費されると考えられる．

【6.2】 歯車4のトルク T_4，角速度 ω_4 は

$$T_4 = \frac{z_2 \cdot z_4}{z_1 \cdot z_3}\,\eta^2 T$$

$$\omega_4 = \frac{z_1 \cdot z_3}{z_2 \cdot z_4}\,\omega$$

【6.3】 解答略．

【6.4】 この4節リンクはてこクランク機構になっており，節1が回転する間に節3はP'Q'間を揺動運動をする．節1の先端がS→P→Q→Sと一回転すると，

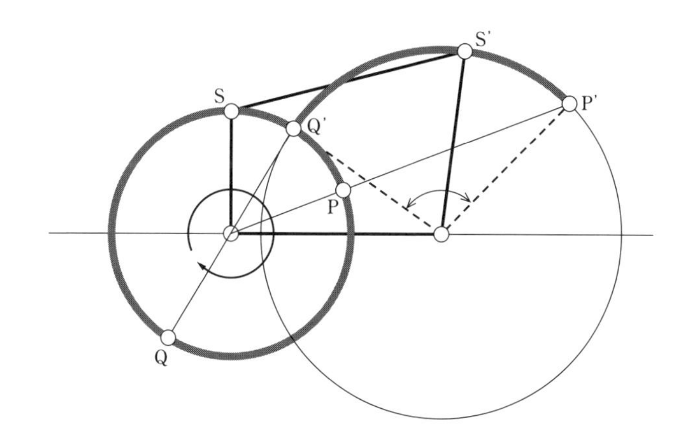

節3の先端A点は，まずS'からP'に至った後，方向を変えてS'方向に戻り，節1の先端がQに来たときにはQ'に到達する．その後再び運動方向を変えてS'に戻る．

7章

【7.1】 行列 $\boldsymbol{B}$ の転置行列を計算して，その結果が $\boldsymbol{B}$ となればよい．

$$\boldsymbol{B}^T = (\boldsymbol{A}\boldsymbol{A})^T = (\boldsymbol{A}^T)^T \boldsymbol{A}^T = \boldsymbol{A}\boldsymbol{A}^T = \boldsymbol{B}$$

よって，行列 $\boldsymbol{B}$ は対称行列となることが確認できた．

【7.2】 それぞれの転置行列を計算して，元の行列と比較すればよい．

$$(\boldsymbol{C} + \boldsymbol{C}^T)^T = \boldsymbol{C}^T + (\boldsymbol{C}^T)^T = \boldsymbol{C}^T + \boldsymbol{C} = \boldsymbol{C} + \boldsymbol{C}^T$$

$$(\boldsymbol{C} - \boldsymbol{C}^T)^T = \boldsymbol{C}^T - (\boldsymbol{C}^T)^T = \boldsymbol{C}^T - \boldsymbol{C} = -(\boldsymbol{C} - \boldsymbol{C}^T)$$

よって，$\boldsymbol{C} + \boldsymbol{C}^T$ は対称行列となり，$\boldsymbol{C} - \boldsymbol{C}^T$ は交代行列となることが確認できた．

【7.3】 実際に $\boldsymbol{R}\boldsymbol{R}^T$ を計算して単位行列になることを確かめよ．計算式は省略．

【7.4】 解答略．本文で列ベクトルの計算を示しているので，同様に行ベクトルに対して計算せよ．

【7.5】 $\mathrm{Rot}(x, \theta)$ から $\mathrm{Rot}(y, \theta)$ を求めるには，$\mathrm{Rot}(x, \theta)$ の各行を下方向に一つずつずらし，最下行は1行目に置き，次に右方向に一つずつずらし最右行は1列目に置くと $\mathrm{Rot}(y, \theta)$ が得られる．また $\mathrm{Rot}(z, \theta)$ から $\mathrm{Rot}(y, \theta)$ を求めるには，$\mathrm{Rot}(z, \theta)$ の各要素を，上と同様に，左方向と上方向にずらすとよい．一度実際に自分でやってみると覚えられる．結果は本文を参照せよ．

9章

【9.1】 (1) 加速度が三角波のとき（図9·13(a)）は，区間に分けて定式化する．最大加速度と最大減速度（負の最大加速度）を同じ値にすると加速度は左右対称のグラフになる．まず最大加速度を a とおいて

$0 \leqq t \leqq \dfrac{1}{4}$ の区間では，$t=0$ のときに $\ddot{x}=0$ であることを利用して

$$\ddot{x} = at$$

$\dfrac{1}{4} \leqq t \leqq \dfrac{3}{4}$ の区間では，$t = \dfrac{1}{2}$ のとき $\ddot{x}=0$ であることを利用し，かつ傾きが負なので

$$\ddot{x} = -a\left(t - \frac{1}{2}\right)$$

$\frac{3}{4} \leqq t \leqq 1$ の区間では，$t = 1$ のとき $\ddot{x} = 0$ であることを利用すると

$$\ddot{x} = a(t-1)$$

とおける．条件を利用して式の立て方を工夫しておくと，全体の計算が楽になる．

次に，1 回積分して速度 $\dot{x}$ を求める．

$0 \leqq t \leqq \frac{1}{4}$ の区間では，$t = 0$ のとき $\dot{x} = 0$ であることを利用して

$$\dot{x} = \frac{1}{2}at^2$$

$\frac{1}{4} \leqq t \leqq \frac{3}{4}$ のとき，$t = \frac{1}{4}$ における前の区間の値を利用して定数項を求めて

$$\dot{x} = -\frac{1}{2}a\left(t - \frac{1}{2}\right)^2 + \frac{1}{16}a$$

$\frac{3}{4} \leqq t \leqq 1$ のとき，$t = 1$ のときに $\dot{x} = 0$ であることを利用して

$$\dot{x} = \frac{1}{2}a(t-1)^2$$

となる．

次にもう一度積分して変位（位置）x を求める．

$0 \leqq t \leqq \frac{1}{4}$ の区間では，$t = 0$ のとき $x = 0$ であることを利用して

$$x = \frac{1}{6}at^3$$

$\frac{1}{4} \leqq t \leqq \frac{3}{4}$ の区間では，$t = \frac{1}{2}$ のとき $x = \frac{1}{2}$ であることを利用して

$$x = -\frac{1}{6}\mathrm{a}\left(t - \frac{1}{2}\right)^3 + \frac{1}{16}a\left(t - \frac{1}{2}\right) + \frac{1}{2}$$

$\frac{3}{4} \leqq t \leqq 1$ のとき，$t = 1$ のとき $x = 1$ であることを利用して

$$x = \frac{1}{6}a(t-1)^3 + 1$$

とおける．未知数 a を決定するために区間の接続点での連続性を確認してみる．

$t=\dfrac{1}{4}$のときの第1区間と第2区間の値を比較すると

$$\frac{1}{384}a=\frac{1}{384}a-\frac{1}{64}a+\frac{1}{2}$$

から

$$a=32$$

となり，$t=\dfrac{3}{4}$のときの第2区間と第3区間の値を比較すると

$$-\frac{1}{384}a+\frac{1}{64}a+\frac{1}{2}=-\frac{1}{384}a+1$$

からも

$$a=32$$

となるので，定式化が正しいことが確認できた．まとめると

$0\leqq t\leqq\dfrac{1}{4}$のとき

$$\ddot{x}=32t$$

$$\dot{x}=16t^2$$

$$x=\frac{16}{3}t^3$$

$\dfrac{1}{4}\leqq t\leqq\dfrac{3}{4}$のとき

$$\ddot{x}=-32\left(t-\frac{1}{2}\right)$$

$$\dot{x}=-16\left(t-\frac{1}{2}\right)^2+2$$

$$x=-\frac{16}{3}\left(t-\frac{1}{2}\right)^3+2\left(t-\frac{1}{2}\right)+\frac{1}{2}$$

$\dfrac{3}{4}\leqq t\leqq 1$のとき

$$\ddot{x}=32(t-1)$$

$$\dot{x}=16(t-1)^2$$

$$x=\frac{16}{3}(t-1)^3+1$$

となり，最大加速度は 8（$t = \dfrac{1}{4}$ のとき），最大速度は 2（$t = \dfrac{1}{2}$ のとき）となることがわかる．

(2) 加速度が多項式のとき（図 9·13 (b)），最低でも 3 次多項式が必要なので，4 つの定数 a，b，c，d を使って

$$\ddot{x} = at^3 + bt^2 + ct + d$$

とおきたくなるのが通常であるが，未知数が多いので計算が煩雑になる．そこで，加速度は始点と終点および中間点で 0 という条件を最初から考慮すれば，この 3 次多項式を最初から

$$\ddot{x} = at\left(t - \frac{1}{2}\right)(t - 1)$$

とおくことで未知数を 1 つに減らすことができる．

まず，これを展開して

$$\ddot{x} = at^3 - \frac{3}{2}at^2 + \frac{1}{2}at$$

と展開し，これを積分して $t = 0$ のとき $x = 0$，$t = 1$ のとき $x = 0$ という条件から

$$\dot{x} = \frac{1}{4}at^4 - \frac{1}{2}at^3 + \frac{1}{4}at^2$$

となり，もう一度積分して $t = 0$ のとき $x = 0$ という条件から

$$x = \frac{1}{20}at^5 - \frac{1}{8}at^4 + \frac{1}{12}at^3$$

となり，さらに $t = 1$ のとき $x = 1$ という条件から

$$a = 120$$

となるので，結局

$$\ddot{x} = 120t^3 - 180t^2 + 60t$$

$$\dot{x} = 30t^4 - 60t^3 + 30t^2$$

$$x = 6t^5 - 15t^4 + 10t^3$$

を得る．ここから，最大加速度は 5.77（$t = \dfrac{3 - \sqrt{3}}{6} = 0.211$ のとき），最大速度は $\dfrac{15}{8} = 1.875$（有効数字 3 桁に丸めると 1.88）（$t = \dfrac{1}{2}$ のとき）となることがわかる．

(3) 加速度が正弦波のとき（図 9·13 (c)），最大加速度を A とおき，始点と終点

で加速度が0という条件を考慮し，かつ時間が$t=0$から1で正弦波の1周期分になるようにtに2πの係数をかけて

$$\ddot{x} = A \sin 2\pi t$$

とおくとよい．まず，これを積分して，その際に$t=0$のとき$\dot{x}=0$，$t=1$のとき$\dot{x}=0$という条件から速度を求めると

$$\dot{x} = \frac{A}{2\pi}(1 - \cos 2\pi t)$$

となり，もう1回積分して$t=0$のとき$x=0$という条件から変位（位置）を求めると

$$x = \frac{A}{2\pi}\left(t - \frac{1}{2\pi}\sin 2\pi t\right)$$

となり，さらに$t=1$のとき$x=1$という条件から

$$A = 2\pi$$

となるので，結局

$$\ddot{x} = 2\pi \sin 2\pi t$$

$$\dot{x} = 1 - \cos 2\pi t$$

$$x = t - \frac{1}{2\pi}\sin 2\pi t$$

を得る．ここから，最大加速度は$2\pi \fallingdotseq 6.28$（$t=\frac{1}{4}$のとき），最大速度は2（$t=\frac{1}{2}$のとき）となることがわかる．

(4) 加速度が変形台形のときの式は複雑なのでここでは省略するが，ぜひチャレンジしてほしい．基本的に加速度が台形曲線となっており，$0 \leqq t \leqq \frac{1}{8}$のときを直線ではなくて正弦波の$\frac{1}{4}$周期ぶんを用いる．同様に$\frac{3}{8} \leqq t \leqq \frac{5}{8}$のときに正弦波の$\frac{1}{2}$周期ぶん，および$\frac{7}{8} \leqq t \leqq 1$のときにも正弦波の$\frac{1}{4}$周期ぶんを用いる．加速度の最大値は4.89，速度の最大値は2となる．

【9.2】 解答略.

【9.3】 解答略.

索　引

◆さ　行◆

◆た　行◆

◆な　行◆

◆は　行◆

◆ま　行◆

〈著者略歴〉
松 元 明 弘（まつもと　あきひろ）
1958年，鹿児島県生まれ．東京大学大学院工学系研究科精密機械工学専攻修士課程修了後，東京大学工学部助手を経て，現在，東洋大学理工学部教授．工学博士．自律移動ロボットや歩行支援，産業用ロボットを用いたシステムインテグレーションなどの研究教育に従事．工業標準化に関する経済産業大臣表彰，日本機械学会ロボメック賞，日本規格協会標準化文献賞などを受賞．

横 田 和 隆（よこた　かずたか）
1962年、東京都生まれ．英国インペリアル・カレッジ博士課程修了後，宇都宮大学工学部助手，同教授を経て，現在，宇都宮大学理事・副学長．Ph. D.．主に自律移動ロボット，不整地移動機構などの研究に取り組む．この間，宇都宮大学工学部附属ものづくり創成工学センター長，産学イノベーション支援センター長，地域創生推進機構長，工学部長も務め，ものづくり教育，創造性教育，産学連携教育にも従事．ファナックFAロボット財団論文賞，日本工学教育協会業績賞，同JSEE AWARDなどを受賞．

ロボットメカニクス
ー機構学・機械力学の基礎ー

2018年12月20日　第1版第1刷発行
2024年9月10日　第1版第4刷発行

著　者　松元明弘
　　　　横田和隆
発行者　村上和夫
発行所　株式会社 オーム社
　　　　郵便番号 101-8460
　　　　東京都千代田区神田錦町 3-1
　　　　電話 03(3233)0641(代表)
　　　　URL https://www.ohmsha.co.jp/

組版 新生社　印刷・製本 美研プリンティング
ISBN978-4-274-50717-5　Printed in Japan

図解版
機械学
ポケットブック
機械学ポケットブック編集委員会［編］
Ohmsha